4桁の原子量表（2022）

(元素の原子量は，質量数12の炭素（^{12}C）を12とし，これに対する相対値)

本表は，実用上の便宜を考えて，国際純正・応用化学連合（IUPAC）で承認された最新の原子量に基づき，日本化学会原子量専門委員会が独自に作成したものである。本来，同位体存在度の不確定さは，自然に，あるいは人為的に起こりうる変動や実験誤差のために，元素ごとに異なる。従って，個々の原子量の値は，正確度が保証された有効数字の桁数が大きく異なる。本表の原子量を引用する際には，このことに注意を喚起することが望ましい。

なお，本表の原子量の信頼性はリチウム，亜鉛の場合を除き有効数字の4桁目で±1以内である。また，安定同位体がなく，天然で特定の同位体組成を示さない元素については，その元素の放射性同位体の質量数の一例を（ ）内に示した。従って，その値を原子量として扱うことは出来ない。

原子番号	元素名	元素記号	原子量	原子番号	元素名	元素記号	原子量
1	水素	H	1.008	60	ネオジム	Nd	144.2
2	ヘリウム	He	4.003	61	プロメチウム	Pm	(145)
3	リチウム	Li	6.94‡	62	サマリウム	Sm	150.4
4	ベリリウム	Be	9.012	63	ユウロピウム	Eu	152.0
5	ホウ素	B	10.81	64	ガドリニウム	Gd	157.3
6	炭素	C	12.01	65	テルビウム	Tb	158.9
7	窒素	N	14.01	66	ジスプロシウム	Dy	162.5
8	酸素	O	16.00	67	ホルミウム	Ho	164.9
9	フッ素	F	19.00	68	エルビウム	Er	167.3
10	ネオン	Ne	20.18	69	ツリウム	Tm	168.9
11	ナトリウム	Na	22.99	70	イッテルビウム	Yb	173.0
12	マグネシウム	Mg	24.31	71	ルテチウム	Lu	175.0
13	アルミニウム	Al	26.98	72	ハフニウム	Hf	178.5
14	ケイ素	Si	28.09	73	タンタル	Ta	180.9
15	リン	P	30.97	74	タングステン	W	183.8
16	硫黄	S	32.07	75	レニウム	Re	186.2
17	塩素	Cl	35.45	76	オスミウム	Os	190.2
18	アルゴン	Ar	39.95	77	イリジウム	Ir	192.2
19	カリウム	K	39.10	78	白金	Pt	195.1
20	カルシウム	Ca	40.08	79	金	Au	197.0
21	スカンジウム	Sc	44.96	80	水銀	Hg	200.6
22	チタン	Ti	47.87	81	タリウム	Tl	204.4
23	バナジウム	V	50.94	82	鉛	Pb	207.2
24	クロム	Cr	52.00	83	ビスマス	Bi	209.0
25	マンガン	Mn	54.94	84	ポロニウム	Po	(210)
26	鉄	Fe	55.85	85	アスタチン	At	(210)
27	コバルト	Co	58.93	86	ラドン	Rn	(222)
28	ニッケル	Ni	58.69	87	フランシウム	Fr	(223)
29	銅	Cu	63.55	88	ラジウム	Ra	(226)
30	亜鉛	Zn	65.38*	89	アクチニウム	Ac	(227)
31	ガリウム	Ga	69.72	90	トリウム	Th	232.0
32	ゲルマニウム	Ge	72.63	91	プロトアクチニウム	Pa	231.0
33	ヒ素	As	74.92	92	ウラン	U	238.0
34	セレン	Se	78.97	93	ネプツニウム	Np	(237)
35	臭素	Br	79.90	94	プルトニウム	Pu	(239)
36	クリプトン	Kr	83.80	95	アメリシウム	Am	(243)
37	ルビジウム	Rb	85.47	96	キュリウム	Cm	(247)
38	ストロンチウム	Sr	87.62	97	バークリウム	Bk	(247)
39	イットリウム	Y	88.91	98	カリホルニウム	Cf	(252)
40	ジルコニウム	Zr	91.22	99	アインスタイニウム	Es	(252)
41	ニオブ	Nb	92.91	100	フェルミウム	Fm	(257)
42	モリブデン	Mo	95.95	101	メンデレビウム	Md	(258)
43	テクネチウム	Tc	(99)	102	ノーベリウム	No	(259)
44	ルテニウム	Ru	101.1	103	ローレンシウム	Lr	(262)
45	ロジウム	Rh	102.9	104	ラザホージウム	Rf	(267)
46	パラジウム	Pd	106.4	105	ドブニウム	Db	(268)
47	銀	Ag	107.9	106	シーボーギウム	Sg	(271)
48	カドミウム	Cd	112.4	107	ボーリウム	Bh	(272)
49	インジウム	In	114.8	108	ハッシウム	Hs	(277)
50	スズ	Sn	118.7	109	マイトネリウム	Mt	(276)
51	アンチモン	Sb	121.8	110	ダームスタチウム	Ds	(281)
52	テルル	Te	127.6	111	レントゲニウム	Rg	(280)
53	ヨウ素	I	126.9	112	コペルニシウム	Cn	(285)
54	キセノン	Xe	131.3	113	ニホニウム	Nh	(278)
55	セシウム	Cs	132.9	114	フレロビウム	Fl	(289)
56	バリウム	Ba	137.3	115	モスコビウム	Mc	(289)
57	ランタン	La	138.9	116	リバモリウム	Lv	(293)
58	セリウム	Ce	140.1	117	テネシン	Ts	(293)
59	プラセオジム	Pr	140.9	118	オガネソン	Og	(294)

‡：市販品中のリチウム化合物のリチウムの原子量は6.938から6.997の幅をもつ。　　　©2022日本化学会　原子量専門委員会

*：亜鉛に関しては原子量の信頼性は有効数字4桁目で±2である。

新しい基礎無機化学

合原　眞　編著
榎本尚也・馬　昌珍・村石治人・共著

三 共 出 版

まえがき

　本書は，大学における理・工学部，環境系学部などの専門基礎科目として無機化学を学習する学生を対象とした教科書または参考書として書かれたものである。著者らによる無機化学全般を網羅して書いた『現代の無機化学』（合原　眞，井手　悌，栗原寛人，三共出版）があるが，通年の講義に対応できるよう書いたものである。今日の大学のカリキュラム変化（半期終了）や学部の多様化に対応し，今回の本書は元素の部分を割愛し，新しい事項の導入を行った。

　本書の特色として，学生諸君が興味を持つように，身の回りの生活現象とのかかわりを考慮して執筆し，コラムにも積極的に取り上げた。また，無機化学の重要事項を図表を多く使用して理解しやすくした。無機化学の基礎理論に加えて，電気化学，錯体の化学，生物無機化学，セラミックス関連の章を設けて，学部，学科の特色に応じて適宜選択できるようにした。このことにより講義受講の対象が広がると考えられる。身近な無機材料化学・先進的セラミックスでは無機化学の応用面の解説もしている。

　章末には重要項目のチェックリスト・章末問題を採用し，学生諸君の理解度の向上に努めた。

　内容は9章から構成され，各章の特色は次のとおりである。

　第1章から5章までは無機化学の基礎理論を解説している。第1章「無機化学を学ぶにあたって」では化学の発展，化学用語，濃度など基本事項を解説している。第2章「原子の構造」では原子の構造，前期量子論，原子の物理化学的性質と周期表の関係など，第3章「化学結合と分子の構造」では分子について原子価結合法，分子軌道などから解説している。第4章「固体の化学」では固体を構成する原子の結合力，格子エネルギー，単位格子と結晶面など解説している。第5章「溶液の化学」では水溶液の性質（基本事項，イオンの水和など），酸・塩基反応などをとりあげている。

　第6章から第9章では専門分野に応じて選択できるように各分野をとりあげている。第6章「電気化学」では電極電位，電極系の種類，可逆電池とその起電力などを解説している。第7章「錯体の化学」では錯体の定義，立体化学，配位結合，キレート化合物，錯体の反応などを取り扱っている。第8章「生物無機化学」では生体内元素，金属の役割，酸素運搬体，金属酵素など解説している。第9章「身近な無機材料化学と

先進的セラミックス」では無機材料の特徴，身近な製品の素材，先端セラミックス材料など取り扱っている。

なお本書の内容，構成について不備な点があると思うので，お気づきの点などを御指摘いただければ幸である。

終りに，本書の出版にあたり，御尽力いただいた三共出版（株）の方々，特に石山慎二氏に厚く感謝の意を表したい。

2007年7月

著者らしるす

目次

第1章 ● 無機化学を学ぶにあたって

1.1 化学の発展 1
1.2 現代の無機化学 3
1.3 諸単位，基礎化学用語，濃度 4
   1.3.1 SI基本単位 4
   1.3.2 化学用語 5
   1.3.3 溶液の濃度 8
章末問題 10

第2章 ● 原子の構造

2.1 原子の誕生 12
2.2 原子の構成粒子と種類 13
   2.2.1 化学量 14
   2.2.2 質量欠損と原子核の核エネルギー 15
2.3 原子模型 16
   2.3.1 水素原子の輝線スペクトル 16
   2.3.2 ボーアの原子模型 17
   2.3.3 電子の粒子性と波動性 19
2.4 前期量子論と原子構造 21
   2.4.1 シュレーディンガー波動方程式 21
   2.4.2 電子の状態と軌道 21
2.5 原子の電子配置と電子の相互作用 25
   2.5.1 原子の電子配置 25
   2.5.2 電子による核電荷の遮蔽と有効核電荷 26
2.6 周期表と原子の性質 27
   2.6.1 周期表 27
   2.6.2 イオン化エネルギー 28
   2.6.3 電子親和力 29
   2.6.4 電気陰性度 30
   2.6.5 原子およびイオンの大きさ 32
章末問題 35

第 3 章 ● 化学結合と分子の構造

- 3.1 化学結合の初期理論－八隅説 ………………………………………………… 36
- 3.2 量子力学による結合論と共有結合 …………………………………………… 38
  - 3.2.1 原子価結合法（VB 法）…………………………………………………… 38
  - 3.2.2 混成軌道 …………………………………………………………………… 39
  - 3.2.3 多重結合（σ 結合と π 結合）と混成軌道 ……………………………… 42
  - 3.2.4 非共有電子対と二重結合を含む分子の形 ……………………………… 44
  - 3.2.5 分子軌道法（MO 法）…………………………………………………… 45
- 3.3 共有結合と結合の極性およびイオン性 ……………………………………… 48
  - 3.3.1 結合の極性と分子の双極子モーメント ………………………………… 48
  - 3.3.2 結合のイオン性と電気陰性度 …………………………………………… 51
- 3.4 イオン結合 ……………………………………………………………………… 52
- 3.5 金属結合 ………………………………………………………………………… 52
- 3.6 分子間に働く力 ………………………………………………………………… 53
  - 3.6.1 ファンデルワールス力 …………………………………………………… 54
  - 3.6.2 水素結合 …………………………………………………………………… 55
- 章末問題 ……………………………………………………………………………… 56

第 4 章 ● 固体の化学

- 4.1 固体の結合 ……………………………………………………………………… 57
  - 4.1.1 金属結合 …………………………………………………………………… 57
  - 4.1.2 イオン結合 ………………………………………………………………… 59
  - 4.1.3 共有結合と分子間結合 …………………………………………………… 62
- 4.2 結晶構造と格子 ………………………………………………………………… 64
  - 4.2.1 格子と単位格子 …………………………………………………………… 64
  - 4.2.2 ブラベ格子 ………………………………………………………………… 65
  - 4.2.3 結晶面とミラー指数 ……………………………………………………… 67
  - 4.2.4 結晶面と X 線回折 ………………………………………………………… 68
- 4.3 結合と結晶構造 ………………………………………………………………… 68
  - 4.3.1 金属の結晶構造 …………………………………………………………… 68
  - 4.3.2 イオン結晶の構造 ………………………………………………………… 70
  - 4.3.3 その他の結晶の構造 ……………………………………………………… 72
- 4.4 多結晶，焼結体とアモルファス ……………………………………………… 74
- 章末問題 ……………………………………………………………………………… 77

第5章 ● 溶液の化学

5.1 水に関する基本事項 ……… 79
5.1.1 水分子の構造 ……… 79
5.1.2 氷の構造 ……… 80
5.1.3 水の状態図 ……… 81
5.1.4 溶媒としての水の性質 ……… 82
5.1.5 イオンの水和 ……… 82
5.1.6 無機化合物への水の付加 ……… 86

5.2 酸と塩基 ……… 86
5.2.1 酸と塩基の定義 ……… 86
5.2.2 水の電離平衡 ……… 90
5.2.3 弱酸と弱塩基の電離 ……… 91
5.2.4 塩の加水分解 ……… 94
5.2.5 緩衝溶液 ……… 97
5.2.6 溶解度積 ……… 98
5.2.7 硬い酸・塩基と軟らかい酸・塩基（HSAB）……… 100

5.3 無機化学反応機構 ……… 101
5.3.1 外圏電子移動反応 ……… 101
5.3.2 内圏電子移動反応 ……… 102

章末問題 ……… 103

第6章 ● 電気化学

6.1 酸化還元反応とは ……… 105
6.2 電池 ……… 107
6.3 ネルンスト式（Nernst equation）……… 109
6.4 酸化還元電位 ……… 111
6.5 電極系の種類 ……… 111
6.5.1 ガス電極系 ……… 111
6.5.2 金属電極系（第一種電極系）……… 112
6.5.3 酸化還元電極系 ……… 114
6.5.4 金属難溶性塩電極系（第二種電極系）……… 114

6.6 標準電極電位からわかること ……… 115
6.6.1 標準電極電位と化学的傾向 ……… 115
6.6.2 イオン間での反応の方向 ……… 116
6.6.3 イオン化傾向 ……… 117
6.6.4 酸化還元反応の平衡における平衡定数の算定 ……… 118

6.7 応　用 ·· 118
　6.7.1 pH の測定 ··· 118
　6.7.2 腐食と防食 ··· 119
　6.7.3 バイオセンサー ·· 122
　6.7.4 燃料電池 ··· 123
　6.7.5 表面のコーティング ·· 123
章末問題 ··· 126

第 7 章　● 錯体の化学

7.1 序　論 ·· 129
　7.1.1 錯体とは ··· 129
　7.1.2 錯体化学で使用される用語 ·· 129
7.2 錯体の命名法 ··· 131
7.3 配位立体化学 ··· 133
　7.3.1 配位数と立体構造 ·· 133
　7.3.2 錯体の異性現象 ··· 135
7.4 金属錯体における結合について ··· 139
　7.4.1 原子化結合理論（valence bond theory） ···································· 140
　7.4.2 静電結晶場理論（crystal field theory） ····································· 141
7.5 錯体の性質 ·· 145
　7.5.1 スペクトルに関する基本事項 ··· 145
　7.5.2 錯体の吸収スペクトル ··· 145
7.6 錯体の安定度 ··· 148
　7.6.1 錯体平衡 ··· 148
　7.6.2 錯体の安定度に影響を及ぼす因子 ··· 149
7.7 キレート効果 ··· 150
7.8 有機金属化合物 ·· 153
　7.8.1 金属カルボニル ··· 153
　7.8.2 金属オレフィン錯体 ·· 154
　7.8.3 フェロセン型錯体 ··· 154
7.9 錯体の反応 ·· 155
　7.9.1 置換反応の機構 ··· 155
　7.9.2 トランス効果 ··· 157
章末問題 ··· 158

第8章 ● 生物無機化学

8.1 生体内の元素 ·· 159
8.2 生体内における金属イオンの動態 ·· 162
　8.2.1 ヒトにおける銅イオンの代謝 ··· 162
　8.2.2 ヒトにおける鉄イオンの代謝 ··· 164
　8.2.3 その他の金属 ·· 166
8.3 酸素運搬体と酸素輸送タンパク質 ··· 167
　8.3.1 酸素輸送タンパク質 ·· 167
　8.3.2 ヘモグロビンの構造 ·· 168
　8.3.3 人工酸素運搬体 ··· 170
8.4 金属を含む薬の例 ··· 171
章末問題 ·· 173

第9章 ● 身近な無機材料と先進的セラミックス

9.1 身近な無機材料化学 ·· 175
　9.1.1 材料の概観－「3つの材料」とは？ ·· 175
　9.1.2 セラミックスの特徴 ·· 176
　9.1.3 身近なモノに見る材料の個性とその融合 ······································ 177
9.2 さまざまな先端セラミックスの応用 ·· 179
　9.2.1 燃料電池に使われるセラミックス ··· 180
　9.2.2 センサー ·· 181
　9.2.3 セラミック高温超電導体 ·· 181
　9.2.4 エンジニアリングセラミックス ·· 184
　9.2.5 光ファイバ ··· 186
　9.2.6 光触媒セラミックス ·· 188
　9.2.7 携帯電話の中のセラミックス ··· 190
　9.2.8 バイオ関連セラミックス ·· 192
章末問題 ·· 194

章末問題解答 ·· 195
付　　表 ·· 199
索　　引 ·· 204

第1章

無機化学を学ぶにあたって

学習目標

1. 化学の歴史的発展とその内容を学習する。
2. 無機化学の内容，領域を理解する。
3. 無機化学を学ぶ上での化学用語を学習する。
4. 単位，濃度の使用を学習する。

　原子，分子の概念は18世紀末から19世紀はじめにかけて急激に進展し，近代科学の前進となった。諸法則を学ぶとともに，現代における無機化学の内容・領域を理解する。

　また，無機化学を学ぶ上での基礎的知識（SI基本単位，基本的用語法など），化学で使用される濃度の内容を理解する。

1.1 ● 化学の発展

　ツタンカーメン王の王墓から出土した製品に黄金製や金箔の張ってある製品が多数あったことは有名な話である。鉄製品はごく少数で，ヒッタイトなどの西アジアの国からの贈り物とされ，高度の技術であった。

　金属発見の歴史は図1-1に示すように，金→銅→鉄→アルミニウムの順で，金の発見は前述のごとく古い。生物での金属の利用はこの逆と考えられる。金はイオン化傾向が小さく，金イオンを火で還元することにより製造できたことが金の利用につながった。これらに関しては第6章の電気化学に記述している。古代における普通の金属を金に変えようとする錬金術の試みは，その実験により各種の発明発見の一端を担った。

　近代化学のはじまりはボイルの元素仮説の後，ラヴォアジェの提唱し

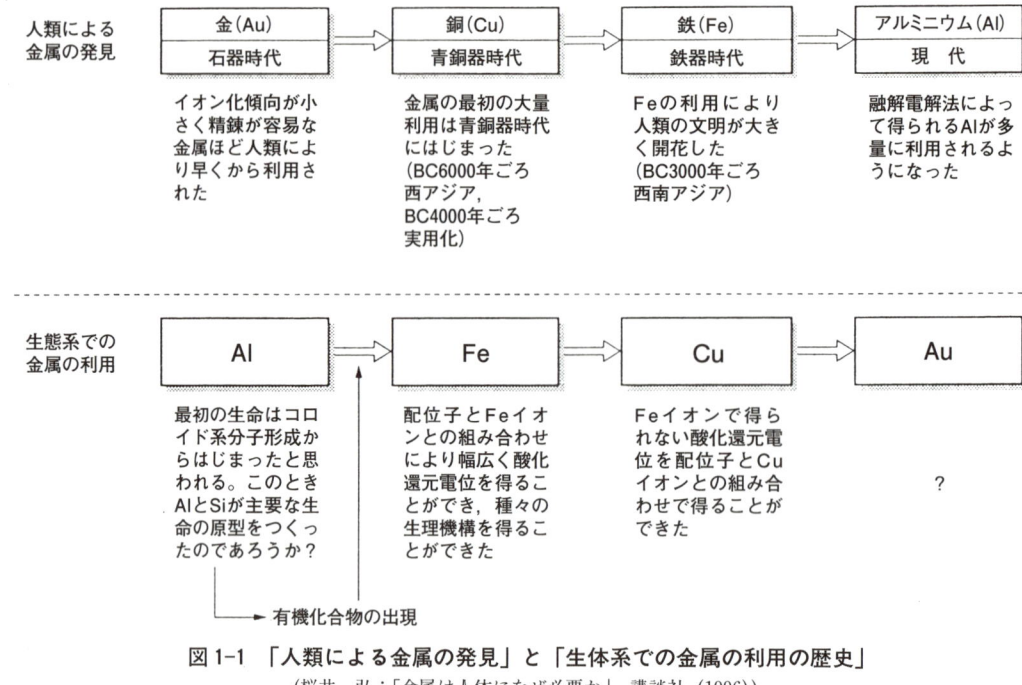

図1-1 「人類による金属の発見」と「生体系での金属の利用の歴史」
（桜井 弘：「金属は人体になぜ必要か」，講談社（1996））

1) 質量保存の法則：化学変化の前後において，反応物の全質量と生成物の全質量とは等しいという法則。
2) 定比例の法則：物質が化学反応するとき，反応に関与する物質の質量比は，常に一定であるという法則。水の生成時には水素と酸素の質量比は $1.00794 \times 2 : 15.9994 = 1 : 7.936$ である。
3) 原子説：物質が原子から構成されているという説を確立したのはドルトンである。彼は質量保存の法則，定比例の法則を説明するために物質は原子からなり，化合物は原子が結合したものと仮定した。
4) 倍数比例の法則：2種の元素A，Bからなる2種以上の化合物ができることがある。今，2つの化合物X，Yを考える。X，Yの化合物におけるAの一定量に対する，X，Yのそれぞれに含まれるBの質量は簡単な整数比をなすという法則。
5) 気体反応の法則：2種以上の気体が反応する場合，等圧，等温のもとでの反応で消費あるいは生成した各気体の体積には簡単な整数比が成り立つという法則。

表1-1 原子，分子の概念を形成した主な法則

提出年	提案者	法則など
1774年	ラヴォアジェ（A. L. Lavoisier）	質量保存の法則[1]
1799年	プルースト（J. L. Proust）	定比例の法則[2]
1802年	ドルトン（J. Dalton）	原子説[3]
1802年	ドルトン（J. Dalton）	倍数比例の法則[4]
1805年	ゲイリュサック（J. L. Gey-Lussac）	気体反応の法則[5]
1811年	アヴォガドロ（A. Avogadro）	分子説[6]

た単体仮説を提唱した時期である。その後，原子，分子の概念を形成した法則が提案された。主な法則を表1-1に示す。

このように，化学量論に関する諸法則，定比例の法則や倍数比例の法則など原子説の実験的証明がなされた。その後，分子説が提唱された。

1869年になると，元素の周期表[7]がメンデレーエフ（D. I. Mendeleev, 1834-1890）らにより提唱され，元素の体系化が進むことになった。従来，生体内関連の有機物質を取り扱っていた有機化学は，1828年にヴェーラー（F. Wohler, 1800-1882）が尿素の合成に成功し，1865年にはケクレ（F. A. Kekulé von Stradonitz, 1829-1896）がベンゼン分子構造を提唱したことなど発展をとげた。一方，無機化学に関しては共有結合が主な結合形式の有機化学に比べ，イオン結合，配位結合などをも含み化合物の構造解析の進展は困難であった。

無機化学の構造解析はウェルナー（A. Werner, 1866-1919）の配位説やブラック（W. H. Bragg, 1833-1896）らのX線結晶構造解析法などにより進展した。その後，ポーリング（L. C. Pauling, 1901-1994）による原子価結合理論や，その後発展した結晶場理論・配位子理論により無機化合物の解明が進んだ。現代では多くの化学分野で発展するとともに，各分野での細分化や新しい境界領域の創生がはじまった。

1.2 ● 現代の無機化学

　無機化学（inorganic chemistry）は元素，単体および無機化合物を研究する化学で，**有機化学**（organic chemistry）に対して無機化学が定義されている。

　炭素以外の元素を対象とするが，一酸化炭素，炭酸カルシウムなどの炭素を含む化合物も含まれる。有機化合物は主に地表に存在するのに対して，地球のそのほかの部分は無機化合物で構成されている。

　無機化学は研究対象により細分化されており，錯体化学（complex chemistry），有機金属化学（organometallic chemistry），生物無機化学（bioinorganic chemistry），環境化学（environmental chemistry），環境無機化学（environmental inorganic chemistry），地球化学（geochemistry），固体化学（solid-state chemistry），海洋化学（oceanochemistry），大気化学（atmospheric chemistry）など多くの分野が含まれる。近年の技術革新や新材料開発による燃料電池・希土類発光体・超伝導体・ニューセラミックスなどマテリアルサイエンスの発展は無機化学によるところが多い。また，バイオサイエンスおける微量遷移元素の役割解明も無機化学が基礎になっている。

　Chemical Abstractsに掲載されている「Physical/Inorganic/Analytical Sections of Chemical Abstracts」分野から無機化学関係を選び，現代化学での無機化学研究分野の分類を紹介する。

6) 分子説：アヴォガドロは分子の概念を持ち込み，その構成要素として原子を導いた。元素の分子も2個以上の原子からなる場合もあると考えた。

7) 多くの研究者が元素の周期性について研究をしていたが，1869年，メンデレーフは原子量と酸化数を手がかりに周期表を作成し，未発見の元素とその性質を予測した。現在の周期表の基礎になっている。Ar-K, Co-Ni, Te-Iの間に原子量の逆転がみられるが，原子量が同位体の平均から計算されているからである。

> ### Chemical Abstracts
> 　Chemical Abstracts（CA）は，アメリカ化学会の一部門のCAS（Chemical Abstracts Service）が発行している化学および関連分野の文献抄録誌で，1907年に創刊された。20世紀はじめから現在まで，世界の雑誌および特許文献に発表された研究成果を調べるための必須のツールで，化学に関連するほとんどすべての文献に加えて，生命科学その他広範な科学分野に関する豊富な情報を提供しており，巨大データベースとして世界中で利用されている。1996年以降はCD-ROM版も発刊されている。また，現在はオンラインでの利用が可能である。

(1) Catalysis, Reaction Kinetics, and Inorganic Reaction Mechanisms（触媒，反応速度論，無機反応機構）
(2) Phase Equilibriums, Chemical Equilibriums, and Solutions（相平衡，化学平衡，溶液）
(3) Electrochemistry（電気化学）
(4) Optical, Electron, and Mass Spectroscopy and Other Related Properties（光学・電子・質量分光学と関連の性質）
(5) Radiation Chemistry, Photochemistry, Photographic, and Other Reprographic Processes（放射線化学，光化学，写真・複写の過程）
(6) Crystallography and Liquid Crystals（結晶学，液晶）
(7) Electric Phenomena（電気的現象）
(8) Magnetic Phenomena（磁気的現象）
(9) Inorganic Chemicals and Reactions（無機化学薬品と反応）
(10) Inorganic Analytical Chemistry（無機分析化学）

1.3 ● 諸単位，基礎化学用語，濃度

1.3.1 SI 基本単位

SI 単位の"SI"とは，フランス語の"Le Systeme International d' Unites"，つまり「**国際単位系**」の略称である。国際的に単位を統一しようという世界で最初の条約は，1875 年にフランスで締結されたメートル条約で，その後もメートル法を基本にした単位の統一が進められてきた。そして 1960 年，国際度量衡総会において採択された世界共通の単位系が，SI 単位系である。日本では，1993 年に新計量法として SI 単位系が正式に採用された。基本単位として，長さ・質量・時間・電流・温度・物質量・光度の 7 つを選び，補助単位として，平面角・立体角の 2 つを用いる。表 1-2，表 1-3 に SI 単位の基本単位と補助単位を示す。

> **絶対温度**
>
> 熱力学温度とよばれている温度で，熱力学によって定義される温度である。絶対温度目盛りの最低温度が絶対零度である。絶対零度は分子・原子のランダム運動の運動エネルギーがすべて消失するという条件で定められる。単位はケルビン（K）で表される。国際度量衡総会において水の三重点を 273.16 K と定義した。熱力学温度とセルシウス温度の目盛の幅は等しく，次の関係が成立する。
>
> 絶対温度/K＝セルシウス温度/℃＋273.15

表 1-2　SI 単位（基本単位）

量	基本単位		
	名　称	記号	定　義
長　さ	メートル	m	メートルは，光が真空中で 1/(299 792 458) s の間に進む距離である
質　量	キログラム	kg	キログラムは，（重量でも力でもない）質量の単位であって，それは国際キログラム原器の質量に等しい
時　間	秒	s	秒は，セシウム(133)の原子の基底状態の 2 つの超微細単位の間の遷移に対応する放射の 9 192 631 770 周期の継続時間である
電　流	アンペア	A	アンペアは，真空中に 1 メートルの間隔で平行に置かれた，無限に小さい円形断面積を有する無限に長い 2 本の直線状導体のそれぞれを流れ，これらの導体の長さ 1 メートルごとに 2×10^{-7} ニュートンの力を及ぼし合う不変の電流である
熱力学温度	ケルビン	K	ケルビンは，水の三重点の熱力学温度の 1/273.16 である
物質量	モル	mol	モルは，0.012 キログラムの炭素 12 の中に存在する原子の数と等しい数の要素粒子[注1]または要素粒子の集合体（組成が明確にされたものに限る）で構成された系の物質量とし，要素粒子または要素粒子の集合体を特定して使用する
光　度	カンデラ	cd	カンデラは周波数 540×10^{12} Hz の単色放射を放出し所定の方向の放射強度が $1/683$ W・sr^{-1} である光源の，その方向における光度である

注1）ここでいう要素粒子とは，原子，分子，イオン，電子，その他の粒子をいう。

表 1-3　SI 単位（補助単位）

量	基本単位		
	名　称	記号	定　義
平面角	ラジアン	rad	ラジアンは，円の周上でその半径の長さに等しい長さの弧を切り取る 2 本の半径の間に含まれる平面角である
立体角	ステラジアン	sr	ステラジアンは，球の中心を頂点とし，その球の半径を 1 辺とする正方形の面積と等しい面積をその球の表面上で切り取る立体角である

1.3.2　化学用語（chemical terminology）

ここでは，化学で使用される基本的用語として次の用語を説明する。

元素（element）：物質構成の基本単位は**原子**（atom）であるが同一の原子番号を有する原子の種類を**元素**という。元素は，正の電荷をもつ陽子と電荷をもたない中性子から成り立っている原子核と，そのまわりにある負の電荷をもつ電子から成り立っている。中性の状態では陽子の数と電子の数は等しく，その数によって原子の性質が決まる。（第 2 章参照）

同位体（isotope）：同じ原子番号（陽子の数）で，質量数が異なる原

子を互いに**同位体**[8]という。（第2章参照）

　単体（simple substance）：単体とは，純粋な物質で，ただ1種類の元素だけからできている純物質のことである。水素（H_2）・ナトリウム（Na）・塩素（Cl_2）などが単体である。単体以外の純物質は化合物である。純物質は一定の性質を示すものであり，単に単一の元素からできているだけでは単体とはいえないこともある。たとえば，ダイヤモンドとグラファイト（いずれも$C_∞$）の混合物を考えるとよくわかる。これらは同素体（同じ元素からできた単体であっても異なる性質をもつ場合，互いに同素体という）の混合物である。また，他の例としては，酸素（O_2）とオゾン（O_3），あるいは赤リンと黄リンなどがある。

　化合物（chemical compound）：2種類以上の元素からできている物質を化合物という。たとえば，水（H_2O）は水素原子（H）2個と酸素原子（O）1個からなる化合物である。水が水素や酸素とは全く異なる性質をもっているように，一般的に化合物の性質は，含まれている元素の単体の性質とは全く別のものである。

　例）　HCl，NH_4NO_3，$(NH_4)_2SO_4$，Na_2CO_3，CH_3COOH など。

　一般的に化合物は有機化合物と無機化合物とに大別されるが，有機ケイ素化合物や有機金属化合物のような両者の中間に位置するものもある。

　純物質（pure substance）：化学的にほぼ一定の元素組成をもつ物質を純物質または純粋物という。

　たとえば，ダイヤモンドや食塩の結晶，蒸留水などが純物質である。これらは，どのサンプルも同一の性質をもつ。つまり構成元素の組成や沸点・融点は一定であり，それらから物質の種類を判別することができる。

　例）　純粋な水は1気圧（1 atm）において，融点が0℃，沸点が約100℃，4℃のときの密度が$1\,g/cm^3$になる。しかし，水に砂糖を加えて砂糖水にすると，混合物になるので，砂糖の量で甘さ（性質）が変化する。

　混合物（mixture）：2種類以上の純物質が混じりあっている物質のことである。たとえば，空気は窒素・酸素・アルゴンなどが混ざり合った混合物である。混合物の沸点・融点などは，各成分の量によって変化する。混合物を物理的操作や機械的な方法（たとえば，ろ過，蒸留，分別沈殿，遠心分離，吸着など）により，単一な純物質（単体，化合物）に分離することができる。たとえば，「泥の混じった塩水」から純粋な水を作りたいとすると，まずろ過によって泥を取り除き，蒸留によって水だけを取り出せばよい。それぞれの分子が形態や大きさを維持しているため，物理的な手段で成分の分離が可能なことが化合物との違いである。

---

8) 同位体の例
水素
^1H（Hydrogen, 水素（軽水素），H, 存在比 99.985 %）
^2H（Deuterium, 重水素，D, 存在比 0.0148 %）
^3H（Tritium, 三重水素，T, 放射性同位体）
その他の安定同位体は付表2に示している。

分子（molecule）：物質としての性質を保つ最小基本単位のことである。大部分の物質は，この分子が集まってできている。分子とは，2つ以上の原子から構成される電荷的に中性な物質をいう。一般に非金属元素同士が分子を作る傾向が強い。

分子と分子の間に働く分子間力は共有結合に比べてずっと弱いので，分子の集合体である分子性物質は，気体や液体で存在することが多く，固体であっても融点は比較的低い。分子は原子の組み合わせによってできているが，1個の原子のみで独立の粒子を成しているものもある。これを一原子分子とよび，He，Ne，Arなどのように，希ガスがそれである。

イオン（ion）：電子を授受することによって生じる電荷をもつ原子または原子の集団をいう。また原子あるいは分子が，電子を出し入れすることによって電荷をもったものをいう。正，負の電荷をもつものをそれぞれ**カチオン**（陽イオン，positive ion, cation），**アニオン**（陰イオン，negative ion, anion）といい，電解質溶液中などには電気的に等量のカチオンとアニオンが含まれている。

化学反応（chemical reaction）：物質がそれ自身あるいはほかの物質と作用しあって，もとの物質とは異なる物質を生成する現象（＝化学変化（chemical change））である。化学反応は種々の見地から分類されている。単に加熱によって起こる熱反応，光照射による光化学反応，触媒の存在が重要な役割をはたす触媒反応，燃焼反応などの外見上の分類，イオン反応，ラジカル反応，核反応など反応に関与する物質種による分類，酸化・還元反応，重合・縮合反応，不均化反応など反応機構による分類，1次反応，2次反応など反応速度に関係する分類などがある。

モル（mole）：国際単位系（SI）における物質量の基本単位である。記号 mol（モル "molecule＝分子" に由来）で表す。1 モルは，0.012 kg（12 g）の炭素 12 の中に存在する原子の数と等しい数の要素粒子，または組成が明確にされた要素粒子の集合体で構成された系の物質量として定義されている。原子や分子がアボガドロ数 $6.02214179(30) \times 10^{23}$ 個で，1 mol という数え方をする。

アボガドロ定数（Avogadro's constant）：アボガドロ数（Avogadro's number）とも呼ばれる。物質量 1 mol（1 グラム分子）とそれを

物質の分類

物質 ─┬─ 混合物（複数の成分物質）
　　　└─ 純物質（1種類の成分物質）─┬─ 化合物（複数の成分元素）
　　　　　　　　　　　　　　　　　　└─ 単体（1種類の成分元素）

構成する粒子（分子，原子，イオンなど）の個数との対応を示す比例定数で，単位はmol^{-1}である。ふつうN_Aで表すが，Lの記号も用いられている。現在のCODATAによるN_Aの推奨値は$6.02214179(30) \times 10^{23}$ mol^{-1}である。

モル数（mole number）：「炭素12 g の中に含まれる炭素原子の数は，$6.02214179 \times 10^{23}$個（アボガドロ定数）である」というのを受け，原子または分子がアボガドロ定数個あるときを1モル（mol）という。簡単にいうと，原子量に重さ（g）の単位をつけたものが1モルというわけである。

例）炭素1モルは12 g，金1モルは約197 gである。

1.3.3 溶液の濃度（concentration of solution）

一定量の溶液に含まれている溶質の量，または割合のことを濃度という。化学でよく使われる濃度について解説する。

(1) **百分率濃度**（percent concentration）

a．質量百分率（重量百分率）濃度；C ％（W/W, wt ％）

溶液100 g 中に溶けている溶質の質量（g）の割合を百分率（またはパーセント）で表す。

$$C\,\%(\mathrm{W/W}) = \frac{溶質の質量(g)}{溶液の質量(g)} \times 100 \qquad (1\text{-}1)$$

$$= \frac{溶質の質量(g)}{溶媒の質量(g)+溶質の質量(g)} \times 100 \qquad (1\text{-}2)$$

例）水100 g に食塩25 g を溶かした水溶液の濃度（％（w/w））を求めよ。

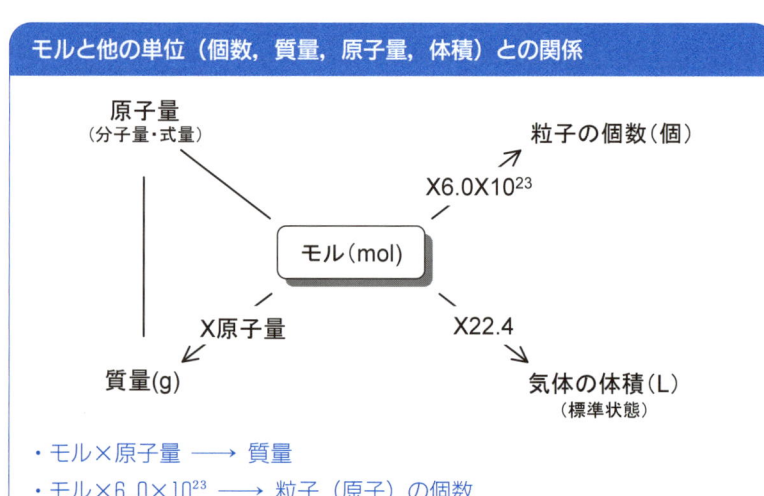

9) CODATA (Committee on Data for Science and Technology) 科学技術データ委員会

$$\frac{25}{100+25}\times 100 = 20\,(\%) \tag{1-3}$$

b．重量[10] 対容量比濃度；C％（W/V）

溶液 100 mL 中に含まれる溶質の質量（g）をパーセントで表す。

c．容量百分率濃度；C％（V/V，vol％）

溶液 100 mL 中に含まれる溶質の体積（mL）をパーセントで表す。

質量対容量比濃度，容量百分率濃度は，主に液体試料，気体試料に使われるが，温度による体積変化を伴うので厳密に温度を記載する必要がある。そのために定量分析では，もっぱら質量百分率濃度がよく用いられる。

(2) モル濃度（molarity）（mol/L，M）[11]

溶液 1 L 中に溶けている溶質のモル数［mol］で表した濃度をモル濃度という。

$$モル濃度(\mathrm{mol/L}) = \frac{溶質の物質量(\mathrm{mol})}{溶液の体積(\mathrm{L})} \tag{1-4}$$

例） 食塩 NaCl（式量 58.5）5.85 g を水に溶かして 500 mL にした水溶液のモル濃度を求めよ。

$$\mathrm{NaCl}\,のモル数 = \frac{質量}{式量} = \frac{5.85}{58.5} = 0.100\,(\mathrm{mol}) \tag{1-5}$$

$$モル濃度 = \frac{0.100}{0.500} = 0.200\,(\mathrm{mol/L}) \tag{1-6}$$

(3) 質量モル濃度（molality）（mol/kg）

溶媒 1 kg 中に含まれる溶質の量を，物質量で表した濃度である。溶液 1 kg 中ではなく，溶媒 1 kg あたりであることに注意しよう。溶媒の質量を基準とするため，凝固点降下[12] 法など，温度や圧力が変化する実験や，密度の違う溶媒間のデータ比較をするような場合に使われる濃度の指標である。

(4) 規定（濃）度（normality, normal concentration）（eq/L，N）

溶液 1 L 中に含まれる溶質の量を，グラム当量で表した濃度である。なお，グラム当量は，酸・塩基の反応では価数，酸化還元反応では酸化数の変化量である。単位は規定または N を使う。当量濃度（equivalent concentration），規定濃度ともいう。

SI 単位系にはない濃度単位であるが，まだ JIS などでは採択されており，とくに酸化還元滴定の計算では非常に有用である。

$$規定（濃）度 = \frac{溶質のグラム当量数}{溶液の体積(\mathrm{L})}(規定，\mathrm{L}) \tag{1-7}$$

(5) 百万分率濃度（parts per million）：ppm

微量の成分を体積や質量の百万分率で示す濃度である。

---

10) SI 単位系では，「重量」ではなく，「質量」と表現する。これは，一般的に重量計で計測される重量の値というものが，あくまで地球の重力下での値であり，例えば地球より重力が小さな月面上では，同じ物体の重量は地球上とは異なってしまうというような問題があるからで，そのために重力の大きさに左右されない物質固有の値として「質量」を基本単位としているのである。

11) モル濃度の使用
体積モル濃度ともいう。c mol/L の溶液が v mL あれば，溶質は $cv \times 10^{-3}$ mol 存在することになるので，溶液に関する化学反応では量的計算を行うとき，モル濃度を用いると便利である。

12) 凝固点降下
溶液を冷やしていくとき，溶液中の溶媒が凝固する温度が，純粋な溶媒の凝固点よりも低くなる現象。

$$\text{百万分率} = \frac{\text{溶質の量（質量, 体積）}}{\text{溶液の量（質量, 体積）}} \times 10^6 \text{(ppm)} \tag{1-8}$$

百万分率は mg/kg や cm³/m³ などの単位で示すこともある．ほかに千分率（パーミルまたはプロミル，‰），十億分率（parts per billion, ppb）なども用いられる．

$$\text{千分率} = \frac{\text{溶質の量}}{\text{溶液の量}} \times 10^3 \text{(‰)} \tag{1-9}$$

$$\text{十億分率} = \frac{\text{溶質の量}}{\text{溶液の量}} \times 10^9 \text{(ppb)} \tag{1-10}$$

参考文献
1) 桜井　弘：「金属は人体になぜ必要か」，講談社 (1996)．
2) 鈴木晋一郎，中尾安男，櫻井武：「ベーシック無機化学」，化学同人 (2004)．

第1章　チェックリスト

- ☐ 質量保存の法則
- ☐ 定比例の法則
- ☐ 倍数比例の法則
- ☐ 気体反応の法則
- ☐ SI 基本単位
- ☐ 同位体
- ☐ 化合物
- ☐ 化学反応
- ☐ モル
- ☐ モルと他の単位との関係
- ☐ 百分率濃度
- ☐ モル濃度
- ☐ 質量モル濃度
- ☐ 規定（濃）度
- ☐ ppm

● 章末問題 ●

問題 1-1
原子，分子の概念を形成した法則について述べよ．

問題 1-2
無機化学が対象にする内容について述べよ．

問題 1-3
次の物理量に対する SI 基本単位は何か．名称と記号を記せ．
(1) 長さ　(2) 質量　(3) 時間　(4) 熱力学温度　(5) 物質量　(6) 電流

問題 1-4
次の用語を説明せよ．
(1) 同位体　(2) モル　(3) モル数　(4) イオン

問題 1-5
30％（W/W）の溶液 100 g と 50％（W/W）の溶液 50 g を混合した．

混合後の濃度（％（W/W））を求めよ。

問題 1–6

濃塩酸を水でうすめて 25 ％ 塩酸を作れ。

ただし，純度（Assay）：35 ％，比重（s.g.）：1.18

問題 1–7

密度 1.2（g/cm³），濃度 90 ％（W/W）の水溶液のモル濃度を求めよ。
（溶質の分子量＝30）

問題 1–8

0.05 M 塩化バリウム（$BaCl_2$）水溶液を 50 mL 作れ。

ただし，Assay（含有量）：99 ％，分子量：208.24

問題 1–9

市販の濃塩酸の規定濃度（N）を求めよ。

ただし，Assay：37 ％，s.g.：1.19

問題 1–10

市販の濃硫酸を使用し，0.2 N の濃硫酸を 50 mL 作れ。

ただし，Assay：98 ％，s.g.：1.85

問題 1–11

10 ppm の酢酸（Acetic acid, CH_3COOH）を 10 mL 作れ。

ただし，Assay：100 ％，s.g.：1.049

第2章

原子の構造

学習目標

1. 原子の構造を理解する
2. とびとびの値（量子）を理解する
3. ミクロの粒子の粒子性と波動性を理解する
4. 電子配置と原子の化学的性質の関連性を理解する
5. 原子の物理化学的性質と周期表の関係を学ぶ

化学で取り扱う「原子の性質」、「化学結合」、「化学反応」などの事象は、多くは原子核を取り巻く電子の配置や移動によって説明することができる。したがって、原子の構造や電子の性質を理解することは化学において重要である。この章ではまず、原子の概念を理解し、電子の軌道、電子配置および原子の性質と周期性について学ぶ。

2.1 ● 原子の誕生

原子はいつどこでどのようにして誕生したのかは誰もわからない。1940年代にガモフによって提唱された"ビッグバンによる宇宙の誕生"によると、今から150億年以上前、宇宙の全エネルギーが一点に収束し大爆発（ビッグバン）が起こり、10^{12}K（1兆度）という超高温の下で大量の**光子**（photon）、**ニュートリノ**（neutrino）、**電子**（electron）が、続いて6種類の**クオーク**（quark）などの素粒子が生成したといわれている。このような温度の下では粒子の運動エネルギーが大きすぎて粒子間の結合は不可能であった。

宇宙が広がるにつれて温度が低下し10^9K（10億度）以下になると、

元素の誕生(1)

ビッグバンでの元素（原子核）の誕生は、陽子1個のみの水素の原子核から陽子2個、中性子2個のヘリウムの原子核までに限られている。

3個のクオークが集まって陽子と中性子が形成された。さらに温度が低下すると陽子や中性子が結びついて水素やヘリウムの原子核が形成された。4,000 K付近になると，運動の激しかった電子が原子核に静電引力によって捕捉されるようになり，原子が形成されたと考えられている。これが第1期の原子の誕生である。

生成した大量の水素やヘリウムが集まり，とてつもなく大きな太陽が形成された。太陽の表面では水素の核融合反応によりヘリウムが生成し，太陽の内部ではヘリウムの核融合反応により新たな原子（酸素や炭素など）が誕生した。巨大な太陽（恒星）が終焉を迎えると爆発が起こり，陽子と中性子がさらに結びついて重たい原子核の生成および多くの新たな元素が誕生したと考えられている。これが第2期の原子の誕生である。

2.2 ● 原子の構成粒子と種類

20世紀の初めに，原子は正電荷を帯びた原子核と負電荷をもつ電子からできていること，および原子核は陽子と中性子という2つの粒子からできていることが明らかにされた。原子核を構成するこれらの粒子は**核子**（nucleon）とよばれる。

自然界には陽子と中性子の数の組み合わせの違いによって数百種類の原子が存在しているが，それぞれを**核種**（nuclide）とよび，その中で同じ数の陽子からなる核種を**同位体**（isotope）という。核種は必ずしも安定なものばかりでなく，安定同位体と**放射性同位体**（radioactive isotope, RI）がある。放射性同位体はα線（Heの原子核）やβ線（電子）を放射して別の核種に変化する。この変化を放射性崩壊（それぞれα崩壊，β崩壊）という。

同位体は同じ数の電子をもち，同じ化学的性質をもつので，その集合体を**元素**（element）とよんでいる。自然界には92種類の元素が存在しており，副次的に生成した元素あるいは人工的に作られた元素を含めると118個の元素が知られている。

元素を特徴付ける原子核に含まれる陽子の数を**原子番号**（atomic number, Z）とよび，原子番号はそれぞれの元素に対応する数値となる。

元素の誕生(2)

恒星の燃焼（緩やかな核融合反応）と爆発（速い核融合反応）を経て新たに生成した巨大恒星中では，鉄やニッケルまでの元素が主に形成される。鉄やニッケルの原子核は元素中で非常に安定であることが特徴である。

元素の誕生(3)

鉄などの重たい原子核を燃焼している超新星が爆発すると，ウランなどの重たい元素が誕生する。超新星の爆発のさいには，恒星中で作られた数多くの元素を宇宙空間にばら撒く役目もしている。地球はその申し子である。

水素燃焼サイクル

太陽で起こっている反応は，水素からヘリウムが作られる核融合反応（10^7 K程度の温度で起こる反応）で，

$$p + p \longrightarrow {}^2H + e^+ + \nu_e$$
$$^2H + p \longrightarrow {}^3He + \gamma$$
$$^3He + {}^3He \longrightarrow {}^4He + 2p$$

大量の熱を発生して，太陽の高い温度を維持している。ν_eはニュートリノ，γはガンマー線。

古代の物質論

アリストテレス（Aristoteres, 紀元前384〜322）の時代には，物質は火・空気・水・土の4つからできていると考えられていた（四元素説）。物質の違いは主に土の違いによるということになる。1600年代になると，原子（あるいは元素）の存在が認められつつあったが，分子や化合物という概念はなく，多くの物質はその混合物であると考えられていた。

核種の表し方

核種あるいは同位体を区別するために，元素記号Xの左下に原子番号Zを左上に質量数Aをつけて区別する。

$${}^A_Z X \quad (例) \quad {}^{12}_6C \quad {}^{13}_6C$$

最新の周期表

2016年11月30日に113, 115, 117, 118の4元素に正式名称が与えられた。最新の周期表には原子番号1番から118番までの元素が並んでいる。なお113番目の元素はニホニウム Nhである。

表 2-1　水素の同位体

	原子核構成粒子数			原子番号 (P)	元素名	表記	別　名
	陽子数 (P)	中性子数 (N)	質量数 (P+N)				
同位体	1	0	1	1	水素	${}^1H$	軽水素
	1	1	2	1		${}^2H$	重水素（D：ジュウテリウム）
	1	2	3	1		${}^3H$	三重水素（T：トリチウム）

たとえば原子番号が 6 は炭素に相当する。また原子核を構成する粒子の数（陽子の数 P＋中性子の数 N）を**質量数**（mass number, A）という。質量数は同位体を表すとき，ウラン 235，ウラン 238 のように用いる。表 2-1 に水素の同位体を示す。

2.2.1　化 学 量

原子 1 個の質量をグラムで表すと，水素であれば $1.67×10^{-27}$ kg という非常に小さな値となる。これを**絶対質量**という。しかし，多数の原子や分子の質量を表すには，小さくて取り扱いにくい。ある特定の原子の質量を基準とし，他の原子の質量がその原子の何倍にあたるかという比で表すと非常に便利である。これを**相対質量**[1]という。化学量[2]として用いられる代表的な 3 つの相対質量を以下に述べよう。

(1)　統一原子質量単位

静止して基底状態にある自由な炭素 12（^{12}C）原子（1 個）の質量の 1/12 を統一原子質量単位（u：unified atomic mass unit）あるいはダルトン（Da：Dalton）という[3]。$1\,u=1.660539×10^{-27}$ kg である[4]。原子核を構成する核子（陽子と中性子）1 個は統一原子質量単位で表わすとほぼ 1 u となるため，核子の質量を表すのに用いられる。また原子や分子の質量を統一原子質量単位で表した数値は，その原子や分子 1 mol の質量をグラムで表した数値に等しい。表 2-2 に核子および原子 1 個の質量と統一原子質量を示す。

表 2-2　粒子および原子 1 個の質量と統一原子質量（2007）

粒　子	記　号		粒子（原子）の質量 [kg]	統一原子質量 [u]
電　子	e	m_e	$9.10938×10^{-31}$	0.000549
陽　子	p	m_p	$1.672622×10^{-27}$	1.007276
中性子	n	m_n	$1.674927×10^{-27}$	1.008665
水　素	^{1}H	—	$1.673534×10^{-27}$	1.007825
炭素 12	^{12}C	—	$19.926465×10^{-27}$	12.000000
炭素 13	^{13}C	—	$21.592595×10^{-27}$	13.003356

(2)　原子量

元素の原子量は相対原子質量ともよばれ，「質量数 12 の炭素（^{12}C）を 12 としたときの相対質量とする」と決められている。言い換えると，原子量は基準となる 1 個の原子の質量の統一原子質量単位に対する比であるために，原子量に単位（次元）はない。一方，それぞれの元素には同位体が存在し，安定核種の相対存在度（元素の同位体比）が異なっているので，原子量は元素を構成する同位体存在度［原子百分率］に基づいて求められる。たとえば炭素は ^{12}C と ^{13}C からなっており，同位体存

---

1)　ある物質の質量を 1 とし，他の物質がその何倍の質量を持っているかを決めたものを相対質量という。原子とは異なり，惑星の質量は非常に大きく 10^{23}〜10^{27} kg である。この場合も，地球の質量を 1 とした相対質量を用いると便利である。たとえば金星は 0.815 であり，火星は 0.107 となる。

2)　物質系の物理的な性質・状態を表現する量を物質量という。物理量のうち，原子量や分子量など化学的変化を定量的に捉えようとするとき，とくに化学量ということがある。

3)　u と Da は共に，SI 単位ではないが SI と併用できる SI 併用単位のうち，「SI 単位で表されるその数値は実験的に決定され，不確かさが伴う単位」に位置付けられている。

4)　^{12}C の 12 g に含まれる炭素原子の数をアボガドロ数 N_A という。したがってその 1/12 である 1 g を N_A で割った値が 1 u の質量となる。

原子質量単位と統一原子質量単位

今まで用いられてきた原子質量単位（amu）にはかつて複数の定義があり，それらを統一したのが統一原子質量単位（u）である。化学分野では原子質量単位と統一原子質量単位では同一の定義がなされていたため，両者の数値は同じと言える。しかし IUPAC は 2006 年に，今後「統一原子質量単位」を用いることを勧告している。

在度はそれぞれ 98.93 と 1.07 であることから，炭素の原子量は次のように求められる。なお分母は，^{12}C の 1 原子の統一原子質量の 1/12 に相当する物理量である。

$$原子量 = \frac{\{(12.0000\,\mathrm{u} \times 0.9893) + (13.0034\,\mathrm{u} \times 0.0107)\}}{1\,\mathrm{u}} = 12.011$$

(3) 分子量と式量

原子が結合して分子を形成する場合は，構成元素の原子量の和を**分子量**（molecular weight）という。たとえば，酸素 O_2 では $15.9994 \times 2 = 31.9988$ となる。イオン式や組成式の中に含まれる元素の原子量の総和を，イオン式や組成式の**式量**（formula weight）という。たとえば，NaCl では $22.9898 + 35.4527 = 58.4425$ となる。

2.2.2 質量欠損と原子核の結合エネルギー

表 2-2 に示した値を用いて ^{12}C を構成する 6 個の電子とそれぞれ 6 個の陽子と中性子の統一原子質量を足し合わせると，12 よりも大きくなること（12.098920 u）を不思議に思われたであろう。これについて考えてみよう。

原子核の質量とそれを構成する核子が自由な状態にあったときに観測される質量の和との差を**質量欠損**（mass defect）という。質量の差は，**質量とエネルギーの等価性**（$E = mc^2$）に基づき，核子が結びついて原子核を形成する核反応で放出されるエネルギーの大きさに相当する。すなわち質量の差は，原子核の結合エネルギーの大きさを表し，質量の単位である MeV/c^2（$1\,\mathrm{u} = 931.494\,\mathrm{MeV}/c^2$）などで示される[5]。

ここで表 2-2 および脚注 5) に示した値を用いて ^{12}C の質量欠損（$\Delta M(Z, N)$ で表す。なお M は原子核の質量，Z は原子番号で陽子数 P に等しい，N は中性子数とする）を求め，u および MeV/c^2 の単位で表わしてみよう。なお実測された原子核の質量（$M(Z, N)$）を 11.996708 u とする。

$$(Z \times m_p + N \times m_n) = 6 \times 1.007276\,\mathrm{u} + 6 \times 1.008665\,\mathrm{u}$$
$$= 12.095646\,\mathrm{u} \qquad (1)$$
$$(M(Z, N)) = 11.996708\,\mathrm{u} \qquad (2)$$

(1)−(2) より

$$(\Delta M(Z, N)) = 0.098938\,\mathrm{u} = 92.160\,\mathrm{MeV}/c^2$$

原子力発電に用いられる核エネルギーは，核分裂や核融合の核反応前後の質量の差に基づく膨大なエネルギー（$\Delta E = \Delta mc^2$）を利用したものである。ウラン 235 に熱中性子を吸収させたときの核反応の一例を示す。

原子量の変動

各元素の同位体存在度は必ずしも一定ではなく，地球上で起こる様々な過程のために変動する。またその元素を含む物質の起源や処理の仕方によっても変わりうる。それが元素の原子量に反映するために，2011 年からは，原子量を変動範囲で表す 10 元素（たとえば H は 1.00784〜1.00811），および不確かさを伴う数値で表す元素（たとえば Mg は 24.3050(6)）で表されることになった。

---

[5] 統一原子質量は $1\,\mathrm{u} = 1.660539 \times 10^{-27}\,\mathrm{kg}$ であり，極めて微小な値である。c の二乗を掛けてエネルギーに換算すれば，$E = mc^2$ の関係より $1\,\mathrm{u}c^2 = 931.494\,\mathrm{MeV}$（エネルギーの単位）となる。したがって，統一原子質量は $1\,\mathrm{u} = 1.660539 \times 10^{-27}\,\mathrm{kg} = 931.494\,\mathrm{MeV}/c^2$（質量の単位）で表される。

$$^{235}\text{U} + n \longrightarrow \, ^{95}\text{Mo} + \, ^{139}\text{La} + 2\,n$$

1 g のウラン 235 がすべて核分裂を起こすと約 8.2×10^{10} J のエネルギーが放出される，化学反応（たとえば燃焼反応）で発生するエネルギーと比較すると約 10^6 倍大きいことがわかる．

核子 1 個あたりの質量欠損は，原子核を構成する核子の総数によって異なり，核子の総数が 60 あたりが最も大きいという性質がある．また核子の結合が強いほど質量欠損は大きくなるため，質量欠損は原子核の結合エネルギーの計算や，原子核の安定性の議論などに用いられる．

2.3 ● 原子模型

19 世紀後半にはいくつもの原子模型が提案された．その代表的な原子模型は，地球を回る人工衛星のような原子模型や，太陽を中心として水星，金星，地球などの惑星が軌道を回っているような模型であった．しかしこの原子模型では，原子核のまわりを運動する電子は，エネルギー（光）を放出しながらいずれは原子核に引き付けられて行くことになり，このとき生じる光は連続スペクトルを与えることになるであろう．ところが励起された水素原子から発生する輝線スペクトル（発光スペクトル）はとびとびの値を与えることが観察された．**ボーア**（Bohr）は水素原子の輝線スペクトルと**プランク**（Planck）の**量子仮説**（quantum hypothesis）[6] に基づき，"電子がとびとびの円軌道上のみを運動する原子モデル"を提案した．このモデルは化学の歴史において重要であるので，多少長くなるが 1 つずつ説明することにする．まず輝線スペクトルについて考えてみよう．

2.3.1 水素原子の輝線スペクトル

水素を封入した放電管に高電圧をかけると，水素分子は水素原子になり，同時に原子核を中心に運動している電子は励起される．励起状態の電子は連続スペクトルを示すことなくとびとびの振動数の光を放出してより低いエネルギー状態になる．図 2-1 に可視光線部（380～780 nm）で観察される水素原子の輝線スペクトルを示す．

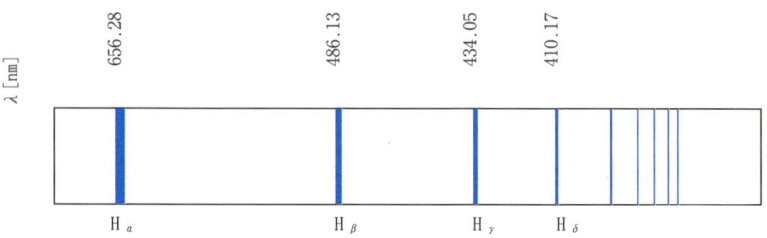

図 2-1　可視光部で観察される水素原子の輝線スペクトル（Balmer 系列）

原子力エネルギー

原子力発電で用いられる原子力エネルギーは，核融合や核分裂の核反応前後の質量欠損に基づいて得られる膨大なエネルギーを利用したものである．核子数が少ない原子（たとえば重水素，三重水素）では，核融合によって生成した新たな原子の質量欠損に基づいて発生する熱エネルギーを利用する．一方，核子数が大きい原子（たとえばウラン）では，分裂前の原子と核分裂によって生成した複数の原子の質量の総計との差に基づいて発生する熱エネルギーを利用している．

電磁波の表し方

電磁波は振動数 ν [s^{-1}]（日常では周波数 [cycle]，[Hz] などが用いられる），波長 λ [m] および波数 $\bar{\nu}$ [m^{-1}] で表される．電波は振動数，マイクロ波や赤外線は波数，可視光・紫外線・X 線は波長で表すことが多い．それぞれには以下の関係がある．
$\nu = c/\lambda$　（c : 真空中の光の速度），
$1/\lambda = \bar{\nu}$

6) プランクの量子仮説：古典力学によれば，振動体のエネルギーは振幅の 2 乗に比例し，連続的にどのような値もとることができる．ところがプランクはミクロな世界において，電磁場にある振動子（ミクロな振動体）はある小さな単位の ε の整数倍（量子）のエネルギーしかとり得ないと仮定すると，実験とよく一致する結果が得られることを 1900 年に示した．このように 20 世紀に入ったそのとき，ミクロな世界の自然法則は新たな世界に突入したといえる．

表 2-3　水素原子のスペクトル系列

スペクトル領域	系列	式	発見年
遠紫外部	Lyman 系列	$\bar{\nu}=R_H(1/1^2-1/n^2)$	1906
可視部	Balmer 系列	$\bar{\nu}=R_H(1/2^2-1/n^2)$	1885
赤外部	Paschen 系列	$\bar{\nu}=R_H(1/3^2-1/n^2)$	1906
赤外部	Brackett 系列	$\bar{\nu}=R_H(1/4^2-1/n^2)$	1922
遠赤外部	Pfund 系列	$\bar{\nu}=R_H(1/5^2-1/n^2)$	1924

表 2-3 に示すように水素原子の輝線スペクトルは可視部（Balmer 系列）だけでなく紫外部（Lyman 系列），赤外部（Paschen 系列ほか）においてもそれぞれ観察される。これらの輝線スペクトルは**リュードベリ**（Rydberg）により整理され，次に示すような一般式を提出した。

$$\bar{\nu}=R_H\left|\frac{1}{n_i^2}-\frac{1}{n_j^2}\right| \tag{2-4}$$

ここで $\bar{\nu}$ は輝線スペクトルの波数 $[\mathrm{cm}^{-1}]$，R_H はリュードベリ定数とよばれ，109,737.31 $[\mathrm{cm}^{-1}]$ の値をもつ。n_i は $n_i=1, 2, 3, 4, 5$ の値をとり，その値は表 2-3 に示すそれぞれの系列に対応する。また，$n_j=2, 3, 4, \cdots$ は電子が励起したエネルギー準位を示す（後ほど図 2-3 で説明する）。

2.3.2　ボーアの原子模型

ボーアは，水素原子の輝線スペクトルを説明できる原子模型を提案した。その模型は地球（原子核）を中心に回る人工衛星（電子）の軌道を描いたようなものであるが，両者はいくつかの点で大きく異なっている。

① 人工衛星の軌道は打ち上げ時の速度や角度で自由に変えることができるが，電子はある定まったとびとびの軌道上しか運動できない（量子条件）。

② 人工衛星は長年軌道を回っていると地球の重力に引かれ，同時に回転のエネルギーを失い，終には大気圏に突入して燃え尽きる。これに対して，電子は同一の軌道を運動している限りエネルギーを放出せず，安定に軌道を回り続ける。ある軌道から別の軌道に移動するときにだけ，エネルギーの放出か吸収を伴う（リュードベリの式（2-4）参照）。

という点である。これらの仮定に基づいて提出されたボーアの電子の軌道の概念図を図 2-2 に示す。量子条件に基づき得られた水素原子における電子の軌道半径 r_n を与える式を（2-5）に示す。

$$r_n=\frac{n^2\varepsilon_0 h^2}{\pi m e^2 Z} \quad (n=1, 2, 3\cdots) \tag{2-5}$$

ここで，n は量子数，ε_0 は真空の誘電率（$8.854\times10^{-12}\,\mathrm{Fm}^{-1}$），$h$ は

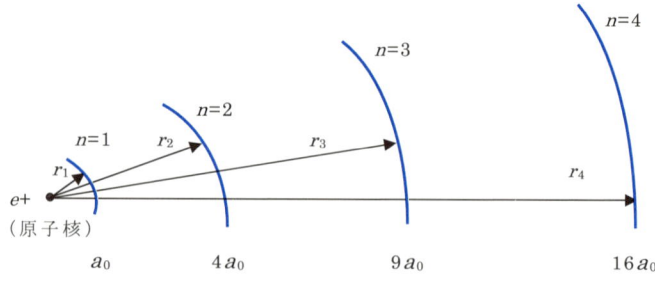

図 2-2　水素原子における電子の軌道半径

planck 定数（6.626×10^{-34} Js），m は電子の質量（9.109×10^{-31} kg），e は電子の電荷量（1.602×10^{-19} C）および Z は原子番号である。

r_1 の軌道半径を計算すると，5.29×10^{-11} m（0.0529 nm）となる。この値は水素原子の最小の軌道半径の大きさを表しており，ボーア半径とよぶ（a_0 で表す）。$n=1, 2, 3 \cdots$ のときの軌道半径は $r_1 = a_0$，$r_2 = 4a_0$，$r_3 = 9a_0$，…，$r_n = n^2 a_0$ と表すことができる。すなわち $r_n \propto n^2$ の関係がある。

次に半径 r の軌道上を運動する電子の持つエネルギー E は，$E = -\dfrac{e^2}{8\pi\varepsilon_0 r}$ の関係がある。この式に式（2-5）を代入すると水素原子の軌道エネルギー E_n は次式で表される（$Z=1$）。

$$E_n = -\frac{me^4}{8n^2\varepsilon_0^2 h^2} \quad (n=1, 2, 3 \cdots) \tag{2-6}$$

基底状態にある水素原子の軌道エネルギーを求めると $E_1 = -2.18 \times 10^{-18}$ J となる。$E_n \propto (1/n)^2$ の関係があることがわかる。

一方，電磁波の振動数とエネルギーには $\nu = E/h$ の関係があるので，(2-6) との関係をもとに遷移を起こす 2 つの軌道間（n_i と n_j）のエネルギー差 ΔE の間で吸収または放出される電磁波を波数 $\bar{\nu}$（$=\Delta E/hc$）で表すと式（2-7）のようになる。

$$\bar{\nu} = \frac{me^4}{8\varepsilon_0^2 ch^3} \left| \frac{1}{n_i^2} - \frac{1}{n_j^2} \right| \quad (i<j) \tag{2-7}$$

ここで定数項 $me^4/8\varepsilon_0^2 ch^3 = R_H$ とおくと，式（2-4）と同じになる。すなわちボーアの原子模型は水素原子のスペクトルを見事理論的に説明したのである。水素原子の輝線スペクトルと水素原子の軌道（原子軌道という）のエネルギー準位との関係を図 2-3 に示す。

このようにボーアの原子模型は，とびとびのスペクトルの値との関係を明らかにすることに成功した。しかし電子の粒子としての一面を基礎においていたので，"なぜ" とびとびの値を取るのかという理由を説明するには至らなかった。

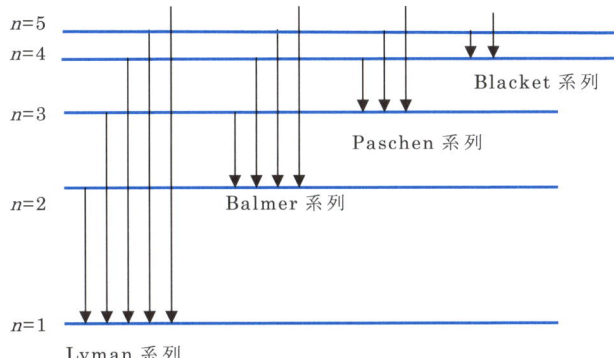

図 2-3　水素原子のエネルギー準位と輝線スペクトルの関係

2.3.3　電子の粒子性と波動性

ボーアの原子模型が提出された後，**ド・ブロイ**（de Broglie）はすべての物質は粒子性と波動性の二面性を持ち合わせているという理論を提唱した。すなわち式（2-8）で表されるように，質量 m，速度 v の粒子の運動量 p（$= mv$）と波動性を表す物理量である波長 λ を結びつけたのである。

$$\lambda = h/p = h/mv \tag{2-8}$$

この式から，重くて速い物体は粒子性が大きく，軽くて遅い物体は波動性が大きいことがわかる。今われわれが問題としている電子は非常に軽い粒子（9.11×10^{-31} kg）であるため，粒子性に加えて波動性が非常に大きい物体であるということができる（コラム参照）。

さて原子核を中心として回る電子が，とびとびの軌道とエネルギー値をとることを，波動の性質を利用して説明しよう。

長さ L の箱の中あるいは原子軌道のように限られた長さの空間に，波が定常的に存在するには，図 2-4 に示すように $L = n\lambda/2$ の条件を満

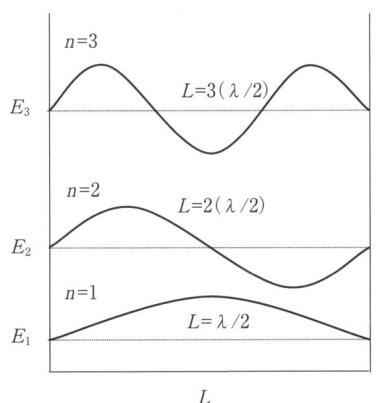

図 2-4　長さ L の領域に閉じ込められた粒子の定常波
（量子数 n とエネルギー E_n）

電子の性質(1)　電子は粒子である

1897 年，J. J. トムソンは真空管の中での電子線の挙動から，「電子は電荷を持ち，原子を構成するもっとも小さな粒子である」ことを明らかにした。すなわち，電子は具体的な「物」であることが確認された。

電子の性質(2)　電子は波動である

1920 年代，C. デビッソンや M. ボルンらの科学者により「電子は障害物の後方に回り込む性質を有し，波そのものである」ことが明らかにされた。すなわち電子は「波動」という状態であることが確かめられた。

電子の性質(3)　具体的・抽象的存在

電子は，粒子という「物の世界」と，波動という「状態の世界」の全く異なる世界に二股を賭けている存在である。すなわち，電子は具体的存在であり，抽象的存在である。とくにシュレーディンガーの波動方程式による電子の振る舞いは，もはや現実世界から逸脱し，確率論的な抽象世界に入り込んでしまう（この驚くべき性質をもつ電子の出現が，皆さんの今後の勉強の頭痛の種となるのである）。

足しなければならない。$L=n\lambda/2$ を式（2-8）に代入した関係式（$p=nh/2L$）を運動エネルギー E の式（$E=mv^2/2$）に代入すると以下の関係が得られる。

$$E=\frac{n^2h^2}{8mL^2} \quad (n=1,2,3,\cdots) \tag{2-9}$$

以上のことから，長さ L の箱の中に立つ定常波は $\lambda/2$ の n 倍に限られること，およびそのエネルギー E もとびとびの値しかとることができないことを表している。また式（2-9）は，次項で述べるシュレーディンガー波動方程式の解の1つでもある。

式（2-9）の関係を基に H 原子中の電子の運動を考えてみる。電子は原子核との引力によって拘束された核のまわりの軌道上を運動しているが，その円軌道上の電子の運動も定常波に限られることになる。この関係を図 2-5 に示す。円軌道上に $n\lambda$ が収まれば定常的に波が存在できる（図 2-5(a)）。一方，$n\lambda$ が収まらなければ波は打ち消しあい存在できない（図 2-5(b)）。すなわち，λ の整数倍 $n\lambda$ の軌道上にしか電子は存在できないことになる。式（2-5）はこの関係を表しているのである。

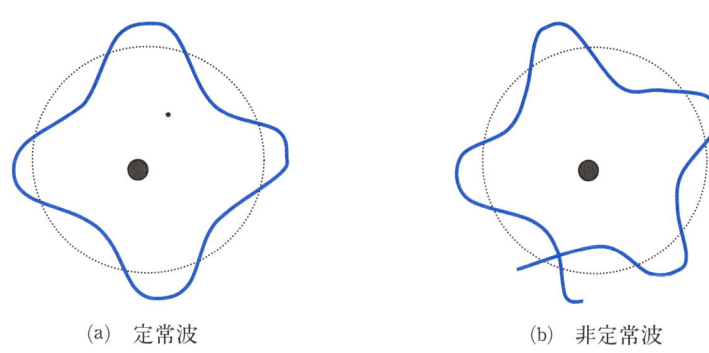

(a) 定常波　　　　　　　(b) 非定常波

図 2-5　円軌道上の定常波と非定常波

物体の波動性の例

◇体重 80 kg の陸上選手が 10 m/s の速度で走っているときの波長
　運動量：$p=mv=80[\text{kg}]\times 10[\text{m/s}]=800[\text{Ns}]$
　波　長：$\lambda=h/p=6.63\times 10^{-34}[\text{Js}]/800[\text{Ns}]=8.29\times 10^{-37}\text{m}$
　とてつもなく小さな値となり，実質上波の性質はないといえる。
◇加速電圧 100[V] で加速された電子の波長
　運動量：$p=\sqrt{2meV}=\sqrt{2\times 9.11\times 10^{-31}[\text{kg}]\times 1.60\times 10^{-19}[\text{C}]\times 100[\text{V}]}$
　　　　　$=5.40\times 10^{-24}[\text{Ns}]$
　波　長：$\lambda=6.63\times 10^{-34}[\text{Js}]/5.40\times 10^{-24}[\text{Ns}]=1.23\times 10^{-10}[\text{m}]$
　X 線領域の波長となり，波動そのものであるといえる。

このようにして，ボーアの原子模型で電子の軌道およびそのエネルギーがとびとびの値をとる理由はド・ブロイによって理論化された。

2.4 ● 前期量子論と原子構造

シュレーディンガーはド・ブロイの考えをさらに発展させ，電子の運動を波動とみなして**波動力学**（wave mechanics）という全く数学的な理論で原子軌道を説明することに成功した。これを**シュレーディンガー波動方程式**[7]（Schrödinger wave equation）といい，その軌道は量子（ある単位量の整数倍の値をとること）によって表されることになった。通常これを**量子力学**（quantum mechanics）とよんでいる。

なお，2.4.1 と 2.4.2 項でシュレーディンガー波動方程式を取り扱うが，方程式の解を求めることは本書の目的ではないので，式の特徴，導入された量子数，および得られた軌道の形を紹介するにとどめる。

2.4.1　シュレーディンガー波動方程式

シュレーディンガーは，電子の波としての振舞いを（2-10）式の**波動方程式**（wave equation）で表した[8]。

$$\left(-\frac{h^2}{8\pi^2 m}\nabla^2 + V\right)\Psi = E\Psi \tag{2-10}$$

ここで Ψ は**波動関数**（wave function）といい，物質を波として表す関数である。波動関数が規格化[9]されているときには $|\Psi|^2$ は，ある微小領域内の粒子の存在確率を与える。すなわち，波動関数は原子核を取り巻く電子の分布状態あるいは密度を表す重要な関数である。V は原子核（正電荷）と電子（負電荷）との間の静電エネルギー（ポテンシャルエネルギー），E は定常波のエネルギー（固有値）を示している。∇^2 は**ラプラス演算子**（Laplacian）[10]とよばれる作用素である。

> [7]　波動方程式とは，「物質粒子の状態を記述する波動関数 ψ の時間的発展を規定する方程式」ということができる。
>
> [8]　波動方程式：式（2-10）は微分方程式とよばれるもので，本書では詳細な解説は行わない。より深く学ぶ人は以下に示す参考書で勉強していただきたい。
> ・松林玄悦：「化学結合の基礎（第2版）」，三共出版（1999）
>
> [9]　規格化：電子を見いだす全確率は 1 でなければならない。すなわち，波動関数は次の関係を満足させねばならない。
> $\int \Psi^2 d\tau = 1$
> この関係を満たす波動関数は，規格化されているという。
>
> [10]　ラプラス演算子：作用素ともよばれ，$\nabla^2 = \partial^2/\partial x^2 + \partial^2/\partial y^2 + \partial^2/\partial z^2$ であり，3 次元の電子の運動を表すのに必要な数学的因子である。

固体中の電子が示す粒子性と波動性

比較的高い温度で超伝導を示す高温超伝導体というものをご存知であろうか。1986 年に，常温では絶縁体であるにもかかわらず，温度を下げると比較的高めの温度（90 K 以上）で超伝導を示す銅酸化物が発見された。この特異な現象の説明は容易ではなかった。高温超伝導現象は，原子の数に対し自由に動ける電子の数が非常に少ないとき，すなわち電子同士の相互作用が無視できるとき，電子は波動性を示し固体中を自由に遍歴できるためと説明された。これに対し，金属の自由電子のように原子 1 個に対し電子が 1 個付随している場合，電子は粒子性に基づいた電気伝導性やその温度依存性など示す。

2.4.2 電子の状態と軌道

原子核のまわりを回る電子の位置を示すには，x, y, z軸を中心とした直交座標 $P(x, y, z)$ よりも極座標といわれる x 軸および z 軸となす角 ϕ, θ, および原点からの距離 r で表す方法が便利である。したがって，波動関数 Ψ は以下のように表される。

$$\underset{\text{［直交座標］}}{\Psi(x, y, z)} = \underset{\text{［極座標］}}{R(r)\,\Theta(\theta)\,\Phi(\phi)} \tag{2-11}$$

ここで $R(r)$ は**動径関数**（radial function）とよばれ，原点からの距離 r のみの関数であり球対称である。また，$\Theta(\theta)$ と $\Phi(\phi)$ は**角関数**（angular function）とよばれ，軸方向の角運動量を表す関数である。このように r，θ および ϕ の関数の積として表されたシュレーディンガー波動方程式を解くと，水素原子の電子の状態および軌道のエネルギーが求められる。

動径関数 $R(r)$ の解としては

$$\psi(r) = e^{-ar} \tag{2-12}$$

が求められる。ここで e は自然対数の底である。この関数は r が無限大になるとき，すなわち電子が原子核から遠くなるとその存在は 0 に近づくことを表している。一方，許される関数のエネルギーは

$$E_n = -\frac{2\pi^2 m e^4}{n^2 h^2} \tag{2-13}$$

で表される。この式は2.3.2項で述べたボーアの原子模型で得られた式 (2-6) そのもので，n は整数値 1, 2, 3, …のみをとる。このようなとびとびの整数値をとくに**量子数**（quantum number）という。

角関数 $\Theta(\theta)$ と $\Phi(\phi)$ の解にも量子数（l と m_l）が導入される。以下に電子の軌道を表すのに必要な3つの量子数と，軌道への電子の詰まり方に関する1つの量子数をまとめて記載する。

(1) 主量子数

n は**主量子数**（principal quantum number）とよばれ，式 (2-9) と式 (2-13) の n と同じもので，軌道の広がりと軌道のエネルギーを決める量子数である。主量子数 n で決まる状態にある電子は殻 (shell) を形成するという。$n=1, 2, 3, …$に従い K 殻，L 殻，M 殻とよぶ。

(2) 軌道角運動量量子数

第二の量子数 l は**軌道角運動量量子数**（orbital angular momentum quantum number）または**方位量子数**（azimuthal quantum number, あるいは副量子数）といい，軌道の形を決める量子数である。$n=1$ のとき $l=0$，$n=2$ のとき $l=0$ と $l=1$ の値をとる。すなわち l は 0, 1, 2, …, $(n-1)$ の n 個の値をとり，l の値，0, 1, 2, 3, …に従い s, p,

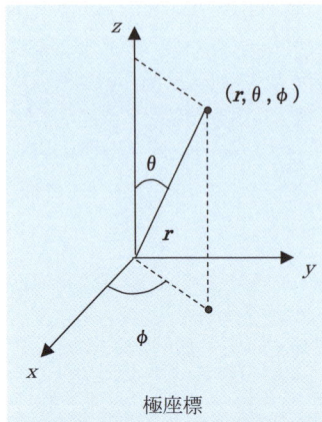

極座標

電子の3次元の運動と角運動

物体の主な運動には直線運動と回転運動があるが，電子は原子核を中心とする軌道運動と自分自身が回転する自転運動を行っており，いずれも回転運動が中心である。直線運動では距離 r [m]，速度 v [m/s]，質量 m [kg] などが基本となるのに対し，回転運動では回転角 θ [rad]，角速度 ω ($= v/r$) [rad/s]，質量（慣性モーメント）I ($=mr^2$) [kg・m^2] が用いられる。したがって直線の運動量は $p=mv$ で表されるのに対し，回転運動の運動量（これを角運動量という）$p_\theta = I\omega$ で表される。

d, f という記号が当てはめられる。主量子数 n の数値と軌道角運動量量子数 l の記号を組み合わせて，軌道は1s軌道（$n=1$, $l=0$），2p軌道（$n=2$, $l=1$），3d軌道（$n=3$, $l=2$）のように表す。なお，l が異なる軌道を**副殻**（subshell）とよぶことがある。

(3) 磁気量子数

第三の量子数に**磁気量子数**（magnetic quantum number, m_l）がある。磁気量子数は，軌道の分布の方向を決め，$+l$ から $-l$ までの $2l+1$ 個の値をとる。たとえば，2p軌道（$n=2$, $l=1$）には x, z, y 方向に広がる3つの軌道（$m_l=+1, 0, -1$）があり，それぞれの軌道を $2p_x$, $2p_z$, $2p_y$ のように表す。

(4) スピン量子数

以上の3つの量子数によって規定された軌道にはそれぞれ最大2個の電子が収容され得るが，パウリの排他原理（2.5.1で説明）によると，すべての電子は量子数の異なる電子でなければならない。同一の軌道に入る2個の電子を区別する量子数は**スピン量子数**（spin quantum number, m_s）とよばれ，$+1/2$ と $-1/2$ の値をもつ。スピンとは粒子の自転運動のことをいい，$+1/2$ は右向きのスピンを，また $-1/2$ は左向きのスピンを表している（それぞれ逆向きのスピンをもつという）。このように軌道に詰まるそれぞれの電子は n, l, m_l, m_s の4つの量子数で規定される[11]。

このように軌道は4つの量子数 n, l, m_l, m_s によって規定される。表2-4に軌道と量子数の関係を示す。また波動関数は同時に電子の分布状態を表すので軌道の形に関する情報を与える。電子の分布状態（あるいは存在確率）に基づいて描かれた各軌道の形を図2-6に示す。

とびとびの値の観察と理論的導入

実験的に観察された"とびとびの値"は，①**水素原子の輝線スペクトル**：水素原子の電子は特定のとびとびのエネルギーをもっている。②**電子線の分裂**：電子には電磁気的に異なる2つの状態がある（その結果，スピン量子数が導入された）。

理論的に導入された"とびとびの値"（あるいは方程式を解くことによって得られたものとして）は，①**ボーアの原子模型**：電子の軌道は $h/2\pi$ の整数倍の角運動量をもつときに限られる。②**ド・ブロイの物質波**：電子は波動性をもつので，原子核のまわりには定常波を生じる状態（波長 λ の整数倍 $n\lambda$ が軌道長と等しい状態）でしか存在し得ない。③**シュレーディンガーの波動方程式**：原子軌道関数のエネルギーは，主量子数 n と方位量子数 l で決まる（$n>1$）。

---

[11] スピン量子数の導入：第4の量子数の導入は，ボーアの理論では説明できない実験事実"アルカリ金属の線スペクトルは，2本の非常に接近したスペクトル線から成る二重線であったこと"から必要になった。すなわち波動関数 ψ から第4の量子数が導入されたわけではない。ただし，ディラック（Dirac）が築いた相対論的量子力学によると，特別の仮説を立てなくても，ごく自然にスピン量子数が導入されるといわれている。

とびとびの値の分析への応用

原子のとびとびの軌道のエネルギーは，原子特有の値をもっている。したがって，元素や分子の同定や定量分析において非常に重要な役割を果たす。その応用として発光分光法（定量発光分析法やICP発光分析法など）がある。多くの元素はアーク・スパーク放電などによってその元素特有の原子輝線スペクトル（原子発光スペクトル）を与える。これを利用して元素分析を行うことができる。

波動関数の確率と規格化

波動関数 $\phi(x)$ は，粒子（電子）の位置を測定したとき，粒子がどこに見つかるかの確率に関する情報を与える。その確率は，

$$|\phi(x)|^2 dx$$

で表される。すなわち波動関数 $\phi(x)$ は粒子の位置を限定するものではなく，二乗することにより粒子の存在確率を表すことになる。一方，確率は起こり得るすべての場合について加え合わせると1にならなければならないので，

$$\int_{-\infty}^{+\infty} |\phi(x)|^2 dx = 1$$

が成り立たなくてはならない。これを波動関数の規格化（脚注9）という。

波動関数の確率と原子軌道の形

量子力学によると電子は（高校時代に考えていたように）空間内の特定の点や線上に存在するのではなく，原子核を中心としてまるで雲のように広く分布していると考えられている。すなわち1個の電子は高速で軌道を運動しているというよりもその存在確率のみが与えられる（"波動関数の確率と規格化"参照）。したがって電子の軌道の形（図2-6）は，電子の描く雲の最大密度の面（＝波動関数の動径分布関数が最大となる領域）を表しているのである。なお原子軌道とその形状は原子の結合性および分子の形を考える上で非常に重要となる。

表 2-4 量子数と軌道

主量子数 n	殻	方位量子数 l	軌道の記号（収容電子数）		磁気量子数 m_l	軌道の記号
1	K	0	1s	(2)	0	1s
2	L	0	2s	(2)	0	2s
		1	2p	(6)	0	$2p_z$
					+1, −1	$2p_x$, $2p_y$
3	M	0	3s	(2)	0	3s
		1	3p	(6)	0	$3p_z$
					+1, −1	$3p_x$, $3p_y$
		2	3d	(10)	0	$3d_{z^2}$
					+1, −1	$3d_{xz}$, $3d_{yz}$
					+2, −2	$3d_{xy}$, $3d_{x^2-y^2}$

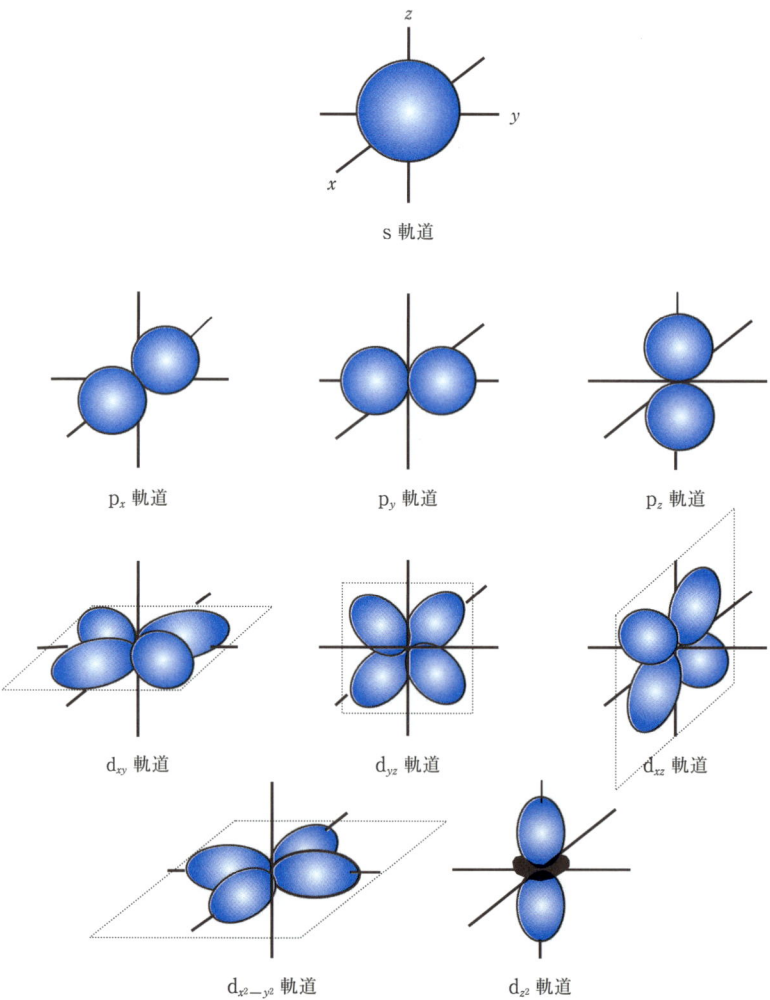

図 2-6　s軌道，p軌道，およびd軌道の形（波動関数の角度依存性）

2.5 ● 原子の電子配置と電子の相互作用

量子化された軌道の全体像が明らかになったので，次は軌道への電子の詰まり方（電子配置）と軌道に配置された電子と原子核の相互作用（遮蔽と有効核電荷）について考えてみよう．

2.5.1 原子の電子配置

水素以外の原子では，電子は複数存在しておりそれぞれの軌道に一定の規則に基づいて配置される．これを**電子配置**（electronic configuration）といい，**パウリの排他原理**（Pauli exclusion principle）と軌道のエネルギー準位に従って電子は詰まっていく．

パウリの排他原理は，いくつかの表現で表すことができる．

(1) 同じ原子内にある電子は，4つの量子数がすべて同じになることはない．
(2) 1つの軌道には3つ以上の電子が入ることはできず，2個の電子が占める場合はスピンの向き（スピン量子数）は異なっていなければならない．

すなわち，1組の量子数（n, l, m_l, m_s）によって確定される状態に電子は1個しか存在できないことを表している．

軌道に複数の電子が詰まって行くとき，エネルギー準位が低い軌道から順に詰まっていくが，原子の軌道のエネルギー準位は必ずしも n, l の数値の小さな順になっていない．たとえば，4s軌道のエネルギーは3d軌道のエネルギーよりもわずかに低いので，電子はまず4s軌道を占有し，次いで3d軌道を占有する．このようなエネルギー準位の入れ替わる原因は，軌道の形や空間的な広がりおよび分布の極大の違い，さらに遮蔽（2.5.2参照）などの効果に引き起こされると考えられる．軌道のエネルギー準位およびエネルギーの順序を知る簡単な関係を図2-7に示す．

図2-7に示した np, nd, nf 軌道にはそれぞれ3, 5, 7つの軌道があり，基底状態ではそれぞれの軌道のエネルギー準位は同一である．これを**縮退**（degenerate）あるいは**縮重**しているという．たとえば，2p軌道には $2p_x$, $2p_y$, $2p_z$ の3つの縮退した軌道が，また3d軌道には $3d_{z^2}$, $3d_{xz}$, $3d_{yz}$, $3d_{xy}$, $3d_{x^2-y^2}$ の5つの縮退した軌道が含まれている．

このような縮退した軌道に電子が詰まるときは図2-8に示すように，スピンが同じ向きになるようにできるだけ別々の軌道に入るほうが安定である．この電子の詰まり方を**フントの規則**（Hund's rule）という．

以上のことをまとめると，"原子の電子配置は4種の量子数 n, l, m_l, m_s の固有の組み合わせで決まる原子軌道をエネルギーの増す順序

遷移金属イオンの電子配置

遷移金属やその化合物では，電子が詰まっていく過程は，構成原理に基づき軌道のエネルギー準位の低い4sから3dの順に詰まっていく．Feを例にとると，Fe：[Ar]$3d^6$, $4s^2$ の電子配置である．しかしイオン生成時に電子が取り去られていく過程は，エネルギーの高い準位の3dからではなく，最外殻の4sから順に行われる．したがってイオンの電子配置は，Fe^{2+}：[Ar]$3d^4$, $4s^2$ ではなく，Fe^{2+}：[Ar]$3d^6$, $4s^0$ である．遷移元素イオンの電子配置が予想と異なるのは，このような理由に基づいている．

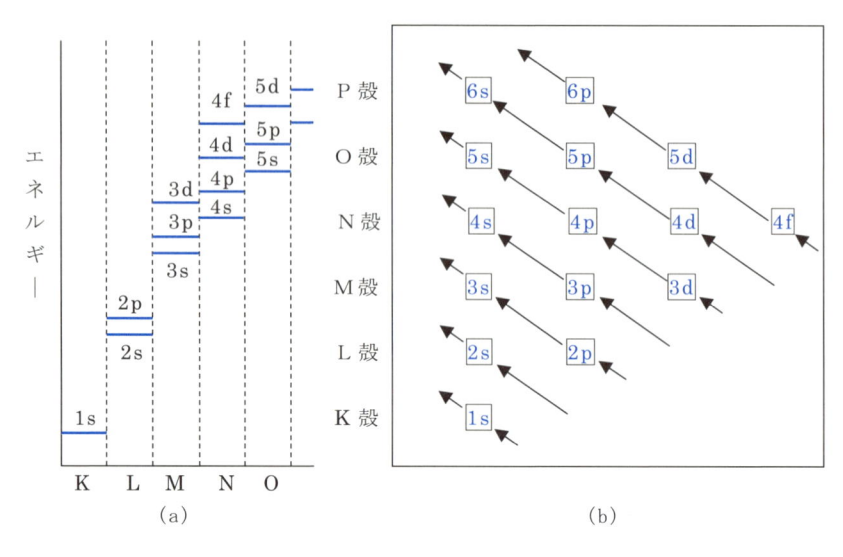

図 2-7 軌道のエネルギー準位(a)と軌道エネルギーの順を知るための図(b)

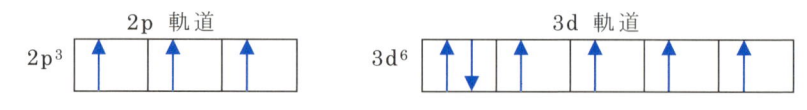

図 2-8 縮退した軌道への電子の詰まり方

にならべ，もっともエネルギーの低い殻の軌道から順次原子番号 Z に等しい電子を満たしていく過程に基づいている"ということができる。これを**構成原理**あるいは**組み立ての原理**（building-up principle）とよんでいる。

2.5.2 電子による核電荷の遮蔽と有効核電荷

配置された複数の電子は原子核との間に引力が，また電子同士には反発力が働く。この状況の下で動き回る電子は，1個1個が異なるエネルギー的な環境にあるといえる。軌道上のある1つの電子は，自分よりも内部にある電子によって原子核の正電荷が打ち消された結果，真の電荷よりも少ない核電荷を感じている。このように内側の軌道の電子によって核電荷が打ち消される現象を**遮蔽**（shielding）といい，1つの電子が実際に感じる正味の核電荷を**有効核電荷**（effective nuclear charge；Z_{eff}）とよぶ。遮蔽の大きさはスレーターの規則によって求められる[7]。有効核電荷は次項に述べる原子の性質（原子の大きさ，イオン化エネルギー，電気陰性度など）に大きく関与している。

ここで H（$1s^1$）と Li（$1s^2, 2s^1$）の電子の遮蔽について考えてみよう。H 原子の $1s^1$ 電子は，ほかの電子による遮蔽を受けないために，核電荷

---

[7] スレーターの規則（概略）：
(1) 同じグループ内（例えば（2s, 2p），（3s, 3p, 3d）など）のほかの各電子による遮蔽は 0.35 である。
(2) d 電子と f 電子については，それ以下のグループの1電子当たり 1.00 の遮蔽を受ける。また s 電子と p 電子は，そのすぐ下の殻（つまり($n-1$)の殻）からは1電子当たり 0.85 の遮蔽を受け，さらに内部のグループからは1電子当たり 1.00 の遮蔽を受ける。

$Z=1$ に対し有効核電荷 $Z_{eff}=1$ となる。Li の内殻の $1s^2$ 電子は 1.70（$=0.85\times2$）の核電荷を遮蔽している。したがって，Li の $2s^1$ 電子は核電荷を 1.3（$Z_{eff}=3-1.7$）と感じている。一方，H 原子と Li 原子のそれぞれの最外殻電子 1 個を取り去るのに必要なエネルギー｛第 1 イオン化エネルギー（2.5.1 参照）｝は，それぞれ 1,312 kJ/mol および 520 kJ/mol である。このエネルギーの違いは，H の $1s^1$ 電子は $Z_{eff}=1$ であるが核に近い軌道を回っているのに対し，Li の $2s^1$ 電子は $Z_{eff}=1.3$ であるが核から遠い軌道を回っていること，さらに $2s^1$ 電子を放出すると閉殻になって安定化することなどから，Li のイオン化エネルギーは予想される値よりも著しく小さいと考えられる。

2.6 ● 周期表と原子の性質

2.6.1 周 期 表

元素の性質はほぼ最外殻の電子配置によって決まるために元素を原子番号の順にならべるとその性質が周期的に変化する。これを**周期律**（periodic law）といい，周期律に基づいて元素を配列した表を**周期表**（periodic table）という（図 2-9）。周期表の横の行は「**周期**（period）」，周期表の縦の列は「**族**（group）」とよばれる。

周期表は外殻の電子配置に基づき 4 つのブロックに分けることができる。1，2 族（ns^1，ns^2 の電子配置）元素を **s ブロック元素**，13～18 族（np^1～np^6 の電子配置）元素を **p ブロック元素**といい，これらの元素をまとめて**典型元素**（main group element）という。典型元素（s，p ブロ

> **原子・元素・単体の区別**
> 水素や酸素といえば，原子・元素・単体のいずれの意味でも用いられている。
> (1) 原子：水分子は 2 個の水素原子と 1 個の酸素原子からできている。（構成粒子）
> (2) 元素：水は水素と酸素からできている。（構成成分）
> (3) 単体：水を電気分解すると水素と酸素が 2：1 の割合で発生する。（構成物質）
> これらの違いを正確に把握しておこう。

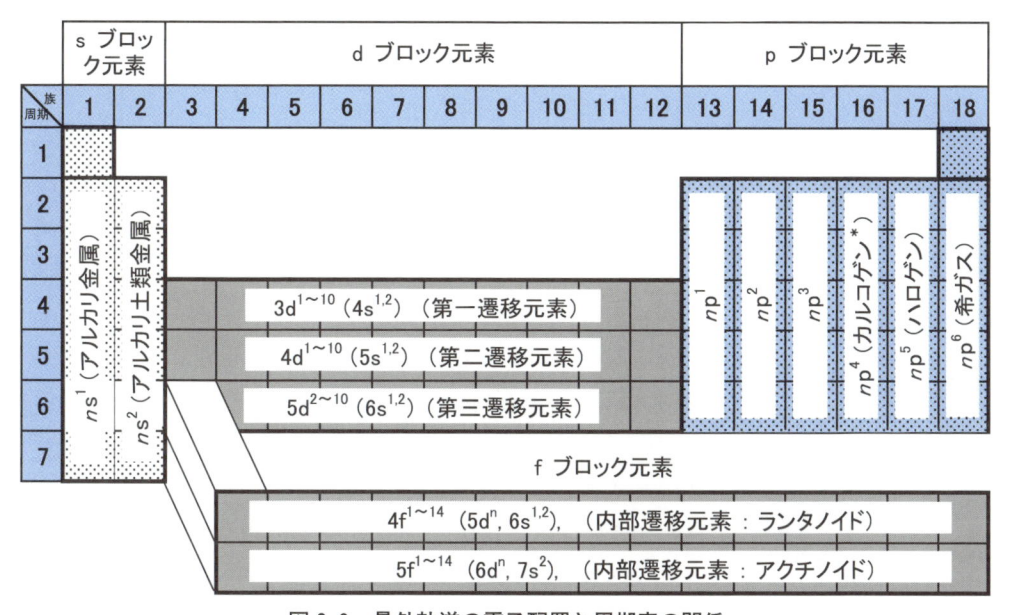

図 2-9　最外軌道の電子配置と周期表の関係

ック元素）において，横の行「周期」の番号は主量子数そのものを表す。

第4周期から現れる3〜12族（nd^1〜nd^{10}の電子配置）元素を**dブロック元素**および第6周期から現れる3族（nf^1〜nf^{14}の電子配置）元素を**fブロック元素**といい，これらの元素をまとめて**遷移元素**（transition element）という（ただし12族元素を除く）。

表2-5 各周期と軌道エネルギー準位の関係

周期	1	2	3	4	5	6
副殻	1s	2s 2p	3s 3p	4s 3d 4p	5s 4d 5p	6s 4f 5d 6p

表2-5に軌道のエネルギー準位の順序と各周期との関係を示す。第1周期を除けば各周期はns^1の電子配置からはじまりnp^6の電子配置で終わり，その間には軌道のエネルギー準位が入れ替わった$(n-1)$dおよび$(n-2)$f軌道への電子の占有が行われる。すなわち"周期表は構成原理に基づいて決定された電子配置を図式化したもの"ということができる。

このように軌道のエネルギー準位が必ずしもn, lの小さな順になっていないので，第4周期のdブロック元素を見てみると，原子番号21から30の元素（Sc〜Zn）は基本的にはまず4s軌道に2個の電子が詰まり，続いて3d軌道に1個ずつ電子が加わる。また，第6周期のfブロック元素の場合はまず6s軌道に，次いで4f軌道に電子が詰まっていく。これらの特徴をもつ元素が遷移元素ということになる。

周期表の縦の列である「族」に配置された元素は，副殻の電子配置が等しく，化学的性質も似た元素のグループである。たとえば電子配置がnp^1のアルカリ金属，np^5のハロゲン，np^6の希ガスなどの元素はそれぞれ化学的性質に共通性がある。一方，3〜12族の遷移元素の最外殻は基本的にはns^2の電子配置であるために縦の列の「族」の共通性もさることながら，横の10種の元素（dブロック元素）あるいは14種の元素（fブロック元素）にも共通性がある。

2.6.2 イオン化エネルギー

イオン化エネルギー（ionization energy；IE，または**イオン化ポテンシャル**）は，基底状態にある気体状の原子から電子を無限遠に取り去り，陽イオンと自由電子に解離させるのに必要なエネルギーをいい，式（2-14）で表される。

$$A(g) \longrightarrow A^+(g) + e^-(g) \tag{2-14}$$

電子1個を取り去るのに要するエネルギーを第1イオン化エネルギー（第1 IE）といい，もう1つ電子を取り去るのに要するエネルギーを第

遷移元素の定義と12族元素

遷移元素の厳密な定義は「dあるいはf軌道が不完全に満たされている元素」であるので，12族元素は遷移元素として含めない。しかしZn, Cd, Hgの12族元素は化学的性質や電子配置の上で似た点があり，遷移元素に分類することもある。その意味ではdおよびfブロック元素は遷移元素ということができる。

イオン化エネルギーを求める方法

1) 電子衝撃法：質量分析計による電子衝撃
2) 光イオン化法：光によるイオン化
3) 光電子スペクトル法：光イオン化によって得られた光電子スペクトル
4) 真空紫外吸収法：真空紫外領域における吸収および発光

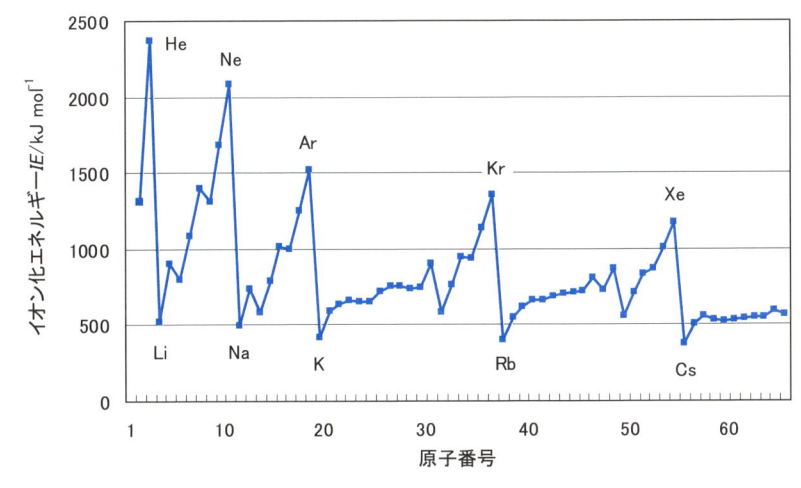

図 2-10 イオン化エネルギーと原子番号の関係

2 イオン化エネルギー（第 2 IE）という。同じ原子では，第 1 IE ＜第 2 IE ＜第 3 IE ＜…となる。イオン化エネルギーの小さな原子ほど電子が容易に放出されるので，陽イオンになりやすいということができる。

図 2-10 に第 1 イオン化エネルギーと原子番号の関係を示す。最外殻に 1 個の電子をもつ 1 族元素（アルカリ金属元素）の第 1 イオン化エネルギーがもっとも小さく，2 個の電子をもつ 2 族元素（アルカリ土類金属元素）がそれに続いて小さい。遷移金属元素（図では原子番号 21 から 30 までの元素）は原子番号が大きくなるにつれて，わずかずつ増加していることが特徴である。

一方，閉殻構造からなる 18 族元素（希ガス元素）のイオン化エネルギーがもっとも大きい。閉殻構造は安定化しており，電子 1 個奪い取るのは容易でないことを示している。また，同じ族では主量子数 n が大きくなるとその軌道は次第に核から離れて分布するので，核からの引力は弱くなる。したがって，イオン化エネルギーは一般に同一周期内では原子番号とともに増大し，同族内では下に行くほど減少する傾向がある[8]。

8)

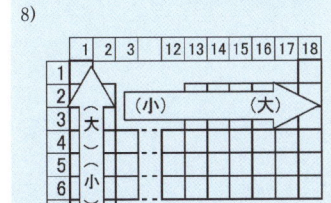

周期表とイオン化エネルギー
（電気陰性度も同様な関係にある）

2.6.3 電子親和力

基底状態にある気体状の原子に電子が付加されるときに放出されるエネルギーを**電子親和力**（electron affinity : EA）といい，式（2-15）で表されるように，陰イオンにするときに発生するエネルギーである。

$$A(g) + e^-(g) \longrightarrow A^-(g) \tag{2-15}$$

イオン化エネルギーと同様に，中性原子に電子 1 個を与え A^- にするときを第 1 電子親和力，A^- に 2 個目の電子を与え A^{2-} にするときを第

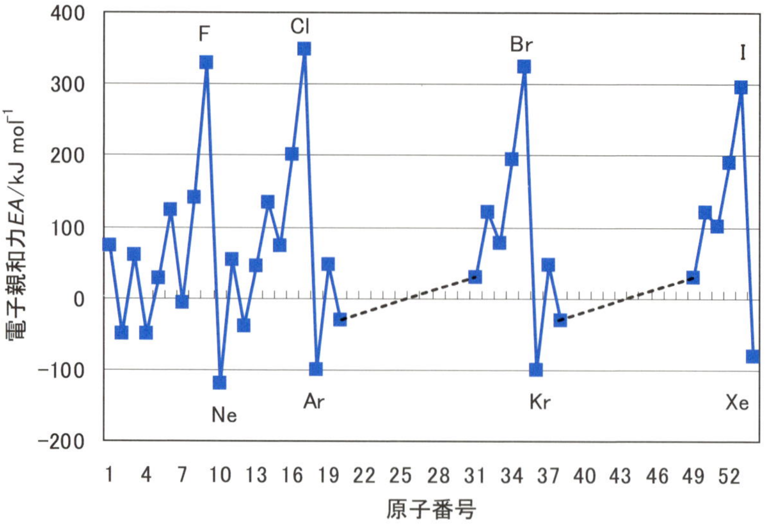

図 2-11 電子親和力と原子番号の関係

2 電子親和力という。多くの原子では第 1 電子親和力は発熱反応であるが，第 2 以降の電子親和力は陰イオン A^{n-} と加えられる電子の間で静電反発が生じるために吸熱反応となる。

図 2-11 に第 1 電子親和力と原子番号の関係を示す。17 族元素（ハロゲン元素）は非常に大きな正の電子親和力をもち（発熱反応[9]），陰イオンになりやすいことを示している。これは電子 1 個が加わることによって閉殻構造をとり，安定化するためである。18 族元素（希ガス元素）は逆に非常に大きな負の電子親和力をもつ（吸熱反応）。これはすでに閉殻構造をとって安定化している原子に電子 1 個を強いて付け加えるためである。

一方，1 族は正の値であるのに，2 族は負の値になっている。これは以下のように説明できる。1 族は ns^1 の電子配置であるために，電子 1 個を受け取ると安定な ns^2 の電子配置になるのに対し，2 族ははじめから ns^2 の電子配置であるので，加えられる電子はよりエネルギーの高い p 軌道に配置されなくてはならない。その結果，負の値をとる。2 族と 15 族を除けば，一般に周期表右に行くに従って電子親和力は増加傾向にある。

2.6.4 電気陰性度

結合している原子が共有電子対を引き寄せる度合いを数値で表したものを電気陰性度（electronegativity）といい，分子や化合物の極性を決める重要な値である。

ポーリング（Pauling）は 2 原子間の結合エネルギー（単位は eV）

[9] 電子親和力は，放出されたエネルギー（発熱反応）を正の値で，また吸収されたエネルギー（吸熱反応）を負の値で示す。熱力学上の習慣とは逆である。したがって，4 章の 4.1.2 項の格子エネルギーを求める際に符号を注意しなければならない。

電気陰性度の値の変遷

本文ではポーリング（1932；原子価結合理論），マリケン（1934；分子軌道理論）およびオールレッド・ロコウ（1958；原子表面の電場の強さ）による代表的な 3 つの電気陰性度の定義を紹介した。その後も，数多くの研究者によって原子固有の定数として電気陰性度を実験値から，あるいは理論値から求める研究がなされている。いずれもポーリングの値と大きな違いはないといえる。

第2章　原子の構造

表 2-6　元素の電気陰性度

族 周期	1	2	3	4	5	6	7	8	9	10	11	12	13	14	15	16	17	18
1	H 2.20 2.1																	He — —
2	Li 0.97 1.0	Be 1.47 1.5											B 2.01 2.0	C 2.50 2.5	N 3.07 3.0	O 3.50 3.5	F 4.10 4.0	Ne — —
3	Na 1.01 0.9	Mg 1.23 1.2											Al 1.47 1.5	Si 1.74 1.8	P 2.06 2.1	S 2.44 2.5	Cl 2.83 3.1	Ar — —
4	K 0.91 0.8	Ca 1.04 1.0	Sc 1.20 1.3	Ti 1.32 1.5	V 1.45 1.6	Cr 1.56 1.6	Mn 1.60 1.5	Fe 1.64 1.8	Co 1.70 1.8	Ni 1.75 1.8	Cu 1.75 1.9	Zn 1.66 1.6	Ga 1.82 1.6	Ge 2.02 1.8	As 2.20 2.0	Se 2.48 2.4	Br 2.74 2.8	Kr — —
5	Rb 0.89 0.8	Sr 0.99 1.0	Y 1.11 1.2	Zr 1.22 1.4	Nb 1.23 1.6	Mo 1.30 1.8	Tc 1.36 1.9	Ru 1.42 2.2	Rh 1.45 2.2	Pd 1.35 2.2	Ag 1.42 1.9	Cd 1.46 1.7	In 1.49 1.7	Sn 1.72 1.8	Sb 1.82 1.9	Te 2.01 2.1	I 2.21 2.5	Xe — —
6	Cs 0.86 0.7	Ba 0.97 0.9		Hf 1.23 1.3	Ta 1.33 1.5	W 1.40 1.7	Re 1.46 1.9	Os 1.52 2.2	Ir 1.55 2.2	Pt 1.44 2.2	Au 1.42 2.4	Hg 1.44 1.9	Tl 1.44 1.8	Pb 1.55 1.8	Bi 1.67 1.9	Po 1.76 2.0	At 1.96 2.2	Rn — —
7	Fr 0.86 0.7	Ra 0.97 0.9																

ランタノイド		La 1.08	Ce 1.06	Pr 1.07	Nd 1.07	Pm 1.07	Sm 1.07	Eu 1.01	Gd 1.11	Tb — 1.1～1.2—	Dy 1.10	Ho 1.10	Er 1.11	Tm 1.11	Yb 1.06	Lu 1.14
アクチノイド		Ac 1.00 1.1	Th 1.11	Pa 1.14	U 1.22	Np 1.22	Pu 1.22	Am 	Cm — 1.3	Bk —約1.2(推定値)—	Cf	Es	Fm	Md	No	Lr

注：黒数字はオールレッド・ロコウの値。青数字はポーリングの値で，1960 年発表のもの

に基づいて電気陰性度 χ_P を定義した。分子 A-B の結合エネルギーを E_{AB} とし，A-A，B-B の 2 つの分子の結合エネルギーをそれぞれ E_{AA}，E_{BB} とする。いずれも共有結合であれば，E_{AB} は次のように表わされる。通常前者の関係が用いられる。

$$E_{AB}=\sqrt{E_{AA}\cdot E_{BB}} \quad \text{あるいは} \quad E_{AB}=1/2(E_{AA}+E_{BB}) \tag{2-16}$$

A-B の結合にイオン性（極性）が生じると，新たな余剰エネルギー ΔE_{AB} が加わる。

$$E_{AB}=\sqrt{E_{AA}\cdot E_{BB}}+\Delta E_{AB} \tag{2-17}$$

すなわち分子 AB の実測の結合エネルギー E_{AB} はイオン結合性による寄与分 ΔE_{AB} だけ大きくなる。イオン性の大きさは，A 原子と B 原子の電気陰性度の差 ($\chi_A-\chi_B$) の 2 乗に比例するとすれば次のようになる。

$$\chi_A-\chi_B=\sqrt{\Delta E_{AB}}=\sqrt{E_{AB}-\sqrt{E_{AA}\cdot E_{BB}}} \tag{2-18}$$

最も大きな値を示す元素 F の電気陰性度を $\chi_A=4.0$ とすると，他の元素の χ の値は相対的に求まる。ここに掲げたポーリングの式は，数十種の分子に対し矛盾なく適用できることが確かめられた経験式である。

一方，マリケン (Mulliken) は，電気陰性度の大きな原子は電子を受け取りやすく（電子親和力 EA の値が大きく），電子を放出しにくい（イオン化エネルギー IE の値が大きい）性質に基づき，電気陰性度 χ_M をイオン化エネルギー IE と電子親和力 EA（単位はいずれも eV）の平均値として定義した。

$$\chi_M=1/2(IE+EA) \tag{2-19}$$

電気陰性度の式とエネルギーの単位

ポーリングとマリケンが提案した電気陰性度の式は，eV/分子のエネルギー単位を基本としている。ポーリングの式に kJ/mol で表した結合エネルギーの値を代入するときは，

1 eV/分子＝96.435 kJ/mol

の関係に基づき，$0.102 (=\sqrt{1/96.435})$ の係数を掛けなければならない。

$$\chi_A-\chi_B=0.102\sqrt{E_{AB}-\sqrt{E_{AA}\cdot E_{BB}}}$$

またマリケンの式の場合は，0.0104 $(=1/96.435)$ をかけなければならない。

$$\chi_M=\frac{0.0104(IE+EA)}{5.6}$$

ポーリングによって求められた χ_P とマリケンによって提案された χ_M はそれぞれ定義は異なっているもので，両者を比較しうるものとするためにマリケンの式を 5.6 で除したものが通常もちいられる。

オールレッド（Allred）とロコウ（Rochow）は，電気陰性度 χ_{AR} は原子表面の電場の強さで決まると考え，価電子に対する有効核電荷 Z_{eff} と原子の共有結合半径 $r(Å=10^{-10}m)$ を用いて次式で表した[10]。

$$\chi_{AR} = 0.359(Z_{eff}/r^2) + 0.744 \tag{2-20}$$

表 2-6 にポーリングおよびオールレッド・ロコウによって求められた電気陰性度の値を，また図 2-12 にポーリングの電気陰性度と原子番号の関係を示す。電気陰性度の値は，周期表では左から右にいくに従って大きくなる。すなわち同一周期では 1 族（アルカリ金属）元素が最も小さく，17 族（ハロゲン）元素が最も大きくなる。これは有効核電荷の増加に伴いイオン化エネルギーが増加したといえる。一方，同一族であれば下にいくに従って小さくなる。これは有効核電荷の減少に伴いイオン化エネルギーの減少をもたらしたのである。なお，電気陰性度の値は分子の極性を求めるときに必要である。

10) 式中の係数はポーリングの電気陰性度 χ_P と比較しうる値になるように選ばれた定数である。

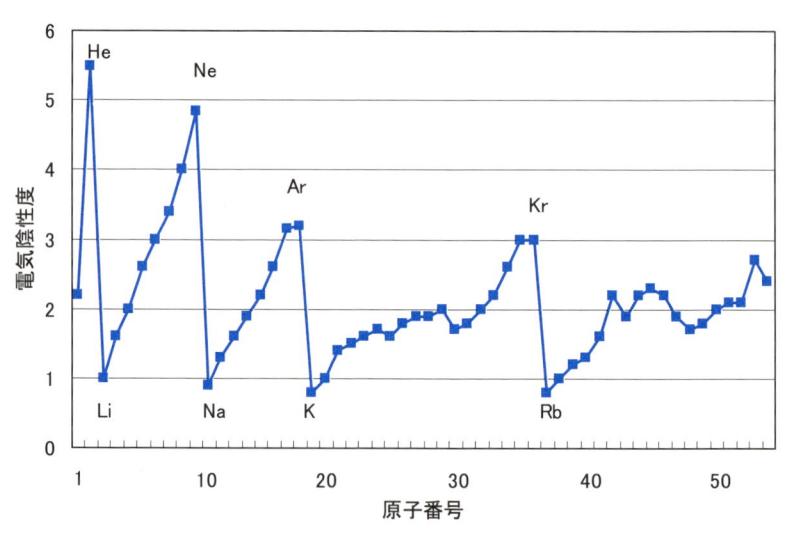

図 2-12　電気陰性度と原子番号の関係
(18 族は Allred-Rochow の値を用いた)

2.6.5　原子およびイオンの大きさ

原子の大きさは，原子核を取り巻く電子の数によって比例的に，あるいは主量子数の増加に伴い段階的に大きくなっていくことが期待される。ところが同一周期では右に行くほど（原子番号が増すほど）小さくなる

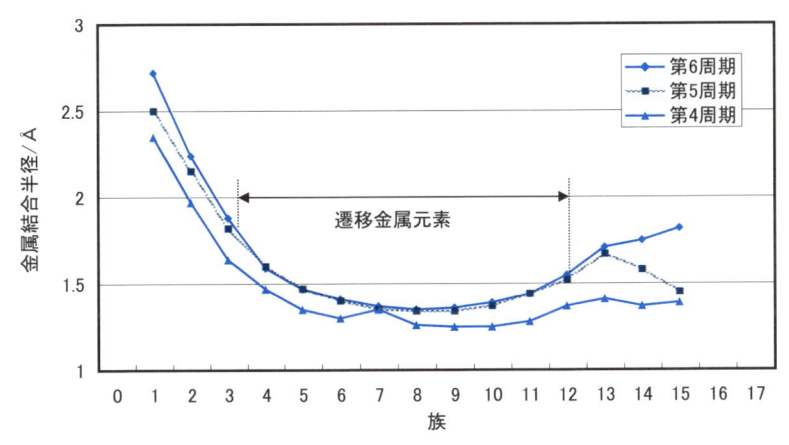

図 2-13 主要元素の原子半径（金属結合半径）と原子番号の関係

(18 族元素は例外)。この理由は，同じ軌道内の電子の遮蔽効率は低く，電子の数が増えていく効果よりもむしろ核電荷の数の増加の効果（すなわち有効核電荷の効果）が勝り，原子番号が増すほど電子の軌道を収縮させるためである。遷移金属とそれに続く 13 族以降では，d, f 電子の遮蔽効果がさらに低いために有効核電荷の効果が大きくなり，原子半径は著しく小さくなる。電子が 4f 軌道を順次占めていくランタノイド系

周期表における原子の性質と有効核電荷の関係

有効核電荷は同一族の下に行くほど減少する。これは主量子数の増加に伴い内殻軌道の電子で核電荷が大きく遮蔽されるからである。一方，有効核電荷は同一周期の右に行くほど増加する。これは核電荷の増加に伴い電子の数もそれだけ増えるが，同じ軌道内の電子の遮蔽は効率が悪く，核電荷の効果が相対的に増加するからである。このような有効核電荷は，原子の物理化学的性質の周期性を大きく支配している。以下に有効核電荷と原子半径，イオン化エネルギー，電気陰性度との関係をまとめておこう。

(1) 同一周期で右に行くほど；

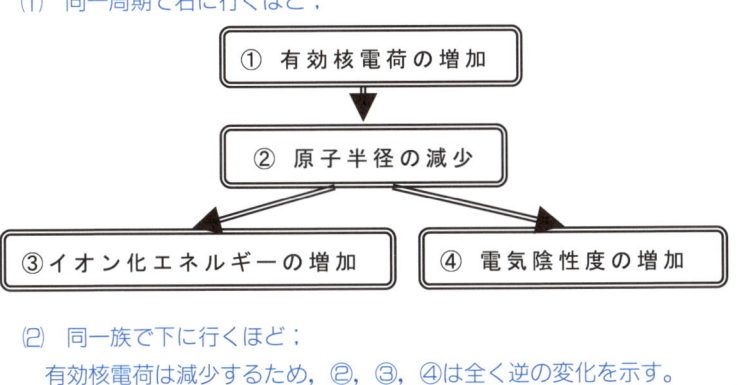

① 有効核電荷の増加
　↓
② 原子半径の減少
　↓　　　↓
③ イオン化エネルギーの増加　　④ 電気陰性度の増加

(2) 同一族で下に行くほど；
有効核電荷は減少するため，②，③，④は全く逆の変化を示す。

列や 5f 軌道を順次占めていくアクチノイド系列では右に行くほど原子の大きさは規則的に減少する。これをそれぞれ**ランタノイド収縮**（lanthanoid contraction）および**アクチノイド収縮**（actinoid contraction）という。

一方，同じ族であれば下に行くほど原子は大きくなる。その理由は，主量子数の増加に伴い遮蔽効率の高い内殻軌道とその電子の数が増し，核電荷を強く遮蔽する。その結果，外側の軌道は膨らんでくるためである。

さて原子やイオンの大きさは，それらが分子や結晶を形成してはじめて求めることができる。また，結合の様式や配位数の違いによってその大きさも異なってくる。原子半径には金属結合半径，イオン結合半径，共有結合半径，ファンデルワールス半径などがある（欄外参照）。図 2-13 に主要な元素の原子番号に伴う金属結合半径の変化を示す。

参考文献

1) 日高人才，安井隆次，海崎純男訳：「ダグラス・マクダニエル無機化学（上）第 3 版」，東京化学同人（1997）
2) 玉虫伶太，佐藤弦，垣花眞人訳：「シュライバー無機化学（上）」，東京化学同人（1996）
3) 三吉克彦：「大学の無機化学」，化学同人（1998）

結合様式と原子半径

共有結合半径
$r(Cl) = 0.99$ Å

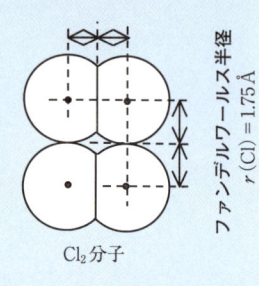

ファンデルワールス半径 $r(Cl) = 1.75$ Å

Cl₂ 分子

イオン半径
$r^+(Na^+) = 1.16$ Å, $r^-(Cl^-) = 1.67$ Å

NaCl 結晶

金属結合半径
$r(Na) = 1.91$ Å

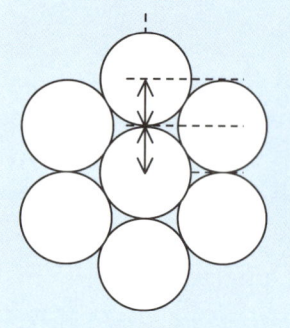

金属 Na 結晶

―― 第 2 章　チェックリスト ――

- ☐ 元素生成サイクル
- ☐ 統一原子質量単位
- ☐ 質量欠損
- ☐ ボーアの原子模型
- ☐ ド・ブロイの理論
- ☐ 波動関数と動径関数および角関数
- ☐ 電気陰性度と周期表
- ☐ 量子数と軌道
- ☐ 軌道の形
- ☐ パウリの排他律
- ☐ フントの規則
- ☐ 構成原理
- ☐ ランタノイド収縮とアクチノイド収縮
- ☐ イオン化エネルギーと周期表
- ☐ 電子親和力と周期表
- ☐ 有効核電荷と原子の性質

● 章末問題 ●

問題 2-1

1 u に相当する質量（1.660539×10^{-27} kg）を求める式を書け。

問題 2-2

塩素の同位体の統一原子質量と同位体存在度から塩素の原子量を求めよ。
なお，塩素の同位体の統一原子質量と同位体存在度は以下のとおりである。

核種	統一原子質量[u]	存在度(%)	原子量
^{35}Cl	34.969	75.76	
^{37}Cl	36.966	24.24	

問題 2-3

質量欠損について説明せよ。

問題 2-4

ポーリングの式（2.17）および F の電気陰性度 $\chi=4.0$ を用いて，H の電気陰性度を求めよ。ただし，H-F，H_2，F_2 の結合エネルギー（kJ/mol）はそれぞれ，566，432，155 とする。

第3章

化学結合と分子の構造

学習目標

1. 化学結合の初期理論である八偶説に基づくルイス構造を理解する。
2. VB法に基づき混成軌道と分子の形を理解する。
3. MO法に基づき分子形成理論を理解する。
4. 結合様式をそれぞれ理解する。

化学結合の理論には古くは定性的な八偶説が，また近年では分子の形成を定量的かつエネルギー的に説明できる量子論などが提出された。前者は典型元素の化合物の電子配置を，また後者は共有結合性分子の生成する過程と電子状態，および生成した分子の形を理解するのに優れた理論である。本章では第2章で学んだ原子の構造と性質を基礎に，これらの原子同士が結びつくしくみと分子の形を学ぶ。また共有結合，イオン結合および金属結合と，分子間の相互作用である水素結合およびファンデルワールス力について学ぶ。

3.1 ● 化学結合の初期理論ー八隅説

化学結合に関する初期の理論は**ルイス**（Lewis, 1916）と**ラングミュア**（Langmuir, 1920）によって提唱され，「原子の核外電子は核を中心とする立方体の8つの頂点に配置するとし，すべての頂点が占有されたときその原子は安定である。また原子はその八隅が電子で占められるようにほかの原子と化学結合する傾向がある。」と考えた。これを**八隅説**（octet theory）という。考えられた八隅はネオンなどの希ガスの閉殻構造に相当するもので，典型元素の化合物によく当てはまる。

	水素	ヘリウム	炭素	窒素	酸素	フッ素	ネオン
ルイス構造	H·	He:	·C·	·N·	·O·	·F:	:Ne:
電子配置	$(1s)^1$	$(1s)^2$	$(2s)^2(2p)^2$	$(2s)^2(2p)^3$	$(2s)^2(2p)^4$	$(2s)^2(2p)^5$	$(2s)^2(2p)^6$
原子価	1	0	4	3	2	1	0

図 3-1　主要な典型元素の電子配置とルイス構造

　図 3-1 に各原子の電子配置をルイス構造で示す。図 3-2 に等核 2 原子分子を，ルイス構造と結合電子対を線で表す線表示法で示す。H 原子や Li$^+$ イオンは，最外殻に 2 電子をもつ He の電子配置をとって安定化し，そのほかの典型元素は，最外殻に 8 個の電子をもつ Ne 以降の希ガスの電子配置で安定化する。また，単結合だけでなく 2 重結合，3 重結合においても八隅は形成されていることがわかる。なお，ルイス構造式は**電子式**（electronic formula），電子対結合を線で結んで表す線表示は**構造式**（structural formula）に相当する化学式の表し方ということができる。

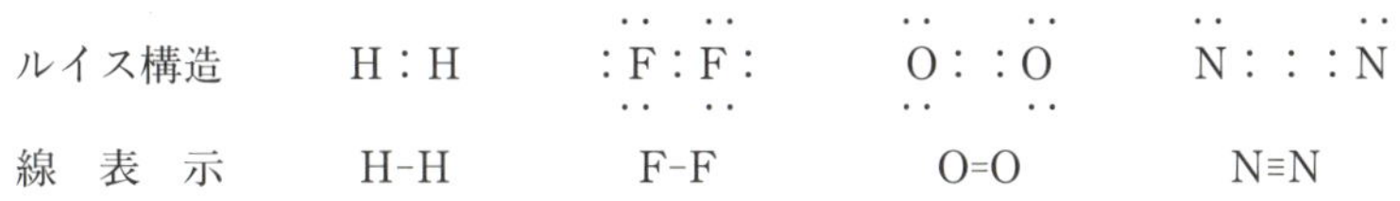

> **典型元素化合物と八隅説**
> 典型元素は 1, 2 族元素（s ブロック元素）と 13~18 族元素（p ブロック元素）であり，前者は s 軌道に 1~2 個の電子が，また後者は p 軌道に 1~6 個の電子が詰まっている元素である。これらが結びつくと化合物の多くは希ガス構造（$s^2 \cdot p^6$）の 8 個の電子で満たされた閉殻構造をとる。これに基づく理論が八隅説である。リュイス・ラングミュアの原子価理論ともよばれ，典型元素のイオン結合の生成や共有結合・配位結合の生成に関しても適用できる結合理論である。

ルイス構造	H:H	:F:F:	O::O	N:::N
線表示	H-H	F-F	O=O	N≡N

図 3-2　等核 2 原子分子のルイス構造と線表示

　図 3-3 に典型元素のいくつかの化合物をルイス構造と線表示で表す。共有結合の場合は，電子を共有することによって結合したどちらの原子も八隅子を完成する。イオン結合の NaCl においては，Na 原子がその最外殻の電子 1 個を Cl 原子に与えることにより，Ne 原子と同じ電子数となって八隅を満たした電子配置となる。一方，Cl 原子は Na 原子から電子を 1 個受け入れることにより，Ar 原子と同じ電子配置になって八隅子が完成する。生じた Na$^+$ と Cl$^-$ の正負の電荷によってイオン結合ができる。八隅子を完成させるために放出した，あるいは受け入れた電子数が +1，−1 の原子価となる。

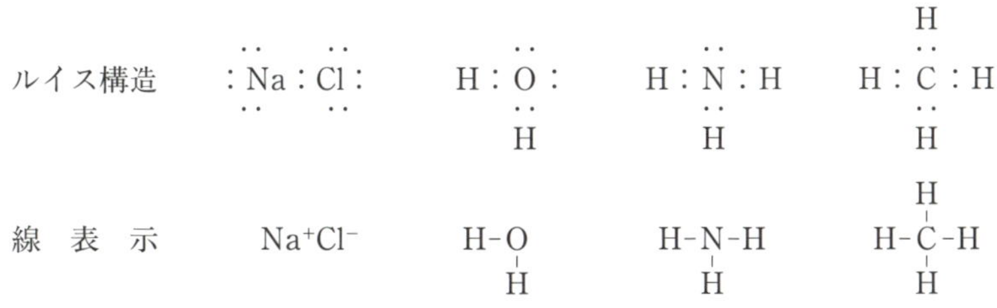

ルイス構造	:Na:Cl:	H:O:H	H:N:H 　H	H:C:H 　H H
線表示	Na$^+$Cl$^-$	H-O-H	H-N-H 　H	H-C-H 　H H

図 3-3　典型元素化合物のルイス構造と線表示

このように，八隅説は共有結合やイオン結合にかかわらず多くの典型元素化合物の結合を表すことができる。しかし，d軌道が結合に関与した遷移元素化合物（$Cr(CO)_6$ など）や超原子価化合物（PCl_5，SF_6 など）は表現できず，また分子の安定性や結合のエネルギーを定量的に表すことはできない。

3.2 ● 量子力学による結合論と共有結合

量子力学（2.4 項参照）を基に原子間の結合と分子の安定性を定量的に表す試みがなされた。1 つは**原子価結合法**（valence bond method：**VB 法**）であり，もう 1 つは**分子軌道法**（molecular orbital method：**MO 法**）である。いずれもそれぞれの原子の原子軌道が重なり合って分子を形成するという考え方で，共有結合を説明するためには有用な考え方である。VB 法は 2 個の原子の個性を保持した状態，すなわちそれぞれの原子軌道が保持されたまま互いに軌道が重なり合い分子を形成するのに対し，MO 法は原子軌道が重なり合うと新たに分子軌道が形成され 2 つの原子が一体化して分子を形成するという点が大きく異なる。VB 法は多原子分子の結合や分子の形を考えるのに有効であり，MO 法は分子形成のエネルギー的な考察，および分子の電子状態を問題にするときに便利な理論である。しかし，MO 法は多原子分子では複雑になるために単純な原子の考察に限られる。われわれは両者の優れた理論を用い，分子の安定性，分子の形について考えよう。

3.2.1 原子価結合法（VB 法）

2 個の H 原子が接近し，原子軌道（1s 軌道）が重なり合って H_2 分子を形成するときには，原子核同士および電子同士は反発し合うものの，同時にそれぞれの原子核は相手方の原子に所属する電子と新たに引力を生じる（図 3-4）。VB 法では，この引力が反発力よりも大きいために水素分子が形成されると考える。このように VB 法は，ルイスによっ

化学結合の基本様式

化学結合にはイオン結合，共有結合，金属結合，配位結合があり，さらに分子間結合として水素結合があげられる。ところで，金属結合はそれぞれの原子から放出された 1 個の電子を隣り合う原子間で共有し，さらに他の原子と共有することを常に繰り返していると考えると，特殊な共有結合として位置づけられる（第 4 章で説明）。また配位結合は見かけ上，一方の原子の電子対を他の原子に供与して結合する様式であるが，これも共有結合と見なされる。したがって，化学結合の基本様式はイオン結合と共有結合であるといえる。

化学結合 { イオン結合
共有結合 { 典型的共有結合
金属結合
配位結合 }

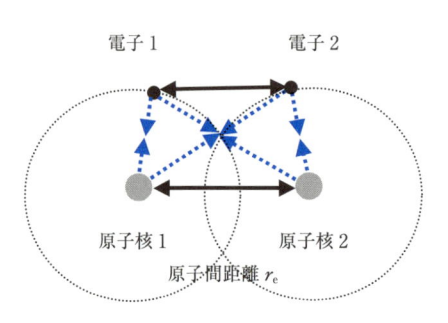

図 3-4　H_2 分子形成時の反発力（⟷）と引力（⋯▶◀⋯）

て提唱された定性的な電子対結合の考え方に，理論的あるいはエネルギー的な説明を与えたことになる。

次にVB法に基づき，H_2O分子の形について考えてみよう。H_2O分子を構成するO原子の電子配置は$2s^2\ 2p_z^2\ 2p_x^1\ 2p_y^1$である。2個のH原子の1s軌道は，中心原子であるO原子の直交する$2p_x$軌道と$2p_y$軌道にそれぞれ重なり合い，結合性軌道を形成する（図3-5）。その結果，

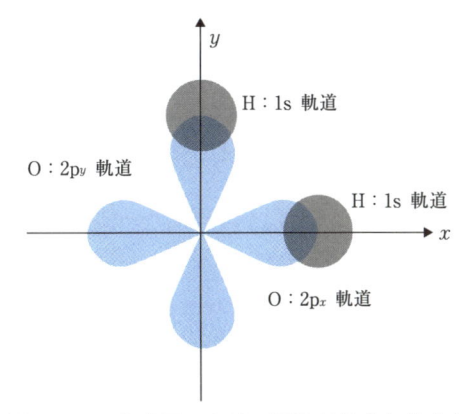

図 3-5　H_2O分子における電子対結合と結合角

H-O-Hの結合角は90°にならなければならない。ところが結合角の実測値は104.5°である。この結合角のずれを説明するには2つの方法がある。1つは中心原子と結合するH原子が正の電荷を帯びるために，2つのH原子間に静電力に基づく反発が起こり，原子価角が広がったと考える。もう1つは次項で述べるように，中心原子であるO原子のs軌道とp軌道が混じりあって混成軌道を形成したためと考える。

3.2.2　混成軌道

3.1項ではとくに説明しなかったが，C原子の基底状態の電子配置は$(1s)^2(2s)^2(2p)^2$であり，最外殻の不対電子は2個であるために原子価は2となる。これではメタンCH_4の分子の形成と等価な4つのC-H結合については全く説明できない。これに対して**ポーリング**（Pauling）は，結合するさいには1つの原子中のいくつかの原子軌道が一定の割合で混合して，新しい等価な軌道を作るという考えを提案した。形成されたこの軌道を**混成軌道**（hybrid orbital）という。これによって，結合の方向性と分子の形を説明できることになった。典型元素の化合物を例に考えてみよう。

(1) **sp混成軌道**　$BeCl_2$分子を例に考える。Be原子の電子配置は$(1s)^2(2s)^2$であるので，Cl原子と共有できる不対電子がない。分子を形成するためには$(2s)^2$の1個の電子が昇位し$2p_x$軌道に入る。次に

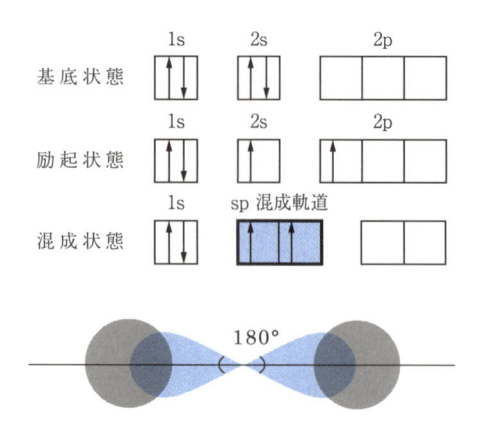

図 3-6　sp 混成軌道による BeCl₂ 分子の結合状態

2s 軌道と 2p$_x$ 軌道が混成して等価な 2 つの軌道を形成する。形成された等価な 2 つの軌道を sp 混成軌道といい，Be は 2 価の原子となる。

図 3-6 に示すように，sp 混成軌道は直線的な広がりをもつ軌道であるため，BeCl₂ 分子は直線分子となる。

(2) sp² 混成軌道　　BF₃ 分子を形成するときは，B 原子の (2s)² の 1 個の電子が昇位し，下線で示した 3 つの軌道に電子が配置されて混成する。形成された 3 つの等価な軌道は sp² 混成軌道という。

図 3-7 に示すように，sp² 混成軌道は同一平面に 120° の方向に突き出しており，形成された BF₃ 分子は正三角形の分子となる。

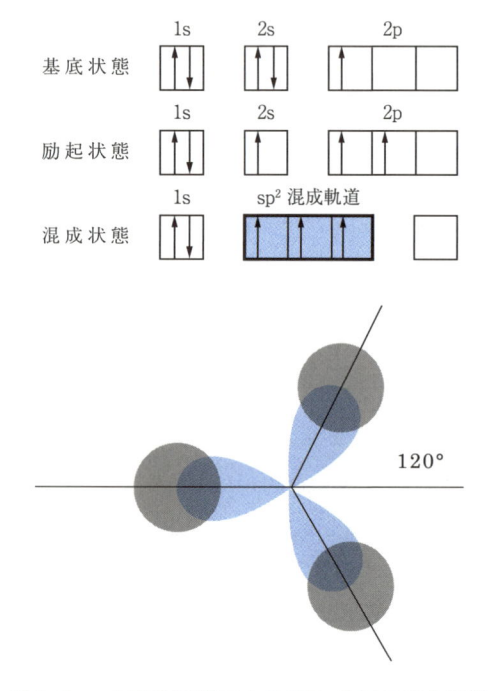

図 3-7　sp² 混成軌道による BF₃ 分子の結合状態

(3) **sp³混成軌道**　CH₄分子を形成するときは，C原子の(2s)²の1個の電子が2p軌道に昇位し，続いて1つの2s軌道と3つの2p軌道が混成する。

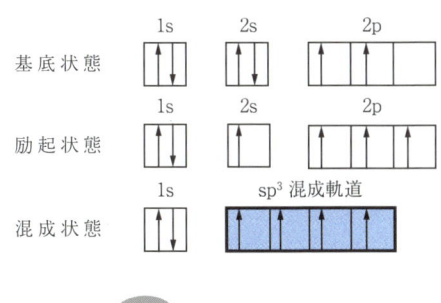

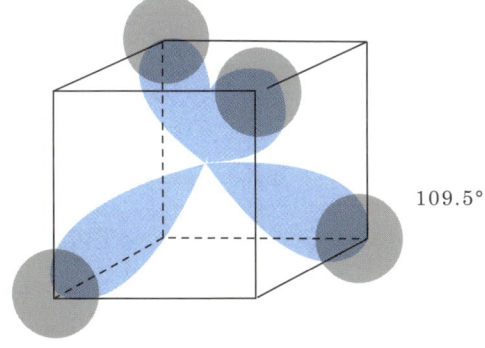

	1s	2s	2p
基底状態	↑↓	↑↓	↑ ↑
励起状態	↑↓	↑	↑ ↑ ↑

	1s	sp³混成軌道
混成状態	↑↓	↑ ↑ ↑ ↑

109.5°

図 3-8　sp³ 混成軌道による CH₄ 分子の結合状態

形成された4つの等価な軌道はsp³混成軌道といい，図3-8に示すように正四面体の4つの頂点の方向に突き出している。その軌道間の角度は109.5°である。CH₄分子は，4つのsp³混成軌道に4つのH原子がそれぞれ結合するために正四面体型分子となる。

3.2.1項で述べたH₂O分子を，混成軌道の考え方に基づいて考えてみよう。O原子の2s軌道と3個の2p軌道が混成し，炭素と同様に軌道間が互いに109.5°のsp³混成軌道を形成したと考えることができる。

原子軌道と混成軌道

1つの原子に属する原子軌道が混じり合ってできる混成軌道は，いずれも等価である。たとえば，sp混成軌道，sp²混成軌道，sp³混成軌道が形成されるときは，2, 3, 4個の等価な軌道が形成される。しかも軌道は空間的方向性をもっている。

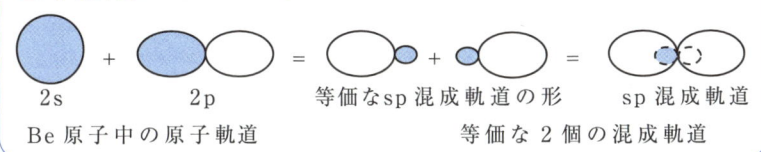

2s ＋ 2p ＝ 等価なsp混成軌道の形 ＋ sp混成軌道 ＝

Be原子中の原子軌道　　　　　等価な2個の混成軌道

形成された4個の同等の軌道には6個の電子がある。2個の軌道にはそれぞれ2個の電子が詰まり電子対を形成する。残りの2個の軌道にはそれぞれ1個の電子が詰まり，水素原子との結合に関与する。CH_4分子とは異なり2つの状態の軌道が形成されるので，軌道間の結合角は109.5°とは異なることが考えられる。これについては3.2.4項で説明する。

(4) その他の混成軌道と分子の形

s軌道とp軌道のほかにd軌道を含んだ混成軌道も存在する。表3-1にはd軌道が関わる主な混成軌道を，また図3-9に混成軌道の形を示す。

表3-1 混成軌道の種類と分子の形

混成軌道	分子の形	分子の例	電子配置
dsp^2	平面正方形		
$sp^3d(dsp^3)$	三方両錐形 正四角錐形	PCl_5	$(3s)^1(3p_x)^1(3p_y)^1(3p_z)^1(3d_{z^2})^1$
$d^2sp^3(sp^3d^2)$	正八面体	SF_6	$(3s)^1(3p_x)^1(3p_y)^1(3p_z)^1(3d_{z^2})^1(3d_{x^2-y^2})^1$

* d軌道が関わる混成軌道は，遷移金属を中心原子とした金属錯体において重要であるため，詳細は第7章で説明する。

dsp^2　　　　　　$sp^3d\ (dsp^3)$　　　　　　$d^2sp^3\ (sp^3d^2)$

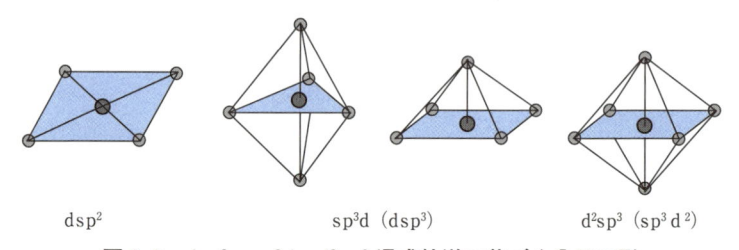

図3-9　dsp^2，sp^3d，d^2sp^3混成軌道に基づく分子の形

3.2.3 多重結合（σ結合とπ結合）と混成軌道

エタン（$H_3C\text{-}CH_3$）分子は，原子間でそれぞれ1個の電子を出し合って結合しており，いずれも単結合（σ結合という）を形成している。これに対しエチレン（$H_2C=CH_2$）やアセチレン（$HC\equiv CH$）分子は，炭素原子からそれぞれ2個および3個の電子を出し合って炭素原子間で二重結合および三重結合を形成している。これらの多重結合について考えてみよう。

炭素はsp^3混成軌道を形成し4つの軌道すなわち結合の手を4本もっているが，エチレンの骨格となる結合（$H_2C\text{-}CH_2$）を形成するには最低3本の手が，すなわち3つの安定な軌道が求められる。この軌道は次に示すようにsp^2混成軌道によって与えられ，それぞれσ結合（σbond) を形成する。

$$\underbrace{(2s)^1, (2p_x)^1, (2p_y)^1}_{sp^2 混成軌道} (2p_z)^1$$

残された 2p$_z$ 軌道は，図 3-10 に示すように平面に対し垂直方向に存在することになる。隣接した p$_z$ 軌道は重なり合い（電子対を形成し）新たな結合を形成する。このように，純粋に p 軌道に属する電子による結合を **π結合**（π-bond）とよぶ。π結合は図 3-10(b)に示すように，上下の電子雲が対になって 1 つの結合が形成される。

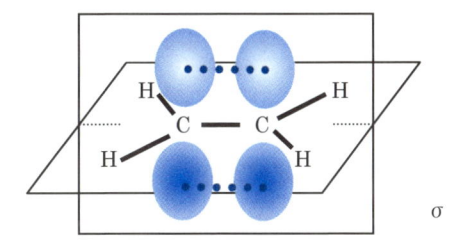

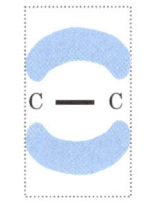

(a) p$_z$ 軌道の重なり　　(b) π電子の広がり

図 3-10　エチレン分子の sp^2 混成軌道による σ 結合と p$_z$ 軌道によるπ結合

次にアセチレン分子について考えよう。アセチレン（C$_2$H$_2$）分子は sp 混成軌道により C-H 間および C-C 間の σ 結合に基づく骨格構造がまず形成される。

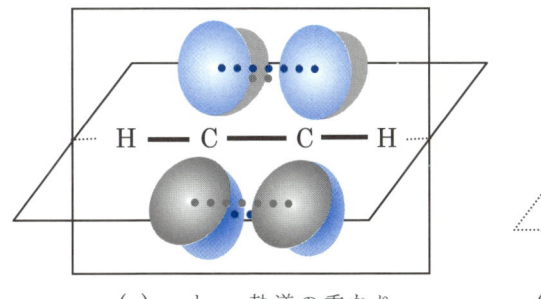

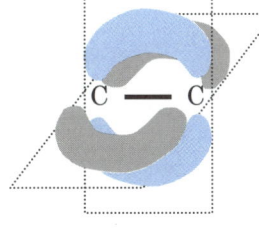

$$\underbrace{(2s)^1, (2p_x)^1}_{sp 混成軌道} (2p_y)^1, (2p_z)^1$$

(a) p$_y$ と p$_z$ 軌道の重なり　　(b) π電子の広がり

図 3-11　アセチレン分子の sp 混成軌道による σ 結合と 2p$_y$ と 2p$_z$ 軌道による 2 つのπ結合

残された 2p$_y$ と 2p$_z$ の軌道は，図 3-11 に示すように，それぞれの軌道間の重なりによって 2 つのπ結合が形成される。このようにアセチレン分子の C-C 間の 3 つの結合は，1 つは σ 結合，残る 2 つは π 結合であることがわかる。

表 3-2 炭素-炭素結合の結合エネルギーと原子間距離

分子	C-C 結合エネルギー (kJ/mol)	C-C 結合距離 (nm)
H_3C-CH_3	366	0.1535
$H_2C=CH_2$	719	0.1339
$HC≡CH$	957	0.1202

表 3-2 に多重結合の結合エネルギーと結合距離の関係を示す。単結合，二重結合，三重結合と結合次数が増すに従い，C-C 間の結合エネルギーは約 1.9 倍，2.6 倍となり，C-C 間の結合距離は約 10 % ずつ短くなっていることがわかる。同時に π 結合は σ 結合よりも結合エネルギーが小さいことがわかる。

3.2.4 非共有電子対と二重結合を含む分子の形

図 3-12 に，電子対と二重結合を含む代表的な分子の構造とその結合角を示す。

H_2O 分子や NH_3 分子のように電子対をもつ分子の構造について考えてみよう。O 原子と N 原子は C 原子と同様に sp^3 混成軌道を形成している。O 原子では 4 つの軌道のうち 2 つの軌道に，また N 原子では 1 つの軌道に電子対が形成されている。この電子対を**非共有電子対**（unshared electron pair）という[1]。残る軌道と H 原子の 1s 軌道が重なり合い C-H 結合が生じる。それぞれの軌道間の反発の大きさは，

(結合電子対間) ＜ (結合電子対と非共有電子対間) ＜ (非共有電子対間)

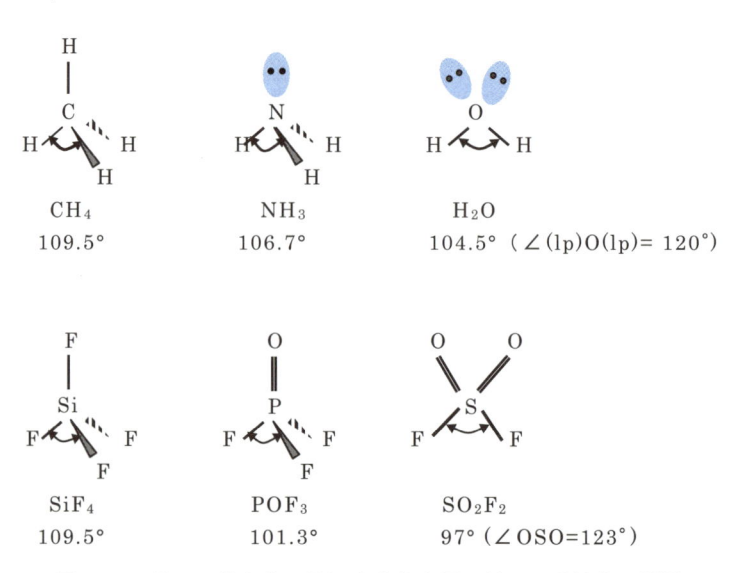

CH_4	NH_3	H_2O
109.5°	106.7°	104.5°（∠(lp)O(lp)= 120°）

SiF_4	POF_3	SO_2F_2
109.5°	101.3°	97°（∠OSO=123°）

図 3-12 分子の結合角に及ぼす非共有電子対と二重結合の影響
（∠(lp)O(lp)：酸素原子をはさむ非共有電子対間の角度）

1) 非共有電子対は，**非結合電子対**（nonbinding electron pair）または**孤立電子対**（lone pair）ともいわれる。

である。したがって，2つの非共有電子対をもつ H_2O 分子の H-O-H 結合の結合角は 104.5° に，また NH_3 分子の H-N-H 結合の結合角は 106.7° になると考えられる。

次に二重結合をもつ POF_3 や SO_2F_2 分子について考えてみよう。二重結合部は単結合部と比較すると電子の広がりが大きいために反発が起こる。反発の大きさは（結合電子対間）＜（結合電子対と二重結合間）＜（二重結合間）の順である。その結果，F-P-F の結合角は 101.3° に，また，F-S-F の結合角は 97° に縮まると考えられる。

3.2.5 分子軌道法（MO 法）

VB 法と混成軌道に基づき，結合の定性的な安定性と分子の形について述べてきたが，原子間の結合と分子の安定性を定量的に表すもう1つの理論である分子軌道法について考えよう。

まずもっとも単純な分子である H_2 分子について考えてみる。図 3-13 に示すように，2個の H 原子から H_2 分子が形成されるとき，2つの

結合性軌道と反結合性軌道の分裂幅とその測定

2つの原子軌道が結びつき新たに形成された分子軌道の結合性軌道と反結合性軌道の分裂幅（軌道のエネルギー準位の差 ΔE）は，結びついた2つの原子間の結合エネルギーが大きいほど大きくなる。例えば π 結合よりも結合力の大きな σ 結合のほうが軌道間の ΔE は大きくなる。このような分子の電子状態は紫外線や可視光線の吸収スペクトルを測定することによって調べることが出来る。分子に紫外線を照射すると，σ 軌道の価電子は σ* 軌道に遷移し（σ→σ*），そのエネルギー差に相当する紫外線を吸収する（吸収波長 λ (nm) で表す）。このようにして求めた σ→σ* と π→π* の ΔE を以下に示す。また軌道の相対的なエネルギー準位を図に示す。なお，n 軌道は非共有電子対の詰まった軌道を表している。

表　σ 結合と π 結合の結合性軌道と反結合性軌道の分裂幅と紫外線の吸収

分子	結合	軌道間遷移	吸収波長 λ (nm)	分裂幅 ΔE (kJ/mol)
エタン	C-C	σ→σ*	135	886
エチレン	C=C	π→π*	165	725
アセチレン	C≡C	π→π*	175	684

エネルギー ↑
― σ*
― π*
― n
― π
― σ

図　軌道の相対的なエネルギー準位

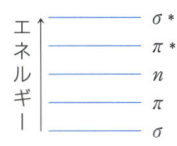

1s **原子軌道**（atomic orbital, AO）が結びつき，新たに2つの**分子軌道**（molecular orbital, MO）が形成される。

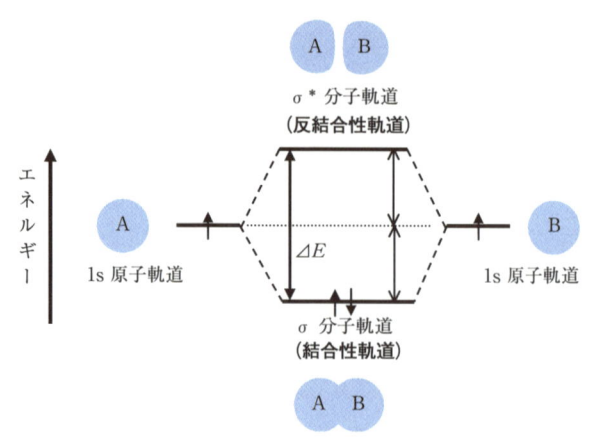

図3-13 2個の水素原子軌道から形成される水素分子軌道と電子配置（基底状態）

形成された2つの分子軌道は大きく性質が異なっている。1つは，2つの原子軌道が重なり合い，原子軌道よりも低いエネルギー準位に形成され，結合を強め合う**結合性軌道**（bonding molecular orbital）である。もう1つは，2つの原子軌道の境界に節があり，原子軌道よりも高いエネルギー準位に形成され，むしろ結合を不安定にする**反結合性軌道**（anti-bonding molecular orbital）である。ここで形成された2つの分子軌道はそれぞれ σ 分子軌道および σ^* 分子軌道とよぶ。

H_2 分子に形成された2つの分子軌道への電子の詰まり方を考えると，2個の電子はエネルギーの低い結合性軌道（σ 分子軌道）に入る。その結果，分子のエネルギー状態はばらばらの原子の状態よりも低下して原子間を結びつけるので，安定な水素分子が形成されることになる。

次に He_2 分子について考えてみよう。まず2つの分子軌道が形成され，4個の電子は結合性軌道に2個の電子が入り結合を形成させようとするが，残る2個の電子は反結合性軌道に入り，むしろ結合を阻害するように働く。その結果，He_2 分子を形成するよりはむしろ解離し，より安定なばらばらの原子の状態にもどる。したがって，ヘリウムのような希ガス元素は単原子分子の方が安定であることになる。このように分子軌道法は化学結合をエネルギー的に見事説明できる。

ここで二原子分子における結合性を示す尺度として，**結合次数**（bond order, BO）が定義されている。この関係式を（3-1）に示す。

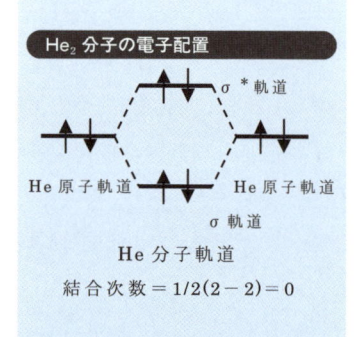

He_2 分子の電子配置

He 分子軌道
結合次数 = $1/2(2-2) = 0$

(結合次数)
 ＝1/2［(結合性軌道の電子数)−(反結合性軌道の電子数)］
(3-1)

結合次数が1, 2, 3であればそれぞれ単結合，二重結合，三重結合であり，結合次数が0であれば分子の形成は期待できない。式 (3-1) を用いると，H_2 分子の結合次数は1（H-H 間の結合は単結合）であることと同時に，H_2 分子は安定に存在できることを示唆している。一方，He_2 分子の結合次数は0となり，He-He 間の結合は期待できないことがわかる。

代表的な等核二原子分子，およびイオンの分子軌道への電子配置，お

O_2 分子の分子軌道と電子配置

より多くの軌道と電子から成る O_2 分子について考えてみよう。O 原子の電子配置は $[He](2s)^2(2p)^4$ である。2つの 2s 軌道からは $2s\sigma$ と $2s\sigma^*$ の分子軌道が形成される（図）。この軌道に4個の電子が配置され，電子配置は $(2s\sigma)^2(2s\sigma^*)^2$ となり，結合に関与しない。次に縮退した3つの軌道 ($2p_x$, $2p_y$, $2p_z$) からは $2p\sigma$ と $2p\sigma^*$，$2p\pi_y$ と $2p\pi_y^*$，および $2p\pi_z$ と $2p\pi_z^*$ の分子軌道がそれぞれ形成される。形成された分子軌道には8個の電子が次のように配置する。

$$\underbrace{(2p\sigma)^2(2p\pi)^4}_{\text{結合性軌道}} \quad \underbrace{(2p\pi^*)^2(2p\sigma^*)^0}_{\text{反結合性軌道}}$$

その結果，結合次数は2となる。これから O-O 間の結合は二重結合で，O_2 分子は安定に存在できることがわかる。

図 酸素分子の分子軌道と電子配置

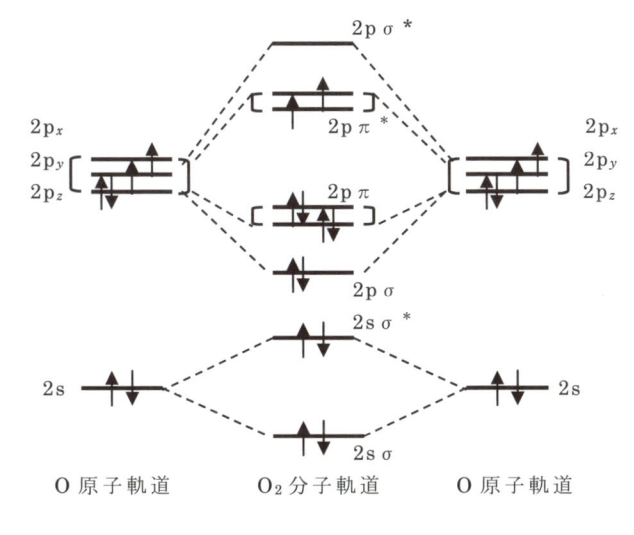

〔 〕の記号で結んだ軌道は縮重している

異核二原子分子の分子軌道

CO 分子などのように異なる原子からなる異核二原子分子の分子軌道は，2つの原子軌道のエネルギー準位が異なる（電気陰性度の大きい原子の軌道エネルギーが低くなる）ので，分子軌道は単純ではなくなる。しかし，等核二原子分子と同様にやはり分子軌道を形成し，エネルギー準位の低い軌道から順に電子は配置される。たとえば，CO 分子の結合次数は3になる。

よび結合次数を表3-3に示す。

表3-3 分子の電子配置と結合次数

分子	電子配置	電子数 結合軌道	電子数 反結合軌道	結合次数
H_2^+	$(1s\sigma)^1$	1	0	1/2
H_2	$(1s\sigma)^2$	2	0	1
He_2^+	$(1s\sigma)^2(1s\sigma^*)^1$	2	1	1/2
He_2	$(1s\sigma)^2(1s\sigma^*)^2$	2	2	0
Li_2	$(1s\sigma)^2(1s\sigma^*)^2(2s\sigma)^2$	4	2	1
Be_2	$(1s\sigma)^2(1s\sigma^*)^2(2s\sigma)^2(2s\sigma^*)^2$	4	4	0
N_2	$(2p\pi)^4(2p\pi^*)^0(2p\sigma)^2(2p\sigma^*)^0$	10	4	3
O_2	$(2p\pi)^4(2p\pi^*)^2(2p\sigma)^2(2p\sigma^*)^0$	10	6	2

(注意) N_2 と O_2 の電子数には1s軌道に基づく分子軌道の電子（$(1s\sigma)^2(1s\sigma^*)^2$）を含めている。

3.3 ● 共有結合と結合の極性およびイオン性

化学結合の理論と分子の形が理解できたら，次は分子の性質について考えていこう．まず，共有結合分子の結合の極性とイオン性，および多原子分子の極性などについて考える．

3.3.1 結合の極性と分子の双極子モーメント

同じ2つの原子で形成された分子（等核二原子分子）の場合，共有された電子対は，どちらの原子からも同じ強さで引き付けられるために，2原子間の中央に存在する．このような分子は電気的な偏りがない，すなわち**分極**（polarization）していないので**無極性分子**（nonpolar molecule）とよばれる．一方，異なる2つの原子から形成された分子（異核二原子分子）は，原子の電気陰性度がそれぞれ異なるので，電子対は電気陰性度の大きな原子に引き付けられる．図3-14(a)に示すように，電気陰性度の大きな原子は負電荷を帯び（$\delta-$で表す），電気陰性度の小さな原子は電子が引っ張られるために正電荷を帯びる（$\delta+$で表す）．その結果，結合に分極が生じる．このような結合を**極性結合**（polar bond）といい，その分子を**極性分子**（polar molecule）という．分子の極性は分子間の相互作用に重要な役割を果たす（3.6.1参照）．

$\delta+$ $\delta-$
H----Cl
（電子の移動方向）
(a)

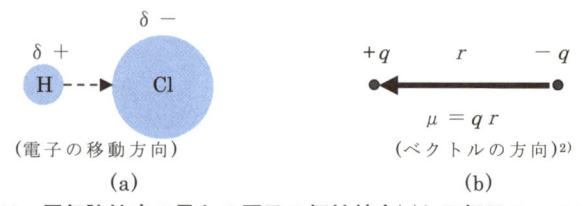

$+q$ r $-q$
$\mu = qr$
（ベクトルの方向）[2]
(b)

図3-14 電気陰性度の異なる原子の極性結合(a)と双極子モーメント(b)

誘起双極子モーメントと永久双極子モーメント

電場中に置かれた原子や分子の原子核は－側に，電子は＋側に引っ張られ分極する．このようにして生じた双極子モーメントを，誘起双極子モーメントという．しかし，電場から出すと誘起モーメントは消失する．これに対し，分子を構成する原子の電気陰性度の差によって生じた双極子モーメントは，分子固有の値をもっているので永久双極子モーメントという．

結合の分極と分子の性質

結合の分極の大きさ（結合モーメント）は，「酸・塩基の強さ」，「配位結合の強さ」，「有機分子の反応性」などの性質に強く影響をおよぼす．

2) 双極子モーメントのベクトルの方向は，IUPACの方式に基づき，$-q$から$+q$に向かう矢印で表した．逆方向（電子の移動する$+q$から$-q$に向かう方向）に表す場合もあるので注意しておこう．

このように分極した一対の原子間には，**電気双極子**（electric dipole, あるいは単に双極子という）が形成される。電気双極子とは，等しい大きさの正と負の電荷 $\pm q$ が距離 r だけ離れているものをいう。ここで，r は大きさと向きがあるのでベクトル $\boldsymbol{r}$ で表すと，$q\boldsymbol{r}$ を双極子モーメント（dipole moment, $\boldsymbol{\mu}$）という（図3-14(b)）。

このように，双極子モーメント $\boldsymbol{\mu}$ は負の電荷と正の電荷を結ぶ線の方向と qr の大きさをもったベクトルで，結合の分極の大きさや，後で述べる多原子分子の双極子モーメントを表すのに用いられる[3]。

(1) 2原子分子の双極子モーメント

極性分子の代表である HCl 分子の双極子モーメントについて調べてみよう。H と Cl の電気陰性度 χ_H と χ_{Cl} はそれぞれ 2.20 と 3.16 であるので，共有電子対は Cl 側に引き付けられる。実測された HCl の双極子モーメント μ_{obs} は 1.03 D[4] である。一方，HCl が完全に H^+ と Cl^- イオンになっている場合の双極子モーメント μ_{ion} は 6.12 D であるので，両者の比 μ_{obs}/μ_{ion}（$=1.03/6.12$）は 0.17 となる。この値は，電子対が Cl 原子側に引き付けられた程度を表しており，H–Cl 結合のイオン性という。すなわち，結合の 17 % がイオン性であり，残る 83 % が共有結合性であることを意味している。表3-4 にいくつかのハロゲン化水素とハロゲン化アルカリの結合の μ_{obs}，と μ_{ion}，およびその比（μ_{obs}/μ_{ion}）を示す。

表3-4 ハロゲン化水素およびハロゲン化アルカリの双極子モーメント
（μ_{obs}，μ_{ion} およびその比 μ_{obs}/μ_{ion}）

分子	μ_{obs}[D]	μ_{ion}[D]	μ_{obs}/μ_{ion}	分子	μ_{obs}[D]	μ_{ion}[D]	μ_{obs}/μ_{ion}
[ハロゲン化水素]				[ハロゲン化アルカリ]			
HF	1.94	4.40	0.44	KF	8.59	10.43	0.82
HCl	1.03	6.12	0.17	KCl	10.27	12.80	0.80
HBr	0.78	6.79	0.11	KBr	10.63	13.54	0.79
HI	0.38	7.70	0.05	KI	10.82	14.63	0.74

さてわれわれの興味は，2原子間の電気陰性度の差 $\Delta\chi_{A-B}$ と，実測された双極子モーメント μ_{obs} との間の関係である。ハロゲン化水素の HF と HCl の電気陰性度の差はそれぞれ 1.78 と 0.96 であり（結合距離はそれぞれ 0.092 nm と 0.127 nm である），実測された双極子モーメントはそれぞれ 1.94 D と 1.03 D である。これより，2原子の電気陰性度の差が大きいほど実測された双極子モーメントも一般に大きいことがわかる。

(2) 多原子分子の双極子モーメント

次に多原子分子について考えてみよう。分子中の 2 つ以上の結合が極性結合であれば，分子全体としての双極子モーメントは，各結合部の双

---

3) 双極子モーメント $\boldsymbol{\mu}$ の大きさ $|\boldsymbol{\mu}|$ を求めるときには $|\boldsymbol{\mu}|=\mu=qr$ で表す。

4) D（デバイ）とは，双極子モーメントの大きさを表す単位で，$1D=3.336\times10^{-30}$[Cm] である。たとえば，HCl が H^+ と Cl^- イオンになっている場合，双極子モーメントは電子の電荷量 e（$=1.602\times10^{-19}$[C]）と原子間距離 r_{HCl}（$=0.1275$[nm]$=0.1275\times10^{-9}$[m]）を掛け合わせた値は $\mu_{ion}=2.04\times10^{-29}$[Cm] となり，換算すると 6.12 D となる。

分子の双極子モーメントと分子間相互作用

分子の極性の大きさは，分子間相互作用を強く支配する。たとえば液体分子の極性が大きいほど融点や沸点は一般に高くなり，イオンの溶媒和，イオン結晶の溶解性なども大きくなる。

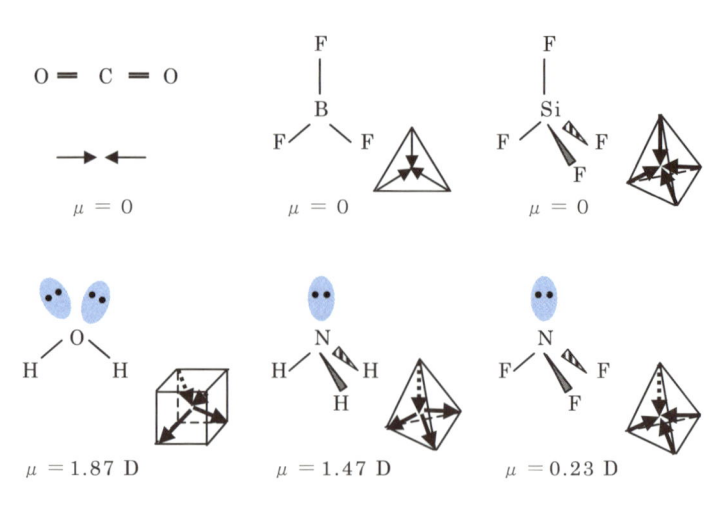

図 3-15　分子の形と分子の双極子モーメント

表 3-5　A-B 結合の電気陰性度の差と結合モーメント

	$\varDelta\chi_{A-B}$	μ_{obs}		$\varDelta\chi_{A-B}$	μ_{obs}
H-O	1.24	1.53	C-O	0.89	0.74
N-F	0.94	0.17	C=O	0.89	2.3
H-N	0.84	1.31	C-H	0.35	~0.4

極子モーメント（**結合モーメント**[5]という）のベクトル和である。その例を図 3-15 に示す。CO_2 は C-O の結合モーメントがあるものの，大きさが同じで逆方向であるため分子の双極子モーメント μ は 0 となる。このような分子を無極性分子とよぶ。もちろん，等核二原子分子も無極性分子である。一方，H_2O のように O-H の結合モーメントがあり，分子全体でも双極子モーメントをもつものを極性分子という。

表 3-5 に多原子分子中の結合 A-B の電気陰性度の差 $\varDelta\chi_{A-B}$ と，実測された結合モーメント μ_{obs} を示す。ハロゲン化水素で見られるように，電気陰性度の差が大きいほど結合モーメントも大きいという関係は必ず

[5] 多原子分子の結合モーメントは，分子の双極子モーメントを各結合に割り振った双極子モーメントとする。2 原子分子では両者は等しい。水分子の双極子モーメントは 1.87 D，結合角は 104.5°であるので，それぞれの O-H の結合モーメント D_{O-H} は，$2D_{O-H}\cos(104.5°/2) = 1.87$[D] より $D_{O-H}=1.53$[D] となる。

NH_3，NF_3，H_2O の非共有電子対と結合モーメント

非共有電子対は電子吸引的な働きをするので，NH_3 の 3 つの N-H の結合モーメントに加算される。したがって，分子全体の双極子モーメントは大きくなる。これに対し，NF_3 の非共有電子対と N-F の結合モーメントの方向は逆であるために，分子全体の双極子モーメントは小さくなる。その結果，N-F 結合の実測結合モーメントは非常に小さな値を示すことになる。H_2O 分子の"双極子モーメントが非常に大きい"のは，2 つの非共有電子対の効果が 2 つの O-H の結合モーメントに加算されるためである。

しも認められない。この理由は，H_2O，NH_3，NF_3などの分子の中心原子にある非共有電子対が分子全体の双極子モーメントや結合モーメントに大きく関与しているためである。

3.3.2 結合のイオン性と電気陰性度

前項では，実測された双極子モーメントと，完全にイオン化したときの双極子モーメントの比（μ_{obs}/μ_{ion}）から結合のイオン性を表し，また，2原子間の電気陰性度の差 $\Delta\chi_{A-B}$ と，実測された双極子モーメント μ_{obs} との間の関係を調べてきた。いずれの場合も，実測された双極子モーメントの値が基本となっている。ところで，元素の電気陰性度のみの値から結合のイオン性を見積もる方法あれば，各種結合部のイオン結合性あるいは共有結合性が定量的にわかることになる。

ポーリングは，式（3-2）で示すような A，B 間の結合のイオン性（0から1の値で表し，これに100を掛けた値がイオン性（％）となる）を電気陰性度の差と関連付けた経験式を提案した。

$$（イオン性の量）= 1 - \exp\{-0.25(\chi_A - \chi_B)^2\} \qquad (3\text{-}2)$$

なお，式中の $(\chi_A - \chi_B)^2$ 項は，第2章の式（2-16）に用いた結合のイオン性によって生じた余剰エネルギーを求める式の一部である。この関係式は，横軸に"電気陰性度の差"を縦軸に"結合のイオン性の量"をとるとS字型の曲線を描く。この関係を表3-6に数値で示す。電気陰性度の差 $\Delta\chi_{A-B}$ が約1.7のときイオン性（％）が50％の結合となるので，1.7よりも小さいときは共有結合性が大きいということができる。

表 3-6　電気陰性度の差とイオン性（％）の関係

$(\chi_A - \chi_B)$	イオン性（％）	
0.2	1	
0.5	7	
1.0	22	共有結合性大
1.5	43	
1.7	50	
2.0	63	
2.5	80	イオン結合性大
3.0	89	
3.2	92	

電気陰性度の差が1以下のハロゲン化水素分子に対して，ポーリングの式（3-2）から求めたイオン性の量と（μ_{obs}/μ_{ion}）の値（表3-4参照）は非常によく一致する。たとえば，HClのイオン性（％）はそれぞれ21％と17％である。電気陰性度の差が2を超える付近の分子からは，かなりずれが生じる。たとえば，HFのイオン性の量は，電気陰性度の差に基づく式から求めたイオン性（％）は60％であるのに対し，双極

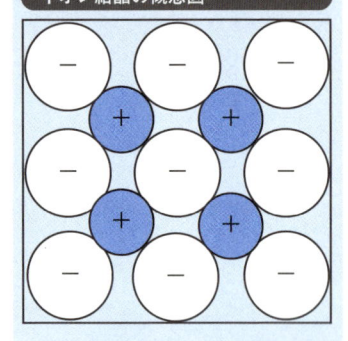

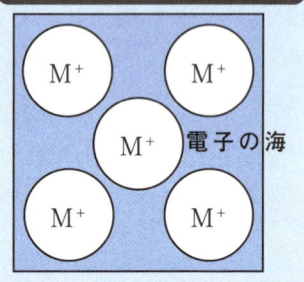

子モーメントから求めたイオン性（%）は 44 % となる。このように必ずしも一致はしないが，ポーリングの式はイオン性の量を見積る式としてよく利用される。

3.4 ● イオン結合

アルカリ金属元素とハロゲン元素の間の結合に見られるように，原子間で電子が完全に移動して陽イオンと陰イオンが生じ，静電気的な**クーロン力**（Coulomb force）により結合する結合を**イオン結合**（ionic bond）という。クーロン力は 2 原子間で電子対を形成する共有結合とは異なり，結合に方向性がなく，そのエネルギーはイオン間の距離 r に反比例し（$E=-e^2/r$）遠距離まで相互作用をおよぼす。イオン化合物は，気相ではイオン対分子として存在することもあるが，通常は無数の陽イオンと陰イオンが規則正しく配列して結晶を形成しているので分子という取り扱いはできない。

3.5 ● 金属結合

元素の 3/4 は金属元素であり，s ブロック元素，d ブロック元素，f ブロック元素はほとんどすべてが，さらに p ブロック元素の 1/3 もやはり金属元素である。

多数の金属原子が凝集すると，2 原子間に限定されない軌道，すなわち多数の原子にまたがる軌道（このような軌道を"非局在化した軌道"という）が形成され，電子は原子間を自由に動き回る。これを**金属結合**（metallic bond）という（4.1.1 で説明）。金属結晶内に広がった軌道を自由に動き回る価電子を**自由電子**（free electron）という。自由電子は原子の間を気体分子のように運動することから"電子ガス"，あるいは

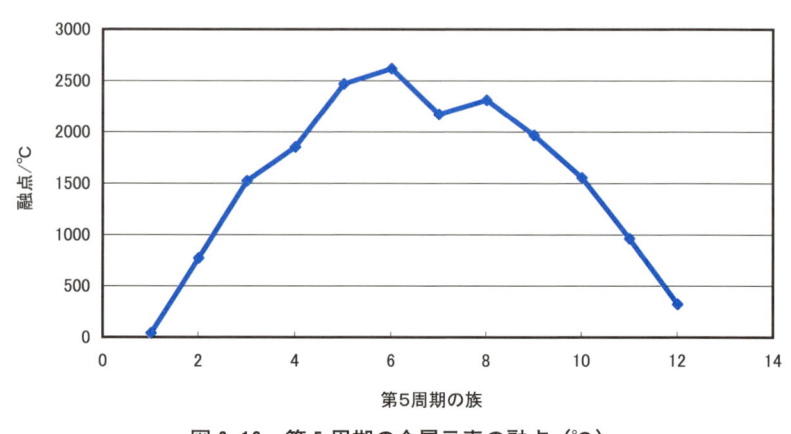

図 3-16　第 5 周期の金属元素の融点（℃）

原子の隙間を電子が埋めているように見えることから"電子の海"と表現することもある。

一方，金属は
① 電気や熱をよく伝える
② 自由な形を加工できる延性や展性を示す
③ 金属光沢がある

といった物理的な共通の性質をもっている。このような性質はすべて自由電子の存在に基づいている。

金属単体の構造は非常に単純で，2つのタイプの最密充填構造と体心立方格子の3つの構造のいずれかに属する（4.3.1で説明）。しかし，その性質は変化に富んでおり，軟らかくて融点が低いアルカリ金属類や，硬く融点が高いタングステン，あるいは化学反応しやすいセシウムや，逆に反応しにくい金や白金などがある。性質の違いは主に結合力の違いに基づいているが，同時にイオン半径の違いも関与している。一例として図 3-16 に第5周期の金属元素の融点を示す。同じ金属単体であっても，二千数百度にわたる融点の違いがあることがわかる。これが金属の特徴の1つである。

イオン結合および金属結合においては，通常2原子分子を形成することなく多数の原子またはイオンが集合して凝集状態を形成する。したがって共有結合にみられるように隣接する原子間の相互作用に加え凝集エネルギーも考えなくてはいけない。これらについては第4章で説明する。

3.6 ● 分子間に働く力

H_2 や CH_4 などの共有結合性分子は，原子間では数 100 kJ/mol の強い結合力で結びついているが，分子同士は**ファンデルワールス力**（van der Waals force，あるいは分子間力）という数 kJ/mol の非常に弱い力で結ばれているにすぎない。一方，H_2O の分子同士は，酸素の非共

> **金属を構成するのはイオンか原子か**
> 金属は陽イオンと自由電子からなっているとみれば，"金属イオンの大きさ"や"金属イオンの配列"などと表現しなければならない。しかし，金属結合は原子間に非局在化した軌道が形成され，価電子が軌道を自由に動いていると考えられているので，金属の結晶を構成しているのはイオンではなく原子とみなす。したがって"金属原子の大きさ（原子半径）"や"金属原子の配列"と表現する。

> **分子間力と接着剤**
> 接着剤によって2つの面を結びつける基本的な力は「分子間力」であるといわれている。分子間力の相互作用エネルギーは小さいので強い接着は期待できないようであるが，広い面で接着すれば大きな力となる。また，分子間力はあらゆる分子の間で引き合う力であるという特徴がある。接着剤と物体の組み合わせによっては，水素結合や共有結合が関与する場合もある。接着機構のもう1つには機械的結合があり，材料表面の孔や谷間に液状接着剤が入り込んで，そこで固まることによって接着が起こるというものである（アンカー効果といわれている）。

有電子対と，となり合う水素原子の電子雲が重なり合い，新たな結合が形成される。これを水素結合（hydrogen bond）といい，数 10 kJ/mol の分子間相互作用エネルギーをもっている。このような分子間に働く力について考えてみよう。

3.6.1 ファンデルワールス力

ファンデルワールス力は以下の3つのタイプの分子間の相互作用がある。その概念図を図3-17に示す。

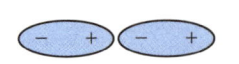

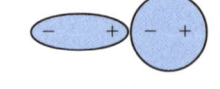

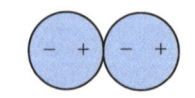

双極子─双極子　　　双極子─誘起双極子　　　瞬間双極子─誘起双極子
相互作用　　　　　　相互作用　　　　　　　　相互作用

図 3-17　ファンデルワールス力に寄与する3つの相互作用

(1) 極性分子は，分子内に $\delta+$ と $\delta-$ の部分があり双極子を形成している。この双極子を永久双極子とよぶ。極性分子間には，永久双極子に基づく静電気的な相互作用を生じる。これを**双極子─双極子相互作用**といい，もっとも強いファンデルワールス力である。5～20 kJ/mol 程度の分子間相互作用のエネルギー示す。

(2) 無極性分子である希ガスは水に溶ける。また，より大きな原子半径をもつ希ガスほど（分極されやすい希ガスほど）安定な水和物を作る傾向がある。このような無極性分子と極性分子との間の相互作用は，次のように説明できる。無極性分子は，周囲の極性分子から静電気的な影響を受けて分極する。その結果，無極性分子に生じる双極子を**誘起双極子**という。したがって，極性分子と無極性分子との間には，永久双極子と誘起双極子に基づく**双極子─誘起双極子相互作用**が生じる。その相互作用エネルギーは双極子─双極子相互作用よりも弱い。

(3) 無極性分子である希ガス（単原子分子）や水素分子も低温では分子間の相互作用が働き液体になる。ここで生じる無極性分子間の相互作用はロンドン（London, 1927）により「電子の電荷分布は時間平均では球対称であるが，瞬間的にはゆらぎのために球対称でなくなり双極子を形成する。これを瞬間双極子とよぶ。この瞬間双極子がとなりの原子を分極して誘起双極子を生じさせ，**瞬間双極子─誘起双極子相互作用**によって引力が生じる。」と説明された。これが無極性分子間のファンデルワールス力の中身で，その相互作用エネルギーはもっとも小さく 0.1～5 kJ/mol 程度の値を示す。このよ

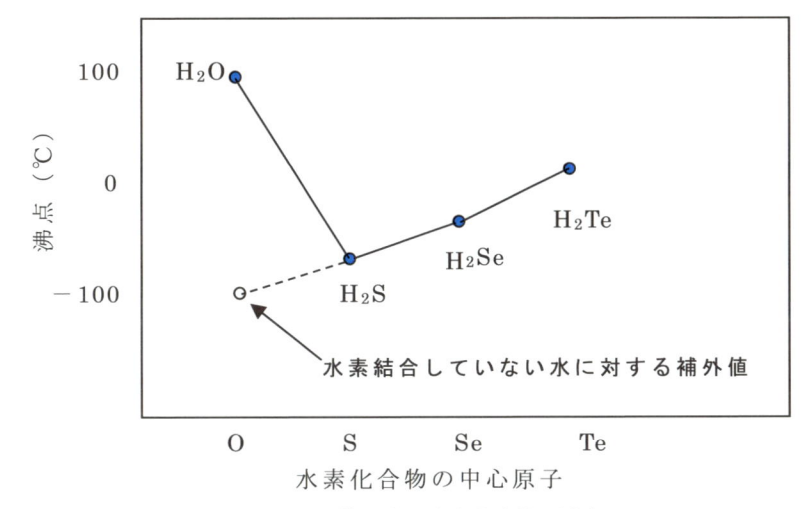

図 3-18 16族元素の水素化合物の沸点

うな力はLondon力または**分散力**（dispersion force）ともよばれている。

3.6.2 水素結合

F，O，Nのような電気陰性度の大きな元素を含む水素化合物では，H原子はほとんど裸の陽子だけにされて正に帯電する。裸のH原子はとなりの分子の非共有電子対の電子を強く引き付けるために，極度に接近することになる。その結果，裸のH原子と非共有電子対との間で電子のやり取りが行われる。この結びつきを水素結合とよび，4～50 kJ/molの分子間相互作用エネルギーをもっている。なお，水素結合はO-H⋯Oのような点線で表すことが一般的である。

水素結合の影響は純液体の蒸発過程，すなわち沸点に顕著に現れる。たとえば，16族元素の水素化合物（H_2O，H_2S，H_2Se，H_2Te）の沸点を比較すると，図3-18に示すように水分子が水素結合していなければその沸点は-100℃が期待される。ところが水素結合しているために，約200℃高い温度である100℃で沸騰する。

参考文献
1) 日高人才，安井隆次，海崎純男訳：「ダグラス・マクダニエル無機化学（上）第3版」，東京化学同人（1997）

水素結合と溶解度

無機塩類の水に対する溶解性は水和イオンと水分子との間の強い極性相互作用ならびに水素結合に基づいている。有機物質である砂糖が水によく溶けるのは，強い水素結合が形成されるからである。さらに，アルコール，ジメチルエーテル，ジオキサン，ピリジンなどの水に溶ける有機溶媒は，いずれも水素結合を形成する能力があるものばかりである。

水の異常な性質と水素結合

水の沸点，融点，蒸発熱，比誘電率，水中の水素イオンの移動度などは異常に高い値を示すが，いずれも水分子間の強い水素結合に起因している。また，氷の密度が水のそれよりも小さいのは，やはり水素結合に基づいており，結合に方向性があるので，氷の結晶は開かれた三次元網目構造を形成しているためである。

氷の構造と水素結合

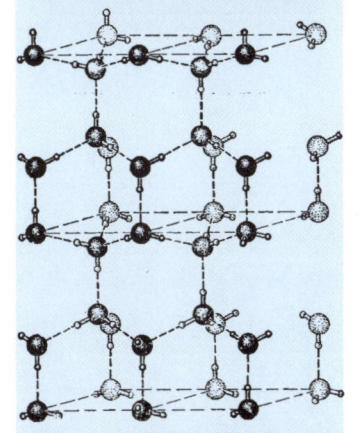

破線で示した部分が水素結合部である。

―― 第 3 章　チェックリスト ――

- ☐ 八隅説
- ☐ ルイス構造
- ☐ 原子価結合法（VB 法）
- ☐ 分子軌道法（MO 法）
- ☐ 混成軌道
- ☐ 分子の形と非共有電子対
- ☐ 水素分子軌道と電子配置
- ☐ 結合次数
- ☐ 極性分子と無極性分子
- ☐ 双極子モーメント
- ☐ 結合のイオン性
- ☐ イオン結合
- ☐ ボルン-ハーバーサイクル
- ☐ 金属結合
- ☐ 分子間力
- ☐ 水素結合

● 章末問題 ●

問題 3-1

He_2 分子と He_2^+ 分子イオンのそれぞれ分子軌道と電子配置，および結合次数に基づく分子の安定性を説明せよ。

問題 3-2

原子間の電気陰性度の差 $\Delta\chi_{A-B}$ と実測された双極子モーメント μ_{obs} の関係に対し，(1) 2 原子分子，(2) 多原子分子，のそれぞれの特徴について述べよ。

問題 3-3

ポーリングの式（3-2）を用い，以下の 2 原子分子（イオン結晶を含む）のイオン性（％）を求めよ。なお，電気陰性度 χ は表 2-7 の値を用いよ。
(1) HF　(2) HCl　(3) HBr　(4) HI　(5) NaF　(6) NaCl

問題 3-4

CO_2，BF_3，SiF_4，H_2O，NH_3，NF_3 の各分子の分子構造を書け。また，各分子を極性分子と無極性分子に分けよ。

第4章

固体の化学

学習目標

1. 固体を構成する原子の凝集力（結合力）を理解する。
2. 格子エネルギーを熱力学的サイクルによって求める方法を学ぶ。
3. 単位格子と結晶面の概念を理解する。
4. 結合様式と原子配列あるいは結晶構造の関連性を理解する。

固体には単結晶，多結晶体，非晶質（アモルファス）などが存在し，原子配列の規則性が異なっている。単結晶の美しさは，水晶などに見られるような形と面の対称性と規則性に基づいた美しさであり，その形と面は，結晶を構成する原子の秩序ある3次元の配列を反映したものである。多結晶は小結晶の集合体で，多くの金属に見られる状態である。また，アモルファスは原子が乱雑に配列しているために，結晶にはない特性をもっている。アモルファスの代表はガラスである。これらの固体は機能性材料として多くの場面で活躍している。

4.1 ● 固体の結合

原子，イオンおよび分子などが凝集して固体を形成するとき，これらの粒子間は共有結合，イオン結合および金属結合などに基づいて結びついている。しかし多数の粒子が集合すると，粒子間には新たな相互作用が生じたり，固体に特有な軌道が形成されたりする。

4.1.1 金属結合

多数の金属原子が集合して形成した金属の結晶では，電子は原子間を

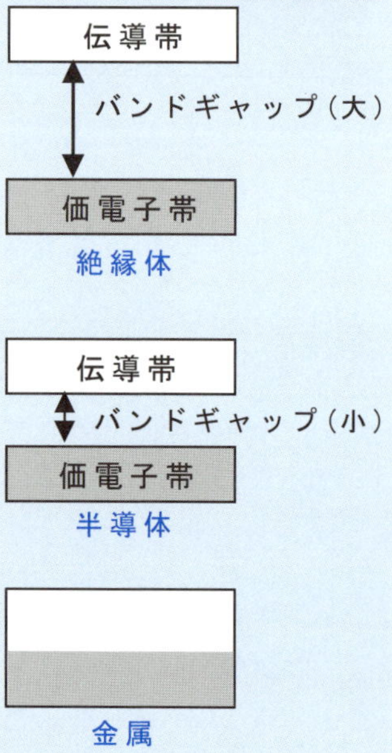

自由に移動して原子を結び付けている（3.5項参照）。移動する電子による結合は共有結合の特殊な例として見なすこともできる。

図4-1に示すように，各原子から放出された1個の電子は2原子間で共有されて分子ができる。共有された電子は隣接した他の原子との間に移動し，新たに分子が形成される。すなわち金属原子間には非局在化した軌道が形成されることになる（図4-1(a)，(b)）。さらに電荷移動が起こりM^+M^-の状態が形成され（図4-1(c)），これらの間に働く力も加わった総合的な結びつきを金属結合と見なすことができる。

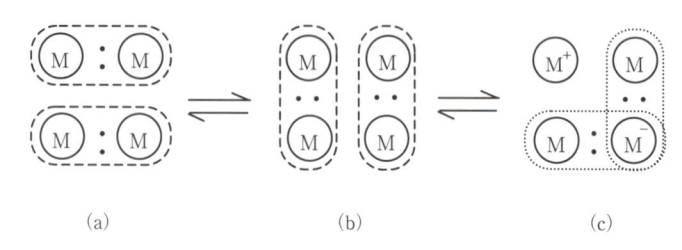

金属結合と電子
金属では，原子（イオン）間を埋めている自由電子（あるいは伝導電子）が結合力の主な原因となっている。したがって原子1個当たりの自由電子の数が多いほど結合力は強くなる傾向がある。典型金属の場合は価電子と自由電子の数は同じであるので，結合力はNa（1価）＜Mg（2価）＜Al（3価）の順となる。いっぽう遷移金属の場合，自由電子は1～2個（最外殻のs軌道の電子）であるが，原子の外部に広く分布する内殻のd軌道やf軌道の電子が金属結合に関与するために，Cu，Fe，Wなどのように結合力が強く融点も高くなっている（金属の融点を示す図3-16を参照せよ）。

図4-1 非局在化した共有結合による金属原子の結びつき

次に共有結合を基にして結晶中の価電子の状態を考えてみよう。原子が2個結び付くと，結合性軌道と反結合性軌道が生じることはすでに述べた（3.2.5参照）。n個の原子が結びつくと，$n/2$個の結合性軌道と反結合性軌道が生じる。結晶全体の原子がすべて結び付くと，アボガドロ数に相当する分子軌道が生じ，その軌道は図4-2に示すように連続した帯状の軌道，すなわち**バンド**（band，帯）を形成する。形成された結合性軌道の帯は価電子が詰まっているので**価電子帯**（valence band）といい，反結合性軌道の帯は**伝導帯**（conduction band）という。両者の間には準位が存在せず，電子は留まることができないので**禁制帯**（forbidden band，あるいはバンドギャップ）とよぶ。

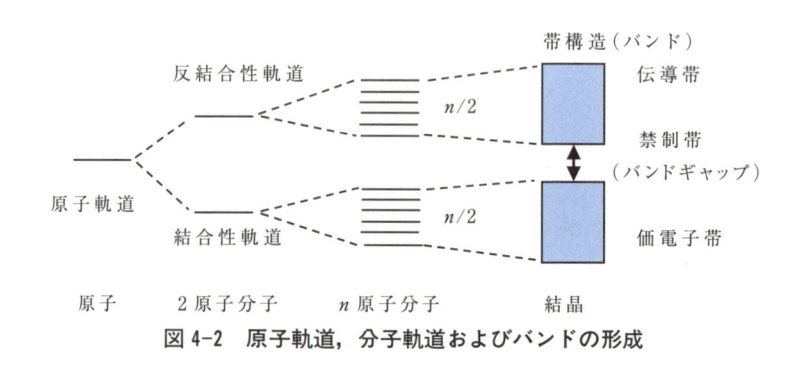

固体のバンドモデル
伝導帯／バンドギャップ（大）／価電子帯　**絶縁体**
伝導帯／バンドギャップ（小）／価電子帯　**半導体**
金属

図4-2 原子軌道，分子軌道およびバンドの形成

多くの共有結合結晶の場合，価電子帯には電子が完全に詰まっているため電子は身動きできない状態にある。一方，伝導帯には電子は空の状

態であるがバンドギャップが大きいので，電子は伝導帯まで励起することは容易ではない。したがって，結晶に電場をかけても電子は動けない（電流は流れない）ので絶縁体となる。原子間の結合力が小さくバンドギャップの小さな共有結合結晶の場合，光や熱のエネルギーによって電子は価電子帯から伝導帯に一部励起するので，電流はわずかに流れる。SiやGeが半導体であるのはこのためである。

次にNa金属のバンド構造について考えてみよう。Na原子の3s軌道には1個の電子しかない。また，エネルギー準位の接近している3p軌道には電子が全く詰まっていない。これらの軌道が分子軌道を形成し，さらにバンドを形成すると，それぞれの分子軌道は互いに重なり合い広いバンドが生じる。その結果，バンド中の電子は空の領域を利用して自由に動ける。金属が電気伝導性を示すのはこのためである。バンド構造を図4-3に示す。

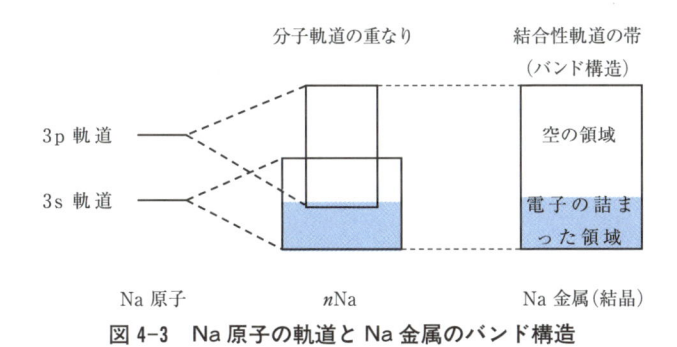

図4-3 Na原子の軌道とNa金属のバンド構造

金属の結合エネルギーは，金属の蒸発エンタルピーで代表され，広範囲に変化する。たとえば，1族のアルカリ金属は数10 kJ/molであるのに対し，タンタルやタングステンに代表される5族や6族の元素は500〜800 kJ/molの値を示す。第3章の図3-16に示した金属元素の融点の大きな変化も結合エネルギーの大きな違いを反映したものである。このような結合エネルギーの変化は，バンドへの電子の占有の仕方に基づいている。

4.1.2 イオン結合

イオン結晶のイオン間の結合エネルギーは格子エネルギー（lattice energy）とよばれ，結晶の構成イオン1 molをばらばらの気体状態にするとき必要なエネルギーで表される。

$$MX(s) \longrightarrow M^+(g) + X^-(g)$$

イオン結晶は，異符号のイオン間では引力が働くが同符号のイオン間では反発すること，およびイオン間に働くクーロン力は遠距離まで作用

固体中の電子状態の表し方

本書では分子軌道法に基づいて固体中の電子軌道の状態を説明した。周期的な原子配列をもつ結晶中の電子状態を量子力学で記述する理論には「バンド理論」や「電子の波動関数」によるものがある。前者は原子間の相互作用によって電子の軌道準位が分かれ，固体中では無数に分裂した軌道がバンドを形成するというものである（本書に述べた結論と同じになる）。後者は固体中の自由電子を波動と見なし，波動関数を解くことによって固体中の電子の状態密度やエネルギー分布等を求めるものである。

することが特徴である。したがって共有結合結晶の結合エネルギーとは異なった取扱いが求められる。

一対の陽イオンと陰イオン間の相互作用エネルギー E について考えてみよう。それぞれのイオンの電荷数を Z_+ と Z_-（陽イオンのときは＋，陰イオンのときは－）とすると，クーロンの法則から $E = Z_+Z_-e^2/(4\pi\varepsilon_0 r)$ で与えられる。多数のイオンが規則的に配列している結晶中では，イオン間には引力と反発力が働く。NaCl 型結晶内では1個のイオンは最も近い6個の反対符号のイオンと引き合い，その次に近い12個の同符号のイオンと反発する。この関係を図に示す。

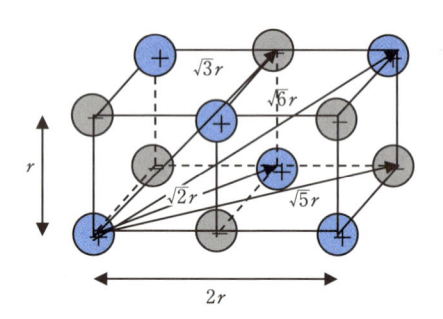

図 4-4　NaCl 型結晶のイオンの配列とその距離

イオンの配置状態とイオン間の引き合い（＋で表す）と反発（－で表す）のみに着目し，加算すると無限級数となり，一定値に収束する。

$$A = \left(6 - \frac{12}{\sqrt{2}} + \frac{8}{\sqrt{3}} - \frac{6}{2} + \frac{24}{\sqrt{5}} \cdots\cdots\right) = 1.747558 \qquad (4\text{-}1)$$

得られた数値を NaCl 型結晶の**マーデルング定数**（Madelung constant）という。マーデルング定数はイオンの幾何学的配列だけに依存しており，イオン間の距離にはよらないため，同じ構造の結晶であれば同じ値となる。表にいくつかの結晶構造のマーデルング定数を示す。

表 4-1　代表的な結晶構造の Madelung 定数

結晶構造	Madelung 定数	結晶構造	Madelung 定数
α-ZnS（セン亜鉛鉱）型	1.638	CsCl 型	1.763
β-ZnS（ウルツ鉱）型	1.641	TiO_2（ルチル）型	2.408
NaCl 型	1.748	CaF_2（蛍石）型	2.519

アボガドロ数 N_A の M^{z+} と X^{z-} のイオン間の相互作用エネルギーは

$$E = N_A A \frac{Z_+Z_-e^2}{4\pi\varepsilon_0 r} \qquad (4\text{-}2)$$

で表される。格子エネルギー U は放出されるエネルギーであるので全相互作用エネルギーに負号をつけたものとなる。さらにイオン間が接近すると相互に強い反発力が働く。ボルン（Born）はこの反発エネルギ

ーを B/r^n (B と n は定数) で表した。これに基づいた式を次に示す。

$$U = -E = -N_A A \frac{Z_+ Z_- e^2}{4\pi\varepsilon_0 r} - \frac{N_A B}{r^n} \quad (4\text{-}3)$$

イオン間の距離 r が平衡距離のとき U は極大となるので $dU/dr=0$ とおくと B の値が求まる。U が極大の位置におけるイオン間距離と格子エネルギーをそれぞれ r_0 と U_0 とし B を消去すると U_0 は次の式で表される。

$$U_0 = -\frac{N_A A Z_+ Z_- e^2}{4\pi\varepsilon_0 r_0}\left(1 - \frac{1}{n}\right) \quad (4\text{-}4)$$

この式をボルン-ランデ式 (Born-Lande equation) といい,格子エネルギーの理論値が得られる。このようにして得られた NaCl の格子エネルギーは $U=778$ kJ/mol である。

次に熱化学的方法で格子エネルギーを求めよう。NaCl の場合は次のように表される。

$$\text{NaCl(s)} \longrightarrow \text{Na}^+(\text{g}) + \text{Cl}^-(\text{g}) \quad U_0 = x \text{ kJ/mol}$$

格子エネルギー U_0 は直接測定することが容易でないために,熱化学諸量と関連づけた**ボルン・ハーバーサイクル** (Born-Haber cycle (図 4-5)) および関連する式 (4-5) によって求めることができる。

$$U_0 = -\Delta H_f + S + D/2 + IE - EA \quad (4\text{-}5)$$

ここで,ΔH_f はイオン結晶 MX の元素からの生成エンタルピー,S は金属元素の昇華熱,D は $X_2(\text{g})$ の解離熱,IE は M(g) のイオン化ポテンシャルエネルギー (式 (2-14) 参照),EA は X(g) の電子親和力 (式 (2-15) 参照) である。NaCl に関するそれぞれの値を以下に示す。

- 生成エンタルピー;ΔH_f
    $\text{Na(s)} + 1/2\,\text{Cl}_2(\text{g}) \longrightarrow \text{NaCl(s)}$ $\Delta H_f = -411$ kJ/mol
- 昇華熱;S
    $\text{Na(s)} \longrightarrow \text{Na(g)}$ $S = +108$ kJ/mol
- 解離熱;D
    $\text{Cl}_2(\text{g}) \longrightarrow 2\,\text{Cl(g)}$ $D = +242$ kJ/mol
- イオン化エネルギー;IE
    $\text{Na(g)} \longrightarrow \text{Na}^+(\text{g}) + e^-$ $IE = +496$ kJ/mol
- 電子親和力;EA
    $\text{Cl(g)} + e^- \longrightarrow \text{Cl}^-(\text{g})$ $EA = +349$ kJ/mol

図 4-5 に NaCl の格子エネルギーをボルン・ハーバーサイクルで表す。図に基づいて (あるいは式 (4-4) に基づいて) 求められ格子エネ

ボルン・ハーバーサイクル

ヘスの法則に代表される熱化学サイクルの1つで,イオン結晶の格子エネルギーを計算する間接的手段である。このサイクルを一巡りすればエンタルピー変化は0であることを利用している (本文,図 4-5 参照)。1919 年に Max Born と Fritz Haber によって考えられたもので,結合エネルギーを求めるさいにも広く利用される。

> **イオン結晶とバンド構造**
>
> NaCl 結晶を構成している Na$^+$ イオンと Cl$^-$ イオンは共に閉殻電子配置をとっているため，両者の軌道間の重なりは非常に小さい。しかし，Cl$^-$ イオン（$1s^2 2s^2 2p^6 3s^2 3p^6$）同士は NaCl 結晶中ではほぼ接触しているため，3p 軌道がわずかに重なり合い，価電子の詰まった軌道が重なり合って出来た帯—価電子帯—を形成する。Na$^+$ イオン（$1s^2 2s^2 2p^6$）も同様に，空の 3s, 3p 軌道が重なり合って出来た空の帯—伝導帯—を形成する。イオン結晶ではこのように陰イオンの軌道が価電子帯を，また陽イオンの軌道が伝導帯を形成する。それぞれ形成された 2 つのバンド間のバンドギャップは 9.5 eV と大きな値を持つため絶縁体である。

ギーは，$U_0 = 787$ kJ/mol である。

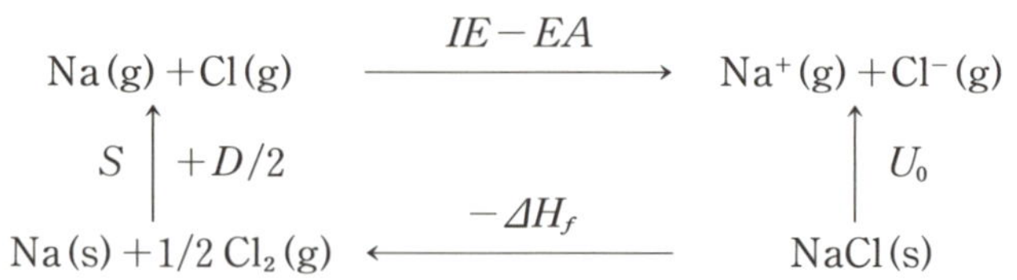

$$
\begin{array}{ccc}
\text{Na(g)} + \text{Cl(g)} & \xrightarrow{IE-EA} & \text{Na}^+(\text{g}) + \text{Cl}^-(\text{g}) \\
S \uparrow +D/2 & & \uparrow U_0 \\
\text{Na(s)} + 1/2\,\text{Cl}_2(\text{g}) & \xleftarrow{-\Delta H_f} & \text{NaCl(s)}
\end{array}
$$

図 4-5 NaCl のボルン・ハーバーサイクル

以上のように，クーロン力に基づいて求められたイオン結晶の格子エネルギー U_0 と，熱化学諸量に基づいて求められた格子エネルギー U_0 とは，よい一致を示すことがわかる。なお，電子親和力は 2.6.3 で述べたように，エネルギー値の符号が異なっているために，イオン化に要するエネルギーは $IE - EA$ で示されることに注意しよう。

4.1.3 共有結合と分子間結合

炭素の 3 つの**同素体**（allotrope）を例にとって，共有結合と分子間結合の特徴を述べる。共有結合結晶の代表はダイヤモンドである。ダイヤモンドは C 原子の sp^3 混成軌道で互いに結合するので，図 4-6 に示すような四面体構造を基本とした結晶構造となる。また，共有結合によって 3 次元ネットワークを形成し，1 つの分子のように単一になっているので，このような物質を**巨大分子**（giant molecule）とよんでいる。

ダイヤモンドは結合力が大きく，結合に方向性があり，さらに結合電子が局在化しているために，大きな硬度と電気絶縁性を示す。炭素と同じ 14 族の Si や Ge も同じ構造をとるが，原子間の結合力が弱く結合電子が多少動くことができる（バンドギャップが小さくなる）ので，これらの単体は半導体となる。

第 2 の同素体である黒鉛（グラファイト）の構造について考えてみる。図 4-6 に示すように黒鉛の 2 次元方向（a, b 平面内）では，1 個の C 原子はほかの 3 個の C 原子と sp^2 混成軌道で結合している。その結合距離は 1.42 Å で，ダイヤモンドの sp^3 混成軌道の結合（結合距離：1.54 Å）とベンゼンの sp^2 混成軌道の結合（結合距離：1.39 Å）の中間の共有結合で結び付いている。また，a, b 平面に垂直な c 軸方向には p$_z$ 軌道が付き出ており，この軌道が重なり合って a, b 平面に広がる π 分子軌道が形成される。電子はこの軌道を使って平面内を比較的自由に動き回れる。このため黒鉛は金属に近い電気伝導性を示す。一方，平面同士の距離（層間距離）は 3.35 Å と大きく，主としてファン・デル・ワールス力によって結ばれている。したがって c 軸方向の電気伝導性は

> **巨大分子**
>
> 水晶（SiO$_2$）は SiO$_4$ 四面体が O を共有することによって Si-O-Si 結合を作り，3 次元ネットワーク構造を形成している。融解した後も SiO$_2$ 分子になることはない。したがって，SiO$_2$ もダイヤモンド C と同様に巨大分子である。一方，分子量が 1 万以上あるたんぱく質や繊維などの有機高分子も代表的な巨大分子である。

ない。

　黒鉛は a, b 平面方向に C-C 結合が無限につながっているので，芳香族巨大分子が層を形成し，層と層がファン・デル・ワールス力によって結び付いた分子結晶とみなせる。このような構造を層状構造といい，層間にはアルカリ金属や硫酸などの分子が入り，層間化合物を形成する。現在，200以上の黒鉛層間化合物が知られている。

　近年，炭素の第3の同素体として，フラーレンとよばれる炭素かご状分子（炭素かご状クラスターとよばれる）が煤煙の中から発見された。フラーレンは炭素原子が特定の数集合し，sp^2 混成軌道で結び付いた球状構造の分子（C_{60}, C_{70}, C_{96} などが存在する）である。たとえば，C_{60} は20個の六員環と12個の五員環の各頂点に炭素原子が配置している構造からなる。同素体であるダイヤモンドは絶縁体，黒鉛は電気伝導体であるのに対し，フラーレンは半導体としての性質を示す。フラーレンのかごの中にアルカリ金属などを取り込むと，金属伝導あるいは超伝導を示すので新素材として期待されている。図4-6にグラファイト，ダイヤモンドおよびフラーレンの構造とその性質を示す。

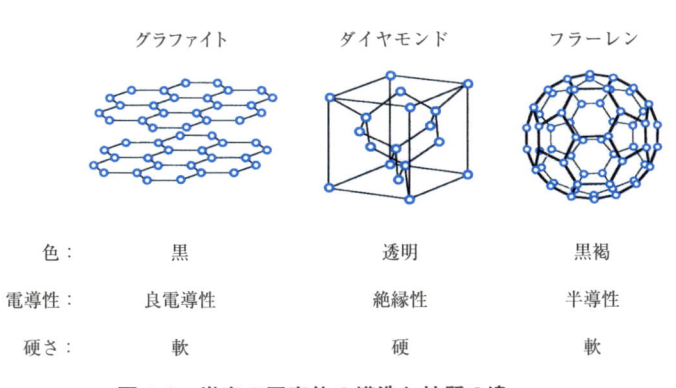

	グラファイト	ダイヤモンド	フラーレン
色：	黒	透明	黒褐
電導性：	良電導性	絶縁性	半導性
硬さ：	軟	硬	軟

図4-6　炭素の同素体の構造と性質の違い

　共有結合の結合エネルギーは前項で述べた格子エネルギーと同様に，解離エネルギーに等しく，結合解離エネルギーとして表される。共有結合エネルギーは，一般に数百 kJ/mol と大きい値を示す。2原子分子の結合エネルギーは，分光学的に精密に求めることができるが，多原子分子や巨大分子では，原子を1個1個切断するたびに残された結合のエネルギーは変化するので，平均値をとって表される。たとえばメタン（CH_4）の場合，H原子を1個ずつ取り去っていく過程では，C-H結合エネルギーは 330～520 kJ/mol の範囲で変化する。したがって，平均のC-H結合エネルギーは総和の 1/4 として表す。ダイヤモンドのC-C結合エネルギーも同様に平均の結合解離エネルギーで表わされる。

バックミンスターフラーレン C_{60}

C_{60} はモントリオール万博の球状ドームを設計した建築家バックミンスター・フラー（Buckminster Fuller）にちなんでバックミンスターフラーレン（Buckminsterfullerene），あるいはサッカーボールと同じ模様であるためサッカーボーレンなどとよばれている。これが炭素かご状クラスターのことをフラーレンとよぶ所以である。C_{60} の球の直径は約 10 Å（1 nm）であり，面心立方構造（fcc）に分類され，色は深紅色（バンドギャップ：1.7 eV）から黒褐色である。

結合次数と結合エネルギー

共有結合では同じ原子間の結合に多重結合が存在する。C-C結合を例にとると，単結合（H_3C-CH_3），二重結合（$H_2C=CH_2$），三重結合（HC≡CH）があり，結合エネルギーはそれぞれ 366, 719, 957 kJ/mol である。結合次数が高くなるほど結合エネルギーはほぼ比例して大きくなることがわかる。

結晶構造の3つの表し方

結晶構造は，①空間格子（平行六面体を軸長と軸角によって表し，14の結晶格子に分類される。），②結晶点群（円と対称要素［回転操作］で表し，32の点群に分類される。），③空間群（平面群と対称要素［回転操作・並進操作］で表し，230の空間群に分類される。）の3つの表し方がある。それぞれ固体の構造と物性を表すのに重要な役割をもっている。

4.2 ● 結晶構造と格子

3次元空間に規則正しく配列している点（原子）の集団は，どのように区別・分類するのであろうか。ここでは格子という概念に基づいて考えてみる。

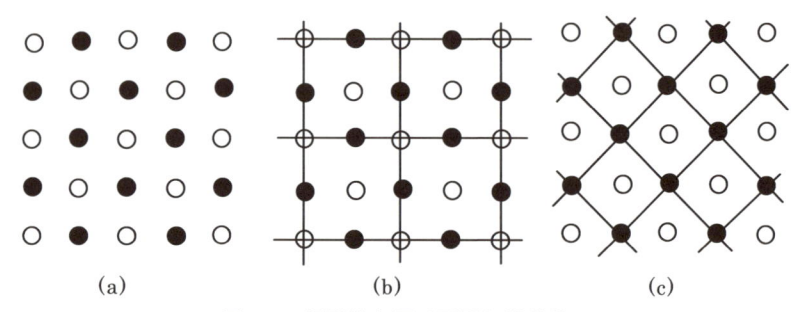

(a)　　　　　(b)　　　　　(c)

図 4-7　規則的な原子配列と単位格子

4.2.1　格子と単位格子

規則的な原子の配列を2次元平面上に描くと図4-7のようになる。このような平面状の点の配列を**格子**（lattice）といい，2つの独立な方向へ一定距離平行移動して不変な点の配列を**平面格子**（planar lattice），また，それぞれの点を**格子点**（lattice point）という。同種の原子を結ぶと平行四辺形の格子を形成していることがわかる。繰り返しの最小単位を**単位格子**（unit cell，単位胞ともいう）という。図4-7(a)の原子配列であれば(b)と(c)が単位格子となる。この原子配列をNaClとすれば，(b)はNaCl構造の3次元の原子配列の対称性を表すのに適しているために，単位格子として用いられる。

結晶で見られるような3次元の原子配列によって形成された立体的な格子のことを**空間格子**（space lattice，結晶の場合はとくに**結晶格子**とよぶ）といい，平行6面体が単位格子となる。単位格子は単位格子軸 a, b, c（その軸長を a, b, c で表す）と，これらの軸の間の角度 α, β, γ の6個の変数によって定義される。平行六面体の各頂点だけに原子（または原子団）が存在する単位格子は**単純単位格子**（primitive unit lattice）といい，Pという記号で表される。単純単位格子は7つの結晶系〔等軸（立方）晶系，正方晶系，斜方晶系，六方，菱面体（三方）晶系，単斜晶系，三斜晶系〕と対応している。また，格子点を複数もつものを**複合格子**（compound lattice）といい，体心格子（I），面心格子（F），底心格子（C）がある。表4-2に各結晶系の単位格子の特徴を6個の変数によって示す。

4.2.2 ブラベ格子

1848年**ブラベ**（A. Bravais）は，3次元のすべての空間格子は14個の異なる単位格子で表されることを明らかにした。これをブラベ格子という。図4-8に示すように，ブラベ格子は格子点を1個しか含まない7種類の単純単位格子と，格子点を複数含む7つの複合格子が加わり，全部で14種の単位格子からなっている。

等球の規則配列と単位格子の考え方

まず，同じ大きさの球をならべてみよう。できればピンポン球などの実物を両面テープ等で貼り付け3次元的に理解するのがベストであるが，パソコンの描画ソフトあるいはコンパス・定規によって描いた2次元の図面をじっと睨んで考えることも有効となる。大切なのは，テキストに掲載された図をただ眺めるのではなく，自らの手を動かすことである。

さて，図(A)に示した配列を最密充填（面）という。この面内で，正三角形状に配列した6つの球に着目し，(B)のように中央に別の球を載せたものを2つ組み合わせると，(C)のような立方体になることを確かめよう。さらに(C)を見やすくするために，球の中心位置を保ったまま球の大きさを縮めたものが(D)である。(C)で接触していた球同士は，(D)では実線で結んである。

図(C)あるいは(D)で示した構造を面心立方構造といい，金，銀，銅，アルミニウムなどの金属物質がこの構造をとる。実際の結晶ではおびただしい数の原子がならんでおり，それを表現するのは不可能であるので，(B)〜(D)では配列のごく一部を取り出している。ところが，(C)あるいは(D)は繰り返しの最小単位となっていて，これのみで面心立方構造を表現できている。本文中にも述べた，このような繰り返しの最小単位を単位格子または単位胞という。

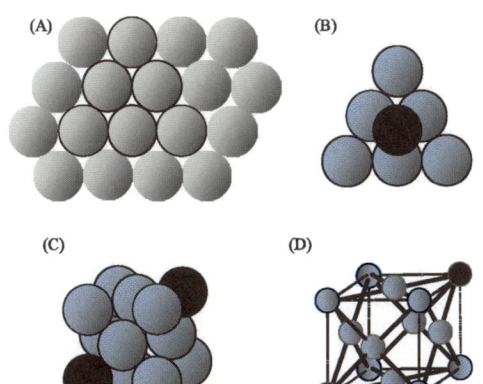

図 (A)；最密充填面，(B)；(A)の一部の上に1つの同じ球を載せたもの，(C)と(D)；fcc構造の単位格子

結晶系	単純	体心	面心	底心
立方晶系 (等軸晶系)				
正方晶系				
斜方晶系				
六方晶系				
三方晶系 ($\alpha \neq 90°$)				
単斜晶系				
三斜晶系				

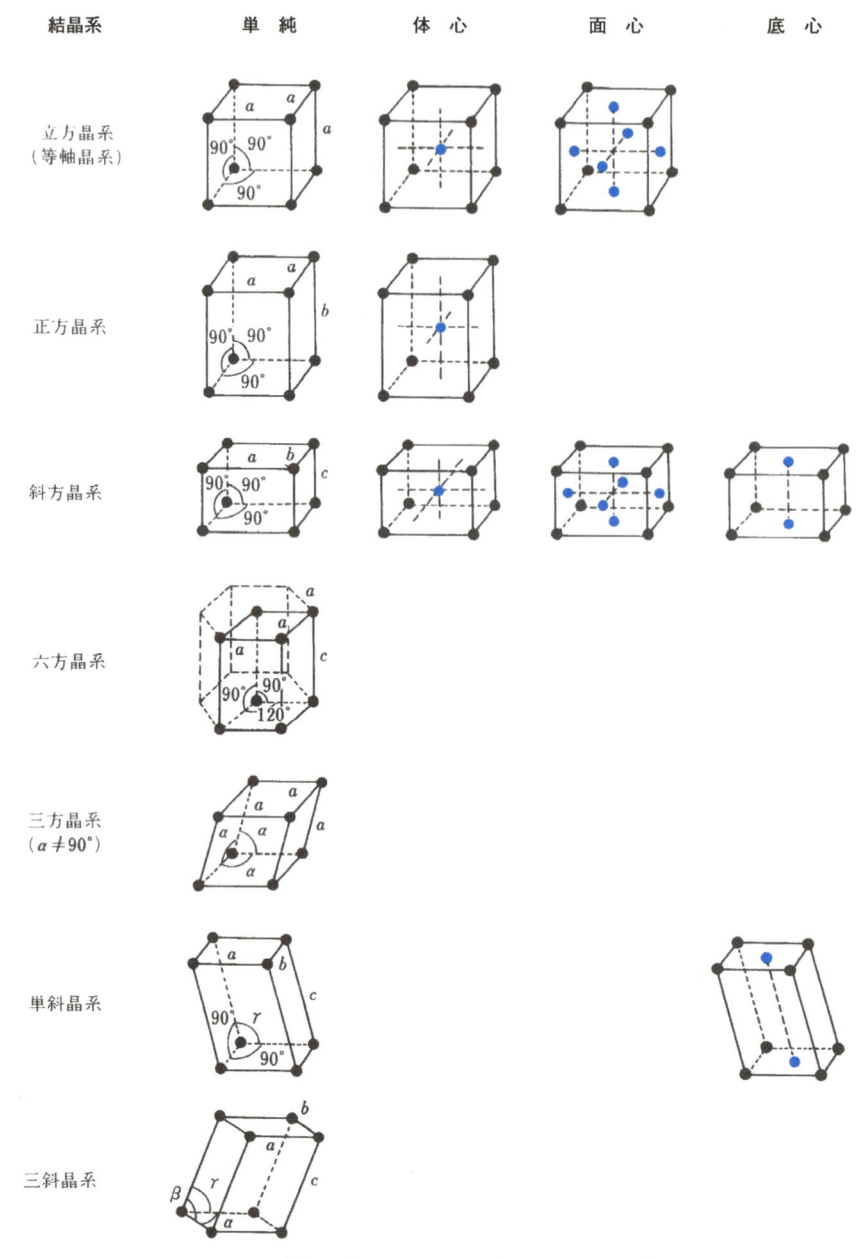

図 4-8 結晶系と 14 種類のブラベ格子の構造

表 4-2 空間格子

結晶系	記号	単位格子の特徴
立方晶系	P, I, F	$a=b=c$, $\alpha=\beta=\gamma=90°$
正方晶系	P, I	$a=b\neq c$, $\alpha=\beta=\gamma=90°$
斜方晶系	P, C, I, F	$a\neq b\neq c$, $\alpha=\beta=\gamma=90°$
六方晶系	P	$a=b\neq c$, $\alpha=\beta=90°$, $\gamma=120°$
菱面体晶系	P (R)	$a=b=c$, $\alpha=\beta=\gamma\neq 90°$
単斜晶系	P, C	$a\neq b\neq c$, $\alpha=\gamma=90°\neq\beta$
三斜晶系	P	$a\neq b\neq c$, $\alpha\neq\beta\neq\gamma$

4.2.3 結晶面とミラー指数

水晶や食塩の結晶を見ると規則的な形をしており，特徴的な面が発達していることがわかる。この面を**結晶面**（crystal face）といい，結晶の原子配列を反映している。一方，空間格子（結晶格子）で作られる面も結晶面とよび，結晶構造を考えるときの重要な概念である。

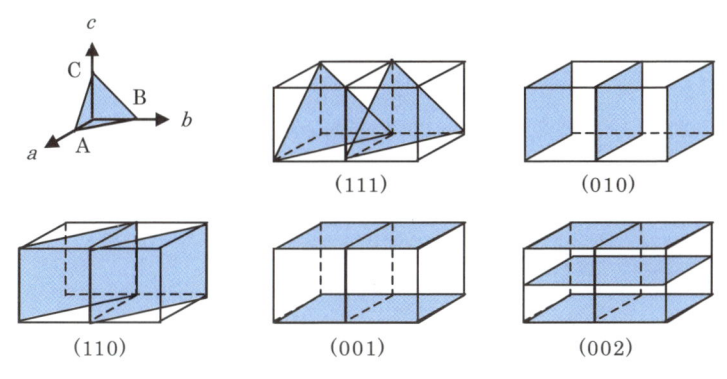

図 4-9 結晶面とミラー指数

空間格子で形成される結晶面について考えよう。ここでは直交軸で表される立方晶系を例にとって説明する。図 4-9 に示すように，座標の原点に立方晶系の空間格子の 1 つの格子点を選び，a, b, c の 3 つの直交軸を A, B, C 点で切った（すなわち A, B, C を切片とした）ABC 面を考える。A, B, C の逆数を h, k, l とすると，$1/A=h$, $1/B=k$, $1/C=l$ となる。求められた h, k, l を簡単な整数にしたものを**ミラー指数**（Miller index）という。たとえば，3 つの直交軸を 1, 1, 1 で切った面は，$1/1=1$, $1/1=1$, $1/1=1$ であるので（111）面という。面が 1 つの軸に平行であれば，切片は ∞ であるので，$1/\infty=0$ となる。たと

非直交軸とミラー指数

（123）面
三斜，単斜，斜方晶系のように直交軸ではなくとも，図のように結晶面はミラー指数で表現できる。

格子点の数

単純単位格子は平行六面体の頂点にそれぞれ 1 個の格子点が配置されているが，頂点の格子点は 8 個の平行六面体に共有されているので，1 つの単位格子には 1/8 だけ帰属していることになる。したがって，単純単位格子に含まれる格子点は 1 個 $\{=(1/8)\times 8\}$ である。単位格子に含まれる格子点の数の計算は以下のとおりである。

　点の格子点：　　　　1/8 個
　稜上の格子点：　　　1/4 個
　面内の格子点：　　　1/2 個
　体心（中心）の格子点：1 個

（計算例）面心立方格子に含まれる格子点の数：$(1/8)\times 8+(1/2)\times 6=4$

えば，a, c 軸と平行で b 軸上の 1 の点で交われば $(1/\infty), (1/1), (1/\infty)$ であるので（010）面という。

4.2.4 結晶面と X 線回折

結晶面およびミラー指数はどのように利用されているかを紹介しておこう。1912 年ブラッグは，等間隔にならんだ面に入射した X 線が以下の式に従って回折現象を起こすことを明らかにした。

$$n\lambda = 2d\sin\theta$$

ただし，n は整数，λ は X 線の波長，d は面間隔（ミラー指数で表される結晶面の間隔），θ は回折角である。図 4-10 に結晶面によるブラッグ回折の概念図を示す。

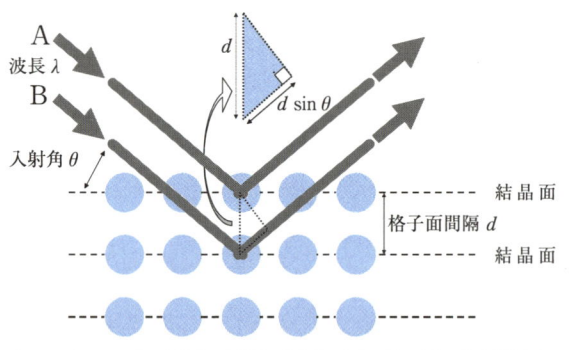

ブラッグは A, B の波の光路差が半波長の整数倍のとき，強め合うことを見出した。

図 4-10　結晶面によるブラッグ回折の図

X 線の回折図形を精密に解析することによって，その固体における原子・イオンの配列が解き明かされ，多くの物性の理解につながったのである。このとき，すべての基本となるのはブラッグの式であり，回折を起こす面間隔 d が重要となる。このように，結晶面とミラー指数は構造解析には欠かせない概念であり，固体の化学が飛躍的に発展したのはブラッグの式のおかげといえる。

4.3 ● 結合と結晶構造

多数の原子が結びついたとき，原子は規則正しく配列して結晶を形成するが，結合様式の違いにより隣り合う原子の位置関係は大きく異なる。この項では，金属，イオン結晶およびそのほかの結晶の構造を取り上げる。

4.3.1 金属の結晶構造

金属結合は非局在化した結合であるためその結晶構造は球（原子）を

できるだけ密に詰めた構造をとる。これを**最密充填構造**（closest packing structure）という。金属単体の結晶構造は，一般に2つのタイプの最密充填構造と，体心立方構造の3つの構造のいずれかに属する。

図4-11(a), (b)に最密充填構造を示す。(a)は**六方最密充填**（hexagonal closest packing：hcp），(b)は**立方最密充填**（cubic closest packing：ccp）である。いずれも1個の原子は12個の原子に接して取り囲まれている（12配位という）。最密充填構造の球（原子）の配列に基づく充填率は74%である。なお，立方最密充填は**面心立方構造**（face centered cubic structure：fcc）と同一の構造であるので，こちらの結晶構造名でよぶことが多い（図4-8のブラベ格子参照）。金属結晶の第3の構造には，最密充填構造よりもわずかに隙間の多い体心立方構造（body centered cubic structure：bcc）がある（図4-8参照）。体心立方構造の1個の原子は8個の原子と接して取り囲まれており（8配位という），またわずかに離れた場所にさらに6つの原子が配置しているこ

面心立方構造の充填率の計算例

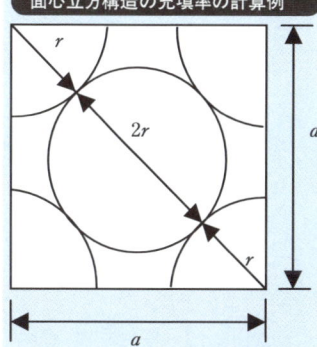

単位格子中に含まれる球の個数は4個 $\{=(1/8)\times 8+(1/2)\times 6\}$ である。
また $r=(\sqrt{2}/4)a$ の関係があるので，

$$（充填率）=\frac{（4個の球が占める体積）}{（単位格子の体積）}$$
$$=\{(4/3)\pi r^3\times 4\}/a^3$$
$$=0.740$$

充填率（%）は74.0%となる。
六方最密格子も同様の充填率である。

結晶中の分極と双極子モーメント

第3章で学んだ双極子モーメントは，個々の分子について定義されたが，結晶中ではどう考えたらよいだろうか。図は，0〜120℃の温度で安定な正方晶系のチタン酸バリウム（$BaTiO_3$）の結晶構造を示す。中心にある Ti^{4+} イオンとまわりの O^{2-} イオンは図のように単位格子の中心からずれているため分極し，矢印のような双極子モーメントをもつ（このようにイオンが変位し自発的に分極している結晶を強誘電体という）。チタン酸バリウムに電圧をかけると，Ti^{4+} イオンが動きやすいため分極の方向にさらに大きな双極子モーメントが誘起される。この性質を利用して，チタン酸バリウムは電荷を蓄積する蓄電材料（コンデンサ）に用いられる。120℃以上の温度になると，Ti^{4+} イオンとまわりの O^{2-} イオンは単位格子中の対称性の高い位置に移動し立方晶に変化する。この変化を相転移といい，転移後のチタン酸バリウムの結晶は分極していない。

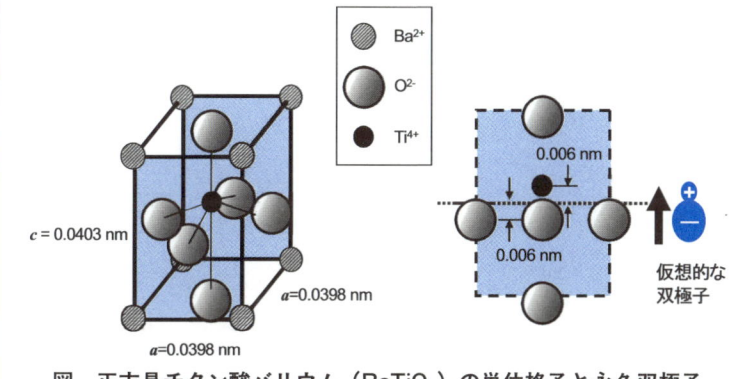

図　正方晶チタン酸バリウム（$BaTiO_3$）の単位格子と永久双極子

とが特徴である。体心立方構造の球（原子）の充填率は，最密充填構造よりも小さく 68％である。

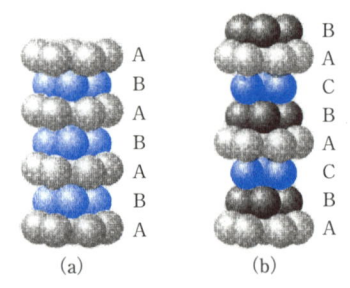

図 4-11　金属結晶の最密充填構造；(a)　六方最密充填，(b)　立方最密充填（＝面心立方構造）

4.3.2　イオン結晶の構造

イオン結晶の構造について考えてみよう。イオン結晶は次に述べるような3つの因子によって主にその構造が決まる。

(1)　陰陽イオンは静電引力を最大に，また静電反発力を最小にするように配列する。すなわち，陰陽両イオンは互いに接するように，また同種のイオン同士が接しないように配列する（図 4-12）。

陰陽イオンの大きさ

陰イオンは原子核の陽子の数よりも電子を多くもっているので，原子核からの遮蔽効果（shielding effect）が小さく，電子雲が広がりやすいため，一般的に陰イオン半径（r_-）は陽イオン半径（r_+）よりも大きい。そこで大きい方を分母にとった r_+/r_- 比でイオン半径比を整理するのが便利である。

イオン半径比の求め方

陽イオンのまわりにはできるだけ陰イオンが，陰イオンのまわりにはできるだけ陽イオンが配置し，対称性の高い配列をする。その結果，陽イオンを囲む陰イオンの数（配位数）は（陽イオン半径 r_+）/（陰イオン半径 r_-）比によって決まる（図 4-12）。

4個の陰イオンによって作られた間隙に入る陽イオンの大きさの比（r_+/r_-）を求めてみよう。

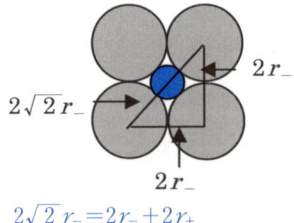

$$2\sqrt{2}\,r_- = 2r_- + 2r_+$$
$$r_+ = (\sqrt{2}-1)r_-$$
$$r_+/r_- = 0.414$$

これより，イオン半径比（r_+/r_-）＝0.414 の大きさの陽イオンが内接することがわかる。したがって，これよりも大きなイオン比の陽イオンであれば，周囲の陰イオンと常に接しているために安定な配位状態となる。

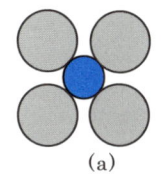

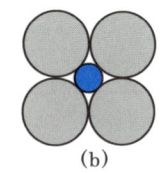

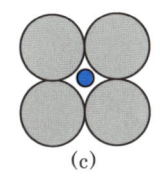

図 4-12 安定な配位(a), (b)と不安定な配位(c)

(2) 陽イオンのまわりにはできるだけ陰イオンが, 陰イオンのまわりにはできるだけ陽イオンが配置し, 対称性の高い配列をする。その結果, 陽イオンを囲む陰イオンの数（配位数）は,（陽イオン半径 r_+)/(陰イオン半径 r_-) 比によって決まる（図 4-13)。

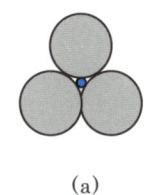

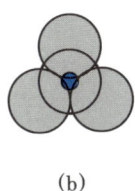

図 4-13 陰陽イオンのイオン半径比の違いに伴う配位数の変化
（図の(a), (b), (c), (d)は表 4-3 の記号と対応している）

(3) 共有結合性が増すと, イオン半径比に基づく理想的配位数よりも低い配位数をとるようになる。たとえば, CdSe のイオン半径比は 0.46 であるので, 理想的配位数は 6 である。ところが共有結合性は 30 % であるために, 1 個の Cd^{2+} イオンに 6 個の Se^{2-} が配位すると負電荷が多くなり過ぎることから, CdSe は ZnS と同様に 4 配位となる。

このようにイオン結晶の構造を決める因子は, 金属と比較すると複雑であることがわかる。表 4-3 に, イオン結晶における陽イオンと陰イオンのイオン半径比（r_+/r_-）と配位数および結晶構造の関係を示す。なお, 陽陰イオンのイオン価数が 1:1 や 2:2 の塩を AB 型塩あるいは MX 型塩, 2:1 や 4:2 の塩を AB_2 塩あるいは MX_2 型塩という。

図 4-14 に代表的な AB 型塩である ZnS, NaCl, CsCl の結晶構造（単位格子）を示す。

表 4-3 イオン半径比（r_+/r_-）と配位数および結晶構造の関係

(r_+/r_-)	陽イオンの配位数	陰イオンの配列	結晶構造 AB 型塩	結晶構造 AB_2 型塩
(a) 0.155〜0.225	3	三角形	—	—
(b) 0.225〜0.414	4	四面体	ZnS	SiO_2（β-クリストバライト）
(c) 0.414〜0.732	6	八面体	NaCl	TiO_2（ルチル）
(d) 0.732〜1.000	8	立方体	CsCl	CaF_2（蛍石）

図 4-14 ZnS, NaCl, CsCl の単位格子

このほかに A_2B_3 型塩（Al_2O_3），ABO_3 型塩（$BaTiO_3$），AB_2O_4 型塩（$CoFe_2O_4$）などの無機固体材料として重要なものがある。

4.3.3 その他の結晶の構造

地殻を構成する岩石や粘土鉱物はケイ素と酸素を主成分とするケイ酸化合物（ケイ酸塩鉱物）である。ケイ酸化合物はケイ酸四面体 $[SiO_4]^{4-}$ を最小単位とする化合物で，ケイ酸四面体が 1 個で離れ離れの状態で化合物を形成しているもの，ケイ酸四面体が複数個結びついて環状，鎖状，層状の構造を形成しているもの，および 3 次元のネットワーク構造を形成しているものがある。このようにケイ酸化合物は，ケイ酸四面体の連結によって形成された多様な骨格構造と，各種の陽イオンが組み合わさって，多種多様な鉱物を形作っている。

図 4-15 (a) にケイ素原子が 4 個の酸素原子に取り囲まれたケイ酸四面

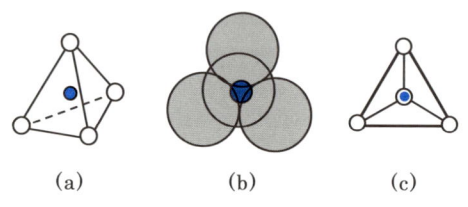

(a)　　　(b)　　　(c)

図 4-15　ケイ酸四面体

$[Si_2O_7]^{6-}$　　　$[SiO_3]^{2-}$　　　$[Si_4O_{11}]^{6-}$

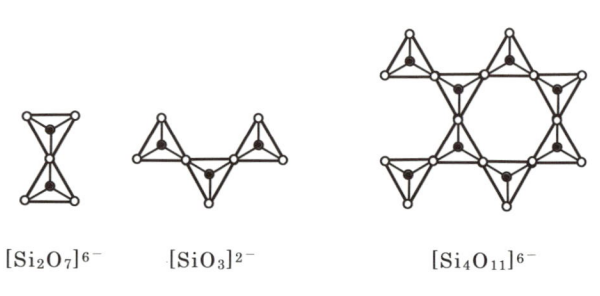

図 4-16　ケイ酸四面体の連結構造

アスベストと肺気腫

アスベストは単一の化合物ではなく二重鎖構造で繊維状の角閃石類（たとえば透セン石：$Ca_2Mg_5[(OH)_2|(Si_4O_{11})_2]$）の化合物や層状構造で繊維状のクリソタイル：$Mg_3[(OH)_4|Si_2O_5]$ を指していう。アスベストは，高温の断熱材，防音材，隔壁材，天井や屋根の板材など多くの利用がなされてきたが，アスベストの繊維を吸い込むと肺がんになる危険性があるために，その使用は禁止されている。

表 4-4 代表的なケイ酸四面体の連結構造とその基本単位

	基本単位*	化合物の例
孤立状	$[SiO_4]^{4-}$	$Mg_2[SiO_4]$：苦土カンラン石
鼓状	$[Si_2O_7]^{6-}$	$Ca_2Zn[Si_2O_7]$：ハルジストナイト
環状（三員環）	$[Si_3O_9]^{6-}$	$Ca_3[Si_3O_9]$：ケイ灰石
（六員環）	$[Si_6O_{18}]^{12-}$	$Be_3Al_2[Si_4O_{10}]$：緑柱石
鎖状（単鎖）	$[SiO_3]_n^{2n-}$	$CaMg[SiO_3]_2$：透輝石
（二重鎖）	$[Si_4O_{11}]_n^{6n-}$	$Ca_2Mg_5[(OH)_2(Si_8O_{22})_2]$：透角閃石
層状	$[Si_4O_{10}]_n^{4n-}$	$Mg_3[(OH)_4|(Si_2O_5)]$：クリソタイル
三次元網目状	SiO_2	SiO_2：水晶（石英）

*ケイ酸四面体の連結（縮合）によって形成された基本単位あるいは繰り返し単位

体（$[SiO_4]^{4-}$）構造，および頂点の酸素原子から見た模式図を(b)，(c)に示す。図 4-16 にケイ酸四面体の連結によって作られる代表的な環状，鎖状構造を示す。また，表 4-4 にケイ酸四面体の連結構造とその基本単位をまとめて示す。

イオン結晶と電気伝導

イオン結晶の多くは絶縁体あるいは半導体である。ところがある種のイオン結晶は電気伝導性を示す。ところで金属の電気伝導は電子の移動に基づくのに対し，イオン結晶の電気伝導は，結晶の両端に電圧がかかったとき，イオンが移動して電気を運ぶ。「イオンは電子に比べると非常に大きい粒子であるので，はたして固体の中を移動できるのであろうか」と心配しなければならないが，イオンの動きやすい結晶構造に限られるものの，イオン結晶の中をイオンが移動して電気伝導性を示す。このような電気伝導をイオン伝導（ionic conduction）といい，イオン伝導性を示す固体を固体電解質（solid electrolyte）という。表に代表的な固体電解質の構造の特徴とその化合物の例を示す。

表　固体電解質の構造と例

構造	固体電解質	伝導イオン種
層状構造	$Na_2O\text{-}11Al_2O_3$（β-アルミナ）	Na^+
	Li_3N	Li^+
トンネル構造	$Na_3Zr_2Si_2PO_{12}$（ナシコン）	Na^+
	$Li_{3.8}Si_{0.8}P_{0.2}O_4$	Li^+
欠陥構造	$0.85\ ZrO_2\text{-}0.15\ CaO$（Ca-安定化ジルコニア）	O^{2-}

リチウムイオン（Li^+）が流れて電気を運ぶリチウムイオン導電体は，携帯電話などに使われている 2 次電池（第 6 章参照）の主要材料である。酸素イオン（O^{2-}）が動くものは，燃料電池やセンサーとして応用されている（第 9 章参照）。

| 多結晶体の構造 |

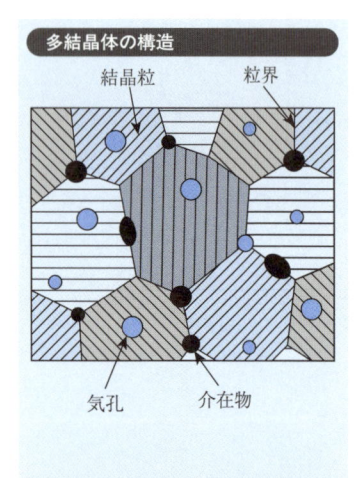

結晶粒　粒界

気孔　介在物

| アモルファスの原子配列 |

シリカガラス（非晶質シリカ）の2次元的模式図を示す。構造単位となるのは SiO_4 正四面体であるが，その連結は無秩序である。

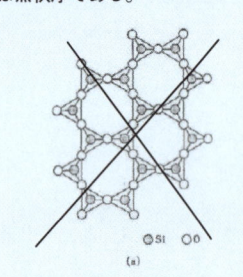

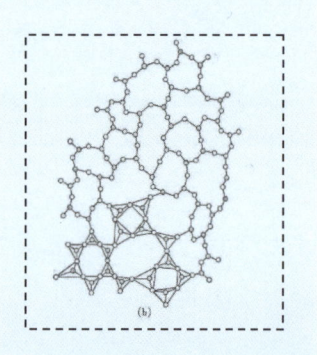

4.4 ● 多結晶，焼結体とアモルファス

　自然界に存在する固体の多くは結晶である。その理由は，規則的に原子配列した結晶が熱力学的に最も安定な状態であるためである。しかし，完全な結晶と思える水晶やダイヤモンドでも，原子配列が不規則・不完全な構造が点，線および面の状態で結晶内に多数存在する。これを**欠陥**（defect）という。

　結晶には単一の結晶軸をもった**単結晶**（single crystal）と，まちまちの結晶軸の方向をもった小結晶の集合体からなる**多結晶**（polycrystal）がある。前者は水晶やダイヤモンドなどの宝石に代表され，後者は普通の金属に代表される。宝石は長い時間をかけて結晶が成長するのに対し，金属は融液を急速に冷却して製造されるので，いろいろの方位をもった多数の小結晶が同時に成長してできあがっている。多結晶を構成する小結晶と小結晶の境界は**粒界**（grain boundary）とよばれ，面状に連なった欠陥とみなすことができる。金属表面の粒界は，金属を酸

宝石あれこれ

　ダイヤモンドは C，ルビー（赤）は微量のクロムを含む Al_2O_3 の単結晶である。サファイア（緑）も同じ Al_2O_3 の単結晶であるが，含まれる微量成分が鉄やチタンである。

　真珠は，炭酸カルシウムとタンパク質が多層に重なったもので，いわば無機・有機ハイブリッド積層体である。真珠（pearl）と似た名前だが，オパール（opal）は別の宝石である。オパールを拡大して観察すると，図のように真球状の SiO_2 粒子が最密充填した構造であることがわかる。個々の SiO_2 粒子は透明な非晶質であるが，その大きさがちょうど可視光波長（数百 nm）で規則的にならでいるために，白色光をブラッグ回折して鮮やかに呈色する。SiO_2 ではないが，玉虫などの昆虫が鮮やかな色を示すのも同様のブラッグ回折によるものである。

　成分や構造がわかれば，人工的に同じものを作れそうな気もするが，なかなか簡単にうまく行くものではない。いずれにしても，宝石とは自然がなしえた芸術の賜物であり，それなりの値段が付くのも納得せざるをえない!?

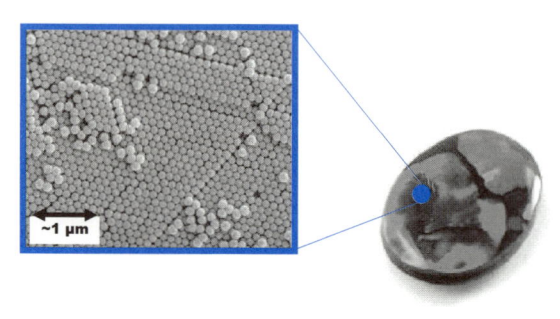

で腐食させると見ることができる。

焼き物あるいはセラミックスは，粘土鉱物やアルミナなどの微細粒子を融点以下で焼き固めたもので，小結晶の集合体，すなわち金属と同じく多結晶体である。しかしセラミックスは，金属などの多結晶体と区別し，**焼結体**（sintered…）とよばれることが多い。

一方，結晶とは異なり原子（あるは分子）配列が乱雑な状態にある固体も存在する。これを**ガラス**（glass）あるいは**アモルファス**（amorphous；無定形質）という。コップ，窓ガラスおよび実験器具に用いられているケイ酸ガラス，あるいはシリカゲルなどはアモルファスの代表的なものである。

アモルファスの無秩序な原子の配置は，結晶で見られるような格子を形成していない（このような原子配置を長距離秩序がないという）。しかし，となり合ういくつかの原子の間には，結合に伴う規則的配列が認められる（この原子配置を短距離秩序があるという）。無秩序な原子配置からなるアモルファスは，熱力学的には準安定な状態であるため，加熱などにより安定な結晶に変化する。

合金などのアモルファス製造は，一般的に融液を超急速冷却し，液体の無秩序な原子配列をそのまま固体化する方法がとられる。一方，ケイ酸は融液を徐冷してもアモルファス状態（ガラス）になる。これはケイ酸四面体が3次元網目構造を形成しており，原子集団の動きが緩やかであるために，ゆっくり冷却しても結晶化することなく液体の状態をそのまま凍結することができるためである。

表 4-5 に結晶，多結晶，焼結体，アモルファスの熱力学的安定性，原子配列の特徴，および物質の例を示す。

結晶とアモルファスの熱力学的状態

表 4-5　固体の構造・熱力学的特性・物質の例

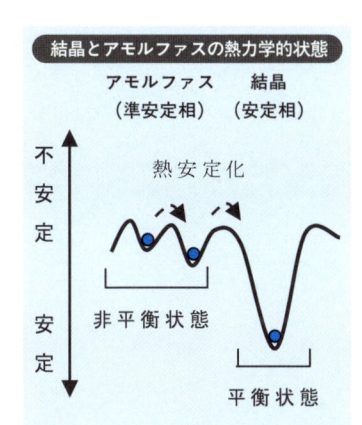

構造および形態			原子配置		熱力学的状態	物質の例
			短距離秩序	長距離秩序		
無機固体	結晶	単結晶	◎	◎	安定相（平衡状態）	水晶
		多結晶（焼結体）	◎	○	安定相（平衡状態）	金属 セラミックス
	アモルファス		○	×	準安定相（非平衡状態）	ガラス

◎　大いにある，　○　ある，　×　ない

する急速冷却などによって，製造方法がとられる。したがってアモルファスを構成する

透明な固体いろいろ

　ガラスは液体の均質な構造を保持したまま固化したもので，気泡など光を散乱する因子を比較的取り除きやすいので透明になる。すりガラスは，意図的に表面を凸凹にして光を散乱させ「丸見え」にならないようにしている。ガラスの構造は液体に近いため，原子（イオン）は整然と並んでおらず，非晶質である。ある種のガラスは長時間加熱することで白く濁ること（失透という）がある。これはエネルギー的に準安定（metastable；そこそこ安定ではあるが，最も安定ではない状態）のガラスがより安定な結晶に変化し，析出相（結晶）と母相（非晶質）の界面で光を散乱するためである。

　ダイヤモンドも透明であるが，これは非晶質でなく1つの大きな単結晶である。結晶なので安定であるが，実は，本来（地殻内部のような）高い圧力下でしか存在しない結晶相である。そのため，ダイヤモンドを常圧で加熱すると，より安定な結晶相であるグラファイトになる。すなわち，高価なダイヤモンドがただの炭になってしまう。

　普通の冷凍庫で作る氷が不透明なのは，気泡を含むためである。ロックアイスとしてコンビニなどで売られている透明な氷は多結晶体であるが，固める方向を工夫して気泡を一所に寄せることにより，気泡のない透明な部分を製品にしている。家庭用冷蔵庫でも工夫すれば透明な氷を作ることができるので，興味のある人は挑戦してみよう。ポイントは水を予め煮沸するなどして脱気し，気泡を取り込まないように冷やすことである。

　なお，金属のように多くの自由電子をもつものは光との相互作用が大きいため，透明となることはあり得ない。透明で導電性をもつ物質は無機材料（第9章を参照）で，スズを添加した酸化インジウム（ITO；Indium Tin Oxide）が広く用いられている。ITOは透明電極として，液晶や有機ELなどさまざまな表示素子を電場で制御するために必要不可欠な物質となっている。

参考文献

1)　合原眞，井出悌，栗原寛人：「現代の無機化学」，三共出版（1991）
2)　日高人才，安井隆次，海崎純男訳：「ダグラス・マクダニエル無機化学（上）第3版」，東京化学同人（1997）
3)　玉虫伶太，佐藤弦，垣花眞人訳：「シュライバー無機化学（上）」，東京化学同人（1996）
4)　平尾一之，田中勝久，中平敦：「無機化学〜その現代的アプローチ〜」，東京化学同人（2002）
5)　塩川二朗：「基礎無機化学」，丸善（2000）
6)　荒川剛，江頭誠，平田好洋，松本泰道，村石治人：「無機材料科学」，三共出版（1994）
7)　村石治人：「基礎固体化学—無機材料を中心とした—」，三共出版（2000）

第4章 チェックリスト

- ☐ 金属結合
- ☐ バンド構造
- ☐ イオン結合
- ☐ マーデルング定数
- ☐ ボルン・ハーバーサイクル
- ☐ 格子エネルギー
- ☐ 単位格子
- ☐ ブラベ格子
- ☐ 結晶面とミラー指数
- ☐ 最密重点構造
- ☐ 配位数
- ☐ ケイ酸四面体の連結
- ☐ 多結晶
- ☐ アモルファス

● 章末問題 ●

問題 4-1

ボルン・ハーバーサイクルを用いて KCl(s) の格子エネルギーを求めよ。なお，次の熱化学データを用いよ。

表　KCl の熱化学データ

エネルギー変化	(kJ mol^{-1})
KCl(s) の生成熱 ΔH_f	-437
K(s) の昇華熱 S	$+89$
Cl$_2$ の解離熱 D	$+242$
K(g) のイオン化エネルギー IE	$+418$
Cl(g) の電子親和力 EA	$+349$

問題 4-2

イオン結晶の構造を支配する3つの因子を述べよ。また，それぞれの内容を説明せよ。

問題 4-3

以下の単位格子内の格子点の数〔(1), (2), (3)〕および陰陽両イオンのそれぞれの数〔(4), (5)〕を求めよ。
(1) 底心格子　(2) 面心格子　(3) 体心格子　(4) NaCl　(5) CsCl

問題 4-4

ミラー指数 (100), (011), (112) で表される面を，図4-9を参考にして描け。

問題 4-5

単純立方構造，体心立方構造，面心立方構造（それぞれ図 4-8 参照），およびダイヤモンド構造の充填率を求めよ。なおダイヤモンド構造は図(a)に示すような単位格子である。ダイヤモンドの単位格子を図(b)のように 1/8 に切り出したものは図(c)のような立方体となり，原子 ABCD は原子 M を中心にもつ正四面体になる。このとき，長方形 AA'CC' の面内において，原子 A，C，M が接していることに着目せよ。

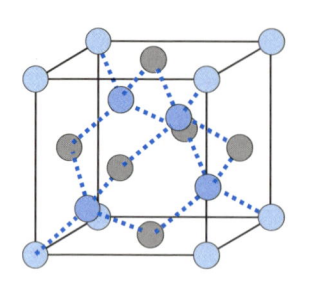

図(a) ダイアモンドの単位格子

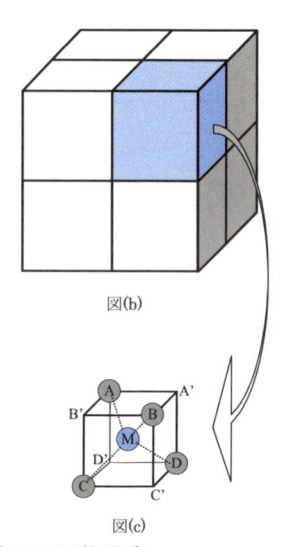

図(b)

図(c)

図　ダイヤモンドの単位格子と炭素の四面体構造

第5章

溶液の化学

学習目標

1. 水に関する基本事項を学習する。
2. 水とイオンの相互作用，水和数などを学習する。
3. 酸・塩基の定義，酸・塩基反応を学習する。
4. 塩の加水分解，溶解度積など溶液内反応を学習する。
5. 電子移動反応を理解する。

　化学反応の多くは溶液内反応であるから，溶液化学を理解することはとりもなおさず化学反応の基本を理解することにつながっている。たとえば塩の溶解をとりあげれば水と電解質の相互作用の知識が役に立つだろうし，溶液中の酸塩基反応や沈殿の生成・溶解反応は日常的に起こる。こういった現象に対して"なぜ？"と疑問をもったときには，溶液化学の知識は必要不可欠である。したがって，溶液は化学の中で最も一般的に取り扱われ，広い分野にまたがっている。この章では水に関する基本事項，水とイオンの相互作用，酸・塩基反応などを学習する。

5.1 ● 水に関する基本事項

5.1.1 水分子の構造

　水の特性として，4℃で最大密度をもつ，大きな比熱をもつ，大きな表面張力をもつ，高い粘性をもつなどがあげられるが，これらはいずれも水の特殊な構造に基づくと考えられる。

　水は気体状態では H_2O として存在し，分子形は折れ線型で，**原子価角** $\angle HOH = 104.5°$，OH 間の結合距離は 96 pm[1] である。O 原子と H

---

[1] picometer, ピコメートル（記号 pm）は，国際単位系の長さの単位で，10^{-12} メートル。
　　1 pm = 0.001 nm = 0.000001 μm

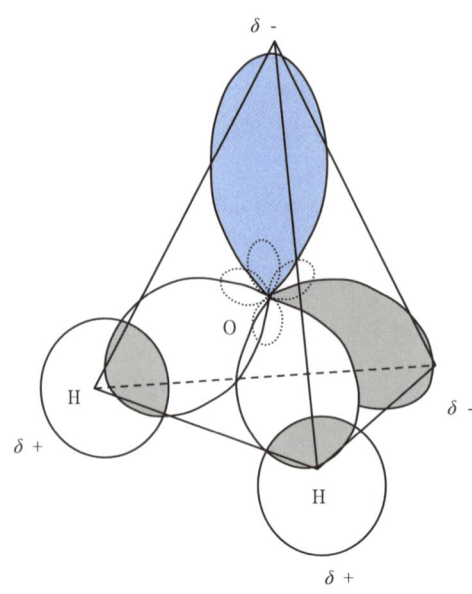

図 5-1 混成軌道法による水の構造

原子の電気陰性度に差があるため H_2O は**極性分子**であり，双極子モーメント（dipole moment）μ は 6.2×10^{-30} Cm である。図 5-1 で示されるように分子構造は O 原子の sp^3 **混成軌道**と H 原子の 1s 軌道の重なりによって説明される。O 原子の 4 つの sp^3 混成軌道のうち 2 つはすでに非共有電子対によって占められている。電子対反発則により非共有電子対間の反発力が最大となるので，H_2O の原子価角は理論値 109°28′ より小さくなっている。

5.1.2 氷の構造

5.1.1 では液体としての水について説明したが，ここでは水分子が規則正しく配列し，構造のよく知られている氷についてながめてみよう。

通常の氷は六方晶系に属し，水分子間距離が 275 pm 程度で，1 個の水分子に 4 個の水分子が水素結合し，中心の水分子は正四面体的な構造[2]をとっている。そのために，水分子が囲んで作る空間は図 5-2 の太線で示すように空孔となっており，その大きさは半径約 350 pm の球に相当するほどである[3]。水に関する 2 状態モデルによれば，氷の温度が上昇すると水分子間の水素結合が切れ，いくつかの水分子がこの大きな空孔の中に入り込み得るので，水の体積は氷の場合に比べて小さくなり，密度が増加するものと考えられている。連続体モデルに従えば，水分子間の水素結合が四面体的構造（結合角が 109.5°）からゆがみ，すき間の部分に曲がりくねって水分子が入り込んできたものと解釈される。い

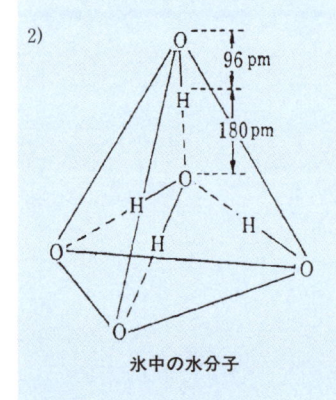

2)

氷中の水分子

3) 氷はなぜ水に浮くのか？
氷の密度は 0.917 g/cm^3 で，水の密度 1.0 g/cm^3 に比べて密度が小さいので氷は水に浮く。氷の密度が小さいのは，六角形の構造の真ん中にすき間があり，かさばった構造をしているからである。水は液体なので分子の自由度があり，六角形の真ん中のすきまにも動くことができるので密な構造になる。氷山が海に浮かぶのはこの理由である。

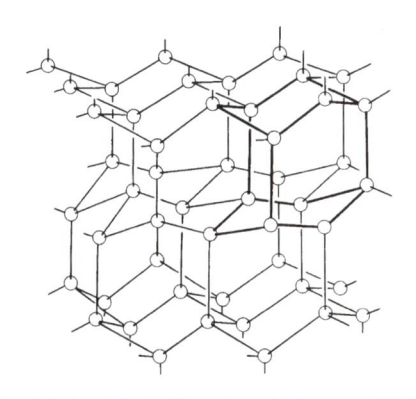

図 5-2　氷（六方晶系の通常の氷，氷-I_h とよばれる）の分子
（太線の部分は水分子がつくる氷の中の空孔を表す。）
（大瀧仁志：「溶液の化学」，大日本図書（1987））

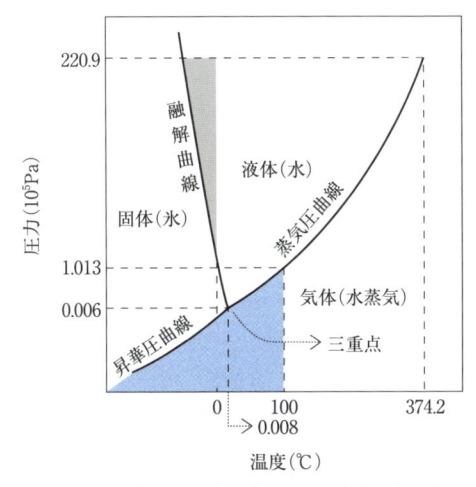

図 5-3　水（H_2O）の相図

■ 0℃以下でも圧力をかけると氷は水になる。
（アイススケートで滑るときの原理）

■ 圧力が小さいと，100℃以下でも水が気体になっている。

ずれにしても，氷のもつすき間の多い構造が，水素結合が切れたりあるいはゆがんだりしたために，所定の位置からずれてきた水分子によってより密に充填されるために，水は氷より密度が大きくなるのである。

5.1.3　水の状態図

水と氷は 1 気圧（$1.01325×10^5$ Pa）下では 0 ℃で平衡になるが，圧力が高くなると水と氷とが共存する温度はしだいに低くなる。1 気圧高くなるごとに，氷の融点は $7.51×10^{-3}$ ℃ずつ低くなる。

氷と水と水蒸気の 3 相が平衡状態で共存する点を三重点とよんでいる

（図 5-3）。この点の温度および圧力はそれぞれ 0.01℃ および 6.106×10^2 Pa（6.026×10^{-3} 気圧）である。

水を急冷すると水分子が格子点に規則正しく配列する時間的余裕がないために乱雑な配置をしたまま固体となり，ガラス状の氷が得られる。このようなガラス状の氷は，水の分子配列がそのまま固定されてしまった状態に近いものと考えられている。

氷を加熱しても水となるが，上に述べたように氷を加圧しても水になる。スケート靴が氷の上ではよく滑るがガラス板の上では滑らないことは，スケート靴の刃の先が氷の表面に接触し，部分的に強い圧力を与えてその部分を液化し，スケート靴と氷との接触面を滑らかにするためといわれている。

水は 1 気圧下では 100℃ で沸騰し水蒸気となるが，圧力が高くなると沸点は上昇し，臨界圧力（220.9×10^5 Pa），臨界温度（374.2℃）で水と水蒸気は区別がつかなくなる（臨界状態）。氷と水との間にはこのような臨界点はみられない。

5.1.4　溶媒[4] としての水の性質

水は水の構造で述べたように極性分子で，他の多くの極性分子と水素結合を作りやすく，また水分子相互間での水素結合形成によりいろいろな大きさや形状の**クラスター**を形作っている。そのため，多くの物質に特異的に付加したり反応したりする性質がある。

水分子は極性が強いので，いろいろの分子やイオンと結合することができる。たとえば食塩水を水に溶かすと，水分子は食塩の Na^+ あるいは Cl^- と引き合って食塩の結晶をこわし，各イオンは水分子と結合した状態で水中にちらばっている。有機化合物でも，アルコールのように水分子との間で水素結合を作る物質は，水和状態になって水に溶けている。水和は発熱反応であるが，溶質の分子やイオンが溶質粒子間の化学結合を切って水中に分散するさいに吸熱が起こるので，結局物質を水に溶かしたさいの溶解熱は，主として水和と分散にともなう熱量の合計で示される。

5.1.5　イオンの水和
極性分子の水への溶解

イオン結晶が水に入ると，結晶の陽イオンと陰イオンの間には水分子が入り込んで，両イオン間の電気的引力を弱める。そして両イオンは熱運動によって引き離され，水溶液中に裸のイオンで放たれるが，このイオンは直ちに水の異電荷部分を引き寄せて結合し安定化する。この現象

[4]
溶液（solution）：2つ以上の成分を含む混合物が液体の場合をいう
溶媒（solvent）：溶液中で多量に存在する成分
溶質（solute）：溶媒に溶解している成分
溶解（melting, dissolution, liquefaction）：溶質が溶媒に均一にまじっていく現象

を**水和**（hydration）とよぶ。水和したイオンは**水和イオン**あるいは**アクアイオン**（aqua ion）という。裸のイオンと水との結合は，遷移金属イオンなどでは配位結合が，アルカリ金属イオンではイオン－双極子間の静電的引力が主であるといわれている。

極性分子の水への溶解とイオン解離の過程は次のように考えられる。溶質の極性分子が極性の溶媒である水に入ってくると，

① $δ+$ へは水の非共有電子対の部分で，$δ-$ へは H 原子の部分で水分子と溶質分子の両双極子の間には静電的な引力が働き，溶質分子のまわりにいくつもの水分子が結合した状態（図 5-4(a)）になる。

② このとき溶媒分子は溶質の正に荷電した部分に電子対を与え，また溶媒分子の正に帯電した部分は溶質の負に荷電した部分からいくらかの電子対を受け取るだろう。そうすると溶質中の正と負の部分の相互作用は弱まる。また，溶媒分子の接近により溶質と同じ符号同士の反発がはじまる。その結果溶質中の正，負に荷電した部分が離れはじめる（図 5-4(b)）。

超純水とは

理論的な水の電気伝導率は0.054 79 $μS/cm$（25 ℃）で，電気抵抗率で$18.25×10^6$ $Ωcm$ であり，絶縁体と考えられる。

超純水とは理論的な水の電気伝導率に限りなく近い水のことをいい，一般に電気伝導率 0.06 $μS/cm$ 以下の水をさしている。超純水は通常一次処理した高純水をさらにイオン交換装置や逆浸透膜純水製造装置を用い無機イオン等を除去し，脱気装置で溶存酸素を除き，限外濾過装置等で固形粒子等を除去して精製している。一般分析用水として超純水を製造する装置として，図にカートリッジタイプの製造装置の例をしめす。

この装置は，一次処理した高純水を原水として，無機イオン，有機物，微粒子，微生物，コロイドを除去し，最高純度の超純水を供給するとしている。カートリッジの部分は活性炭，イオン交換樹脂，メンブレンフィルター，UV ランプなどを組み合わせて用途に合わせている。
（資料提供：日本ミリポア株式会社）

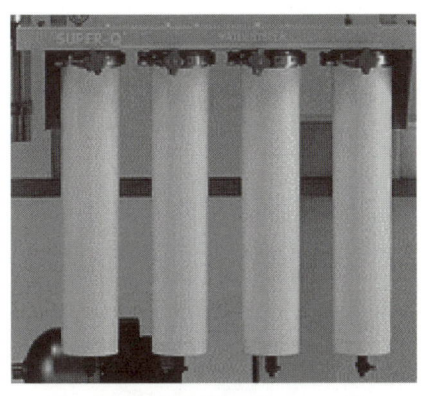

図　超純水製造装置（Super-Q）のカートリッジの部分

(a)　　　　　　　　　(b)

(c)

H 原子の部分

= 水分子

非共有電子対の部分

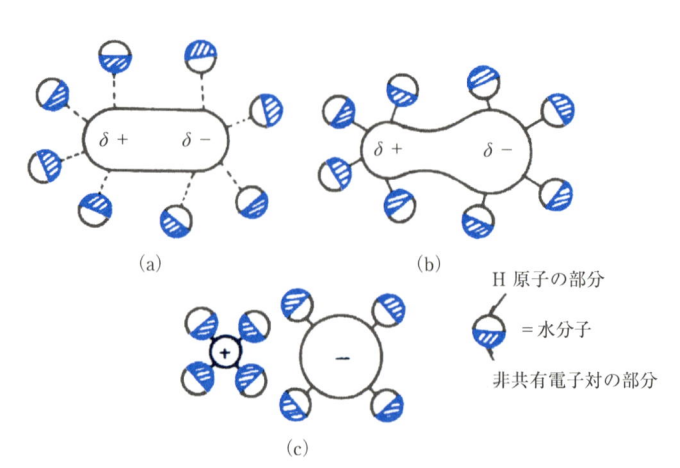

図 5-4　極性分子と水分子の相互作用
（電気化学協会編：「若い技術者のための"電気化学"」，丸善（1983））

③　このため，溶媒分子と水分子の静電的な相互作用はさらに強くなり，溶質分子は最後には陽イオンと陰イオンに分裂する。分裂したイオンは水が強く水和した状態で溶液中に分散する（図5-4(c)）。

このように，極性分子からなる物質の溶解は，しばしばその分子中の共有結合を引きちぎってしまうほどの，水分子と極性分子との間の強い相互作用によって起こる。

水和数

イオン1個当たりに結合している水分子の数を水和数（hydration number）という。

イオンの水和モデルとして**フランク・ウェン（Frank-Wen）の水和モデル**がある（図5-5）。このモデルのA領域では水はイオン―双極子相互作用によりイオンに強く引き付けられ配向している[5]。この領域の

5) Frank-Wen モデルを精密化したモデルとして Bockris-Saluja のモデルがある。Frank-Wen モデルはA領域の水分子はすべて中心イオンに強く配向しているとしたが，Bockris-Saluja のモデルではA領域の水分子のうち外側の水分子と水素結合し，B領域の水と交換速度の速い水分子があるとした。

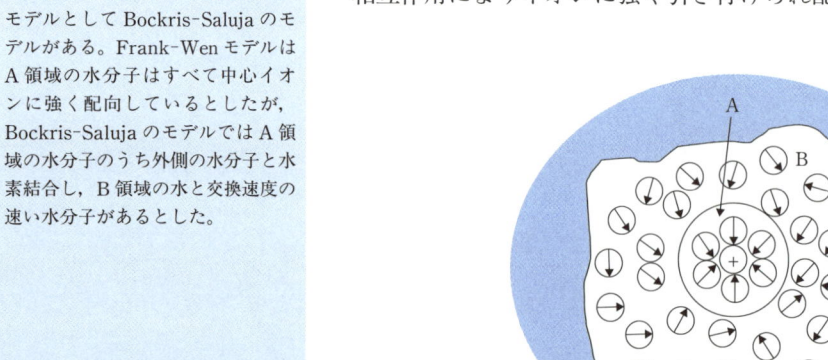

図 5-5　フランク・ウエンの水和モデル
矢印は水分子の配向方向を示す

表 5-1　イオンの水和数

イオン	NMR法	X線回折法	イオン	NMR法	X線回折法
Li^+	3.0	4	Ni^{2+}	6.0	6
Na^+	3.5	4	Cd^{2+}	4.6	6
K^+	3.0	4	Zn^{2+}		6
Mg^{2+}	6.0		Al^{3+}	6.0	
Ca^{2+}	6.0		Cl^-	1.0	6
Fe^{2+}	6.0	6	Br^-	1.0	6
Co^{2+}	6.0	6	I^-	1.0	6

水は**1次水和水**とよばれる。B領域では1次水和水で作る殻に，さらに静電的引力により結びついている水分子である。中心イオンから遠くなるにつれイオンの電場は弱くなり，構造性が低い。この領域の水は**2次水和水**とよばれる。C領域はバルク層の水である。

水和数の測定法によっては，1次水和水のみを測定する場合もあり，あるいは2次水和水の一部または全部をも含めて測定される場合もある。これは1次水和水と2次水和水の間に，あまりはっきりしたエネルギーの差がないためである。

水和数の決定は各種の方法で行われてきたが，最近では主として，X線回折法（X-ray diffractometry）や核磁気共鳴法（NMR法, nuclear magnetic resonance）によって行われている。X線回折法はイオンの近傍にある水分子の時間的平均数を決定する。中心イオンと水分子の結合の強さにはあまり関係なく，イオンのまわりのすべての水を水和数として検出する。NMR法は水和している水とバルクの水の交換速度を測定でき，交換速度の遅いすなわちイオンと強く結合している水和水の測定が可能である。表5-1に，両法によって決定されたいくつかのイオンの水和数の値を示す。図5-6にX線・中性子回折の併用により

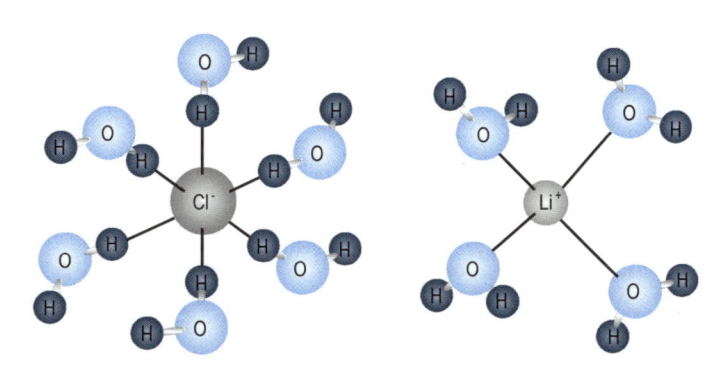

Cl^- のまわりの水分子の配置　　　Li^+ のまわりの水分子の配置

図 5-6　イオンの水和

決定された Li^+，Cl^- の周りの水分子の配向を示した。

5.1.6 無機化合物への水の付加

無機化合物に水が付加して別種の化合物が生じる反応が知られている。たとえば一般に，生石灰（CaO）に水が水和して消石灰（$Ca(OH)_2$）ができると言われている。

$$CaO + H_2O \rightleftharpoons Ca(OH)_2 \tag{5-1}$$

別の例をあげると，大気汚染で問題になる亜硫酸ガス（SO_2）は水に溶けると次のように反応する。

$$SO_2 + H_2O \rightleftharpoons H_2SO_3 \tag{5-2}$$

亜硫酸（H_2SO_3）は不安定で遊離の状態では得られていないが，水に溶けた SO_2 の大部分は上式のように水和した形で存在する。この水溶液を冷却すると，気体である SO_2 の水和物 $SO_2 \cdot 6H_2O$ が析出する。つまり亜硫酸ガスを水に溶かすと，2 種類の全く違った水和物が得られる。

5.2 ● 酸 と 塩 基

5.2.1 酸と塩基の定義

(1) アレニウス（Arrhenius）の定義

1887 年，アレニウス（S. A. Arrhenius, 1859-1927）はイオン説を提出し，酸・塩基の定義をした。

セメントの水和

セメントの水による硬化は，身近なところでよく経験する代表的な無機化合物の水和である。代表的なセメントである普通ポルトランドセメントの組成は，$3CaO \cdot SiO_2$ 52 %，$2CaO \cdot SiO_2$ 24 %，$3CaO \cdot Al_2O_3$ 9 %，$4CaO \cdot Al_2O_3 \cdot Fe_2O_3$ 9 %，そのほか石膏（$CaSO_4 \cdot 2H_2O$）等となっている。セメントに水を添加すると，主に次のような反応，すなわち，水和反応がまず起きることが知られている。

$2[3CaO \cdot SiO_2] + 6H_2O \longrightarrow 3CaO \cdot 2SiO_2 \cdot 3H_2O + 3Ca(OH)_2$ ①

$2[2CaO \cdot SiO_2] + 4H_2O \longrightarrow 3CaO \cdot 2SiO_2 \cdot 3H_2O + Ca(OH)_2$ ②

$3CaO \cdot Al_2O_3 + 6H_2O \longrightarrow 3CaO \cdot Al_2O_3 \cdot 6H_2O$ ③

$4CaO \cdot Al_2O_3 \cdot Fe_2O_3 + 2Ca(OH)_2 + 10H_2O$
$\longrightarrow 2[3CaO \cdot (Al_2O_3, Fe_2O_3) \cdot 6H_2O]$ ④

もちろん実際の反応は複雑で，上記のようなきれいな式で書けるような反応が起きているわけではないが，上式はセメントの硬化反応が水和物（コロイド状水和物）を生成して硬化する「水和硬化」反応であることを示している。

酸（acid）とは水素化合物であって，水溶液中で水素イオンを生じるものであり，**塩基**（base）とは水酸化物であって水溶液中で水酸化物イオンを生じるものであると定義した。

$$
\begin{aligned}
&\text{酸} \quad \text{塩酸：} HCl \rightleftharpoons H^+ + Cl^- &&(5\text{-}3)\\
&\quad\quad \text{硫酸：} H_2SO_4 \rightleftharpoons H^+ + HSO_4^- &&\\
&\quad\quad\quad\quad\quad HSO_4^- \rightleftharpoons H^+ + SO_4^{2-} &&(5\text{-}4)\\
&\text{塩基} \quad \text{水酸化ナトリウム：} NaOH \rightleftharpoons Na^+ + OH^- &&(5\text{-}5)\\
&\quad\quad \text{水酸化カルシウム：} Ca(OH)_2 \rightleftharpoons Ca^{2+} + 2OH^- &&(5\text{-}6)
\end{aligned}
$$

しかし，この定義では二酸化硫黄 SO_2 や二酸化炭素 CO_2 は酸ではなく，アンモニア NH_3 やアミン類は塩基ではない。このように，それ自身の電離によっては水素イオンあるいは水酸化物イオンを生じないにもかかわらず，その水溶液が明らかに酸性あるいあはアルカリ性を示す事実を説明できない。

(2) ブレンステッド・ローリー（Brönsted-Lowry）の定義

1923年，ブレンステッド（J. N. Brönsted, 1897-1947）とローリー（T. M. Lowry, 1874-1936）は，それぞれ独立に，同じような酸・塩基の定義を発表した。

酸とはプロトンを与えることのできる物質，塩基とはプロトンを受け取ることの出来る物質と定義した。酸と塩基の関係を

$$\text{酸＝塩基＋プロトン} \tag{5-7}$$

のように表した。これより，**酸とはプロトンを放出し得る物質，すなわちプロトン供与体（proton donor）であり，塩基とはプロトンを受け入れ得る物質，すなわちプロトン受容体（proton acceptor）である**[6]。

しかし，酸から放出されたプロトンはそれ単独では存在できず，必ずこれを受け入れる物質，すなわち塩基が存在しなければならない。この役目を果たすのが溶媒である。

酸 HA を水に溶かすと

プロトン

H^+ 自身を示す場合は，プロトンという名称を用いる。プロトンは正電荷をもち，かつ非常に小さいので反応性に富み，水溶液中では水と結合してオキソニウムイオン（H_3O^+）として存在する。「水素イオン」は通常「オキソニウムイオン」と同義に用いられる。

---

[6] 一般の酸と塩基との反応

$$\underset{\text{酸}\quad\text{塩基}\quad\text{酸}\quad\text{塩基}}{HA + B \rightleftharpoons BH^+ + A^-}$$

共役／共役

この定義で酸 HA と塩基 B との反応は酸 HA の共役塩基 A^- と塩基 B とのプロトンに対する競争反応である。

$$\text{HA} + \text{H}_2\text{O} \rightleftarrows \text{H}_3\text{O}^+ + \text{A}^-$$
酸(Ⅰ) 塩基(Ⅱ) 酸(Ⅱ) 塩基(Ⅰ)

(上部:HA と A⁻ が共役, 下部:H₂O と H₃O⁺ が共役)

(5-8)

という平衡が成立する。HA はプロトンを溶媒である水分子に与えているので酸であり，水はプロトンを受け取っているので塩基である。逆反応では，H_3O^+ はプロトンを与えているので酸であり，A^- はプロトンを受け取っているので塩基である。酸(Ⅰ)HA と塩基(Ⅰ)A^-，酸(Ⅱ)H_3O^+ と塩基(Ⅱ)H_2O はそれぞれ互いに共役（conjugate）であるといわれる。酸の電離の例を次に示す。

酸(Ⅰ)　　　塩基(Ⅱ)　　酸(Ⅱ)　　塩基(Ⅰ)

$$\text{CH}_3\text{COOH} + \text{H}_2\text{O} \rightleftarrows \text{H}_3\text{O}^+ + \text{CH}_3\text{COO}^- \quad (5\text{-}9)$$

$$\text{NH}_4^+ + \text{H}_2\text{O} \rightleftarrows \text{H}_3\text{O}^+ + \text{NH}_3 \quad (5\text{-}10)$$

$$[\text{Al}(\text{H}_2\text{O})_6]^{3+} + \text{H}_2\text{O} \rightleftarrows \text{H}_3\text{O}^+ + [\text{Al}(\text{H}_2\text{O})_5(\text{OH})]^{2+}$$

(5-11)

$[\text{Al}(\text{H}_2\text{O})_6]^{3+}$ はブレンステッド・ローリーの定義による酸であり，酢酸と同程度の酸である。

塩基 B を水に溶かすと，次式の平衡が成立する。

$$\text{B} + \text{H}_2\text{O} \rightleftarrows \text{OH}^- + \text{BH}^+$$
塩基(Ⅰ) 酸(Ⅱ) 塩基(Ⅱ) 酸(Ⅰ)

(上部:B と BH⁺ が共役, 下部:H₂O と OH⁻ が共役)

(5-12)

塩基の電離の例を次に示す。

塩基(Ⅰ)　　酸(Ⅱ)　　塩基(Ⅱ)　　酸(Ⅰ)

$$\text{NH}_3 + \text{H}_2\text{O} \rightleftarrows \text{OH}^- + \text{NH}_4^+ \quad (5\text{-}13)$$

$$\text{CN}^- + \text{H}_2\text{O} \rightleftarrows \text{OH}^- + \text{HCN} \quad (5\text{-}14)$$

$$\text{CH}_3\text{NH}_2 + \text{H}_2\text{O} \rightleftarrows \text{OH}^- + \text{CH}_3\text{NH}_3^+ \quad (5\text{-}15)$$

これらの例でわかるように，水は相手の反応物質によっては，酸としても塩基としても作用する。

酸とそれに共役な塩基の強さは (5-7) 式の平衡を考えることによって示される。酸が強ければプロトンを放出する傾向が強く，平衡は右へずれる。これは，逆反応を考えると塩基がプロトンを受け取る傾向が弱いことである。したがって，強い酸に共役な塩基は弱塩基である。一般

に強い酸ほどそれに共役な塩基は弱く，強い塩基ほどそれに共役な酸は弱い。

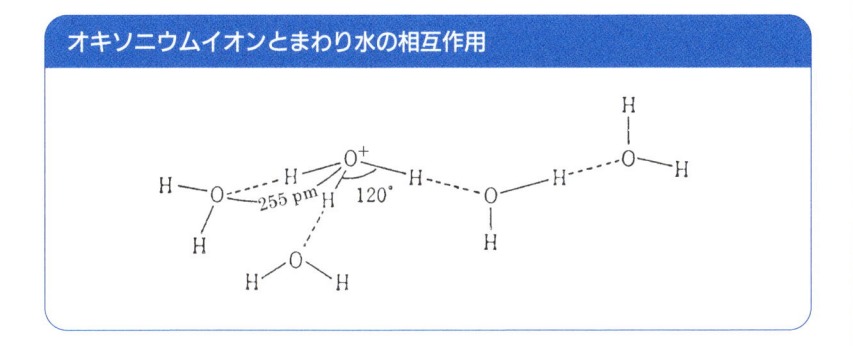

オキソニウムイオンとまわり水の相互作用

(3) 非水溶媒中の酸塩基反応

酸の強さは溶媒のプロトン受容性に依存し，塩基の強さは溶媒のプロトン供与性に依存する。プロトン受容性の弱い溶媒，たとえば次の酢酸中では水溶液で強酸であった酸はあまり右に進まない。

$$HA + CH_3COOH \rightleftharpoons CH_3COOH_2^+ + A^- \qquad (5\text{-}16)$$

すなわち，水溶液中での強酸は酢酸の中ではむしろ弱酸といってよく，酸としての強さの差がはっきり現われる。酢酸中での当量電気伝導率の測定から，これら強酸の強さは

$$HClO_4 > HBr > H_2SO_4 > HCl > HNO_3 \qquad (5\text{-}17)$$

の順であることがわかっている。

(4) ルイスの定義

1923 年，ルイス（G. N. Lewis）はブレンステッドとローリーの定義が提出された同じ時期に，さらに幅広い一般性のある酸と塩基の定義を提出した。

酸とはほかの物質から電子対を受け取るものであり，塩基とはほかの物質へ電子対を与えるものである。すなわち，**酸とは電子対受容体であり，塩基とは電子対供与体である。**このことは，酸とは電子対供与体の非共有電子対を共有できる空の電子軌道をもち，塩基とは電子対受容体と共有できる非共有電子対をもつものであるといえる。反応の例を次に示す[7]。

酸	塩基		配位化合物	
H^+ + $[\ddot{:}\ddot{O}:H]^-$	$\rightleftharpoons$	$H:\ddot{O}:H$	(5-18)

[7] このような酸と塩基との反応の結果生じる塩は配位化合物である。ルイスの酸塩基反応および生成した配位化合物を研究することは化学反応の大部分を研究することになる。

ルイスの酸である金属イオンと塩基の反応は錯体形成反応である。錯体生成反応の例としては次のような反応がある。

$Cr^{3+} + 6\,H_2O \rightleftharpoons [Cr(H_2O)_6]^{3+}$
$Cu^{2+} + 4\,NH_3 \rightleftharpoons [Cu(NH_3)_4]^{2+}$
$Ag^+ + 2\,CN^- \rightleftharpoons [Ag(CN)_2]^-$

$$\begin{array}{c}\ddot{:}\ddot{Cl}\ddot{:}\\ \ddot{:}\ddot{Cl}\ddot{:}B\ \ \\ \ddot{:}\ddot{Cl}\ddot{:}\end{array} + \begin{array}{c}H\\ \ddot{:}N\ddot{:}H\\ H\end{array} \rightleftharpoons \begin{array}{c}\ddot{:}\ddot{Cl}\ddot{:}H\\ \ddot{:}\ddot{Cl}\ddot{:}B\ddot{:}N\ddot{:}H\\ \ddot{:}\ddot{Cl}\ddot{:}H\end{array} \quad (5\text{-}19)$$

$$AgCl + 2 \begin{array}{c}H\\ \ddot{:}N\ddot{:}H\\ H\end{array} \rightleftharpoons \left[\begin{array}{c}H\ \ \ \ \ H\\ \ddot{:}\ \ \ \ \ \ddot{:}\\ H\ddot{:}N\ddot{:}Ag\ddot{:}N\ddot{:}H\\ \ddot{:}\ \ \ \ \ \ddot{:}\\ H\ \ \ \ \ H\end{array}\right]^+ + Cl^- \quad (5\text{-}20)$$

このように，Lewis の酸・塩基反応は配位化合物の生成反応とみなすことができる。錯体形成反応は Lewis の酸・塩基反応となる。水溶液を取り扱う限りはブレンステッド・ローリーの定義で十分である。

5.2.2 水の電離平衡

水はプロトン供与性とプロトン受容性の両方の性質をもっているので，次の電離平衡を考えることができる。

$$H_2O + H_2O \rightleftharpoons H_3O^+ + OH^- \quad (5\text{-}21)$$
酸（I） 塩基（II） 酸（I） 塩基（II）

このように，水は自己解離してオキソニウムイオンと水酸化物イオンを生じる。この解離の平衡定数は

$$K = \frac{a_{H_3O^+} a_{OH^-}}{a_{H_2O}^2} \quad (5\text{-}22)$$

となる。

水は大量にあるから，a_{H_2O} を一定とみなし，活量の代わりに濃度で表すと

$$K_w = [H_3O^+][OH^-] \quad (5\text{-}23)$$

と書くことができる。K_w は**水のイオン積**（ionic product）とよばれ，一定温度では一定の値をとる。K_w の値は希薄な酸と塩基からなる電池の起動力の測定から求める方法や，純水の導電率の測定から求める方法がある。表5-2に各温度における値を示している。

表 5-2 水のイオン積

温度（℃）	0	10	20	25	30	40	50
$K_w(\times 10^{-14})$	0.11	0.29	0.68	1	1.47	2.92	5.47

25℃ では，

$$K_w = [H_3O^+][OH^-] = 1.00 \times 10^{-14} (mol/L)^2 \quad (5\text{-}24)$$

$$pH + pOH = 14 \quad (5\text{-}25)$$

ここで,

$$pH = -\log a_{H_3O^+} = -\log [H_3O^+] \quad (5\text{-}26)$$
$$pOH = -\log a_{OH^-} = -\log [OH^-] \quad (5\text{-}27)$$

純粋な水は,25℃では $[H_3O^+] = [OH^-] = 10^{-7}$ mol/L であるので,$[H_3O^+] > 10^{-7}$(pH<7)で酸性,$[H_3O^+] < 10^{-7}$(pH>7)で塩基性である。

5.2.3 弱酸と弱塩基の電離[8]

(1) 弱酸水溶液の電離

濃度 c mol/L,解離度 α の弱酸 HA の電離平衡は

$$\begin{array}{ccccc} HA & + & H_2O & \rightleftharpoons & H_3O^+ & + & A^- \\ c(1-\alpha) & & & & c\alpha & & c\alpha \end{array} \quad (5\text{-}28)$$

で表され,その平衡定数は,$[H_2O]$ を一定として

$$K_a = \frac{[H_3O^+][A^-]}{[HA]} = \frac{c\alpha^2}{1-\alpha} \quad (5\text{-}29)$$

[8] 以後の議論においては,特別な場合を除いて活量の代わりに濃度([ ])で表すことにする。

pHスケール

$[OH^-]$ mol/L	$[H^+]$	pH	
10^{-14}	10^{-0}	0	バッテリー液
10^{-13}	10^{-1}	1	
10^{-12}	10^{-2}	2	胃液, レモンジュース
10^{-11}	10^{-3}	3	食酢, ワイン
10^{-10}	10^{-4}	4	オレンジジュース, ビール
10^{-9}	10^{-5}	5	コーヒー
10^{-8}	10^{-6}	6	清浄大気中の降水
10^{-7}	10^{-7}	7	牛乳, 純水, 血液
10^{-6}	10^{-8}	8	海水
10^{-5}	10^{-9}	9	
10^{-4}	10^{-10}	10	石鹸
10^{-3}	10^{-11}	11	
10^{-2}	10^{-12}	12	写真現像液, 石炭水
10^{-1}	10^{-13}	13	
10^{-0}	10^{-14}	14	

(酸性霧:pH約2〜4,酸性雨:pH約3〜6)

(片岡正光,竹内浩士:「酸性雨と大気汚染」,三共出版(1998))

と書くことができる。K_a を**酸解離定数**とよぶ。電離度が小さい場合は $1-\alpha \approx 1$ とおけるから，(5-29) 式から

$$\alpha = \sqrt{\frac{K_a}{c}} \tag{5-30}$$

したがって

$$[H_3O^+] = [A^-] = c\alpha = \sqrt{K_a c} \tag{5-31}$$

となり，弱酸水溶液の $[H_3O^+]$ は弱酸の濃度と電離定数から計算することができる。(5-31) 式を pH で表すと

$$\mathrm{pH} = \frac{1}{2}(\mathrm{p}K_a - \log c) \tag{5-32}$$

となる。ここで $\mathrm{p}K_a = -\log K_a$ で，$\mathrm{p}K_a$ が小さいほど強い酸である。

解離するプロトンが2個以上存在する多塩基酸では，逐次解離する。例としてリン酸の解離を考える。そのリン酸の滴定曲線を図 5-7 に示す。

$$H_3PO_4 + H_2O \rightleftharpoons H_3O^+ + H_2PO_4^-$$

$$K_{a1} = \frac{[H_3O^+][H_2PO_4^-]}{[H_3PO_4]} \tag{5-33}$$

$$H_2PO_4^- + H_2O \rightleftharpoons H_3O^+ + HPO_4^{2-}$$

$$K_{a2} = \frac{[H_3O^+][HPO_4^{2-}]}{[H_2PO_4^-]} \tag{5-34}$$

$$HPO_4^{2-} + H_2O \rightleftharpoons H_3O^+ + PO_4^{3-}$$

$$K_{a3} = \frac{[H_3O^+][PO_4^{3-}]}{[HPO_4^{2-}]} \tag{5-35}$$

表 5-3 に代表的な酸解離定数を示している。

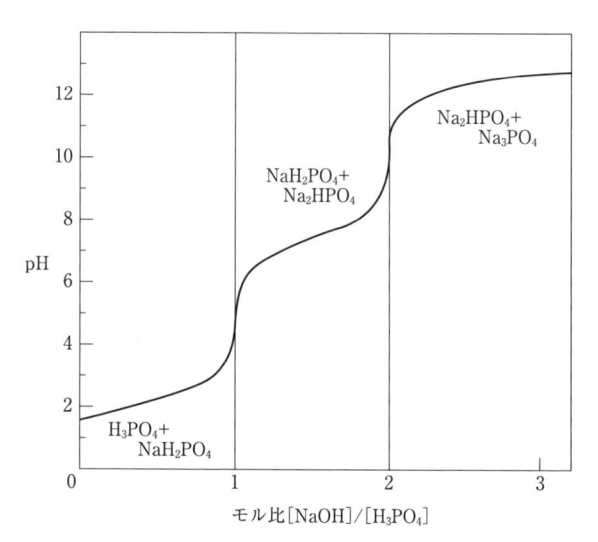

図 5-7 リン酸の滴定曲線

表 5-3　酸解離定数[9]（25℃）

酸の名称	酸	共役塩基	K_a	pK_a
過塩素酸[10]	$HClO_4$	ClO_4^-	$ca.10^{10}$	−10
塩酸	HCl	Cl^-	$ca.10^7$	−7
硝酸	HNO_3	NO_3^-	$ca.10^5$	−5
硫酸	H_2SO_4	HSO_4^-	$ca.10^3$	−3
オキソニウムイオン	H_3O^+	H_2O	55.4	−1.74
シュウ酸	$H_2C_2O_4$	$HC_2O_4^-$	$5.9×10^{-2}$	1.23
硫酸水素イオン	HSO_4^-	SO_4^{2-}	$2×10^{-2}$	1.70
リン酸	H_3PO_4	$H_2PO_4^-$	$7.5×10^{-3}$	2.12
ヘキサアクア鉄(III)イオン	$[Fe(H_2O)_6]^{3+}$	$[Fe(OH)(H_2O)_5]^{2+}$	$6.3×10^{-2}$	2.20
フッ化水素酸	HF	F^-	$7.2×10^{-4}$	3.14
ギ酸	$HCOOH$	$HCOO^-$	$1.75×10^{-4}$	3.75
酢酸	CH_3COOH	CH_3COO^-	$1.77×10^{-5}$	4.76
ヘキサアクアアルミニウム(III)イオン	$[Al(H_2O)_6]^{3+}$	$[Al(OH)(H_2O)_5]^{2+}$	$1.3×10^{-6}$	4.89
炭酸	H_2CO_3	HCO_3^-	$4.3×10^{-7}$	6.37
リン酸二水素イオン	$H_2PO_4^-$	HPO_4^{2-}	$6.2×10^{-8}$	7.21
硫化水素	H_2S	HS^-	$5.7×10^{-8}$	7.24
ヘキサアクア亜鉛(II)イオン	$[Zn(H_2O)_6]^{2+}$	$[Zn(OH)(H_2O)_5]^+$	$6.3×10^{-9}$	8.80
リン酸一水素イオン	HPO_4^{2-}	PO_4^{3-}	$4.8×10^{-13}$	12.32
ヘキサアクアカルシウム(II)イオン	$[Ca(H_2O)_6]^{2+}$	$[Ca(OH)(H_2O)_5]^+$	$2.5×10^{-13}$	12.60
硫化水素	HS^-	S^{2-}	$1.2×10^{-15}$	14.92
水	H_2O	OH^-	$1.07×10^{-24}$	15.97
水酸化物イオン	OH^-	O^{2-}	$ca.10^{-24}$	24.00

[9] 酸の分類
$pK_a<1$ 強酸
$pK_a>1$ 弱酸
（1〜2 比較的強い，3〜6 普通，7〜10 弱い，11〜13 極めて弱い，14 以上非解離とみなせる）

[10]
$HClO_4$　過塩素酸
　　　　（perchloric acid）
$HClO_3$　塩素酸
　　　　（chloric acid）
$HClO_2$　亜塩素酸
　　　　（chlorous acid）
$HClO$　次亜塩素酸
　　　　（hypochlorous acid）

(2) 弱塩基水溶液の電離

濃度 c mol/L，解離度 α の弱塩基の水溶液の電離平衡は

$$B + H_2O \rightleftharpoons OH^- + BH^+ \quad (5\text{-}36)$$
$$c(1-\alpha) \qquad c\alpha \quad c\alpha$$

で表され，平衡定数は $[H_2O]=$ 一定とすると

$$K_b = \frac{[OH^-][BH^+]}{[B]} = \frac{c\alpha^2}{1-\alpha} \quad (5\text{-}37)$$

となる。K_b は**塩基解離定数**とよばれる。以下，弱酸の場合と全く同様にして次の諸式が得られる。

$$[OH^-] = c\alpha = \sqrt{K_b c} \quad (5\text{-}38)$$
$$[H_3O^+] = K_w/[OH^-] = K_w/\sqrt{K_b c} \quad (5\text{-}39)$$
$$pH = pK_w - \frac{1}{2}(pK_b - \log c) \quad (5\text{-}40)$$

ここで，$pK_w = -\log K_w$，$pK_b = -\log K_b$ である。pK_b の値が小さいほど強い塩基である。

天然における酸塩基反応では二酸化炭素が重要な役割をしている。図 5-8 に二酸化炭素の循環と働きを示している。

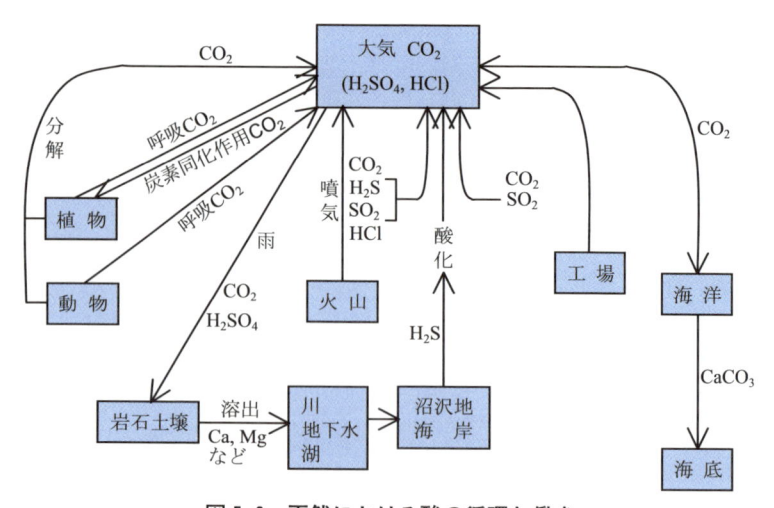

図 5-8　天然における酸の循環と働き
(田中元治:「酸と塩基」, 裳華房 (1983))

5.2.4 塩の加水分解

(1) 強酸と強塩基の塩[11]

強酸と強塩基の反応, たとえば HCl と NaOH の反応はほとんど完全に右に進行し, 正味の反応は

$$(H_3O^+ + Cl^-) + (Na^+ + OH^-) \rightleftarrows 2H_2O + Na^+ + Cl^- \quad (5\text{-}41)$$

となり水の生成反応である。この塩は**加水分解**[12]を受けず, 中性を示す。

(2) 弱酸と強塩基の塩[13]

例として CH_3COONa を考えよう。

$$CH_3COONa \longrightarrow CH_3COO^- + Na^+ \quad (5\text{-}42)$$

この塩は完全に電離すると考えられる。CH_3COOH に共役な CH_3COO^- は強い塩基であるので水からプロトンを奪い, 溶液はアルカリ性を示す。

$$CH_3COO^- + H_2O \rightleftarrows CH_3COOH + OH^- \quad (5\text{-}43)$$

$$K_h = \frac{[CH_3COOH][OH^-]}{[CHCOO^-]} = \frac{[CH_3COOH][OH^-][H^+]}{[CH_3COO^-][H^+]} = \frac{K_w}{K_a}$$

$$(5\text{-}44)$$

K_h は加水分解定数 (hydrolysis constant) とよばれる。K_a は酢酸の解離定数である。最初の CH_3COONa の濃度を c mol/L, 平衡に達したときに加水分解を受けた度合, すなわち加水分解度を x とすると,

$$[CH_3COO^-] = c(1-x), \quad [CH_3COOH] = [OH^-] = cx$$

であるから (5-44) 式は

---

11) NaCl, KNO₃ などの塩

12) 弱酸あるいは弱塩基から, またはその両方から生成した塩が, 水と反応してもとの酸あるいは塩基を再生する反応を, 加水分解 (hydrolysis) または加水解離という。この反応は水以外の溶媒でも起こり, 一般に溶媒化分解 (solvolysis) という。

13) CH₃COOH, KCN, Na₂CO₃ などの塩

$$K_h = \frac{cx^2}{1-x} \tag{5-45}$$

$x \ll 1$ とすれば

$$x \approx \sqrt{\frac{K_h}{c}} = \sqrt{\frac{K_W}{K_a c}} \tag{5-46}$$

$$[H^+] = \frac{K_W}{[OH^-]} = \frac{K_W}{cx} = \sqrt{\frac{K_a K_W}{c}} \tag{5-47}$$

$$pH = \frac{1}{2} pK_W + \frac{1}{2} pK_a + \frac{1}{2} \log c \tag{5-48}$$

(5-46) 式から，塩の全濃度が小さいほど，また弱酸の K_a が小さいほど加水分解が進行することがわかる。

図 5-9 の例のように強塩基による弱酸の滴定の当量点では生成した塩の加水分解が起こり，式 (5-48) による pH を示すことになる。

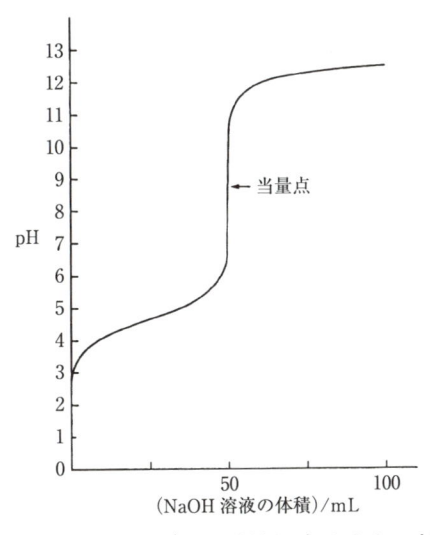

図 5-9　0.1 mol/L NaOH による 0.1 mol/L CH$_3$COOH (50 mL) の滴定曲線

(3) 強酸と弱塩基の塩[14]

NH$_4$Cl を例にとって考えよう。電離によって生じる NH$_4^+$ は，弱塩基 NH$_3$ に共役な強い酸であるので，次式に示すように水にプロトンを与え溶液は酸性を示す。

$$NH_4^+ + H_2O \rightleftharpoons H_3O^+ + NH_3 \tag{5-49}$$

K_h は次式で与えられる。

$$K_h = \frac{[H_3O^+][NH_3]}{[NH_4^+]} = \frac{K_W}{K_b} = \frac{cx^2}{1-x} \tag{5-50}$$

[14] NH$_4$Cl, CuSO$_4$, Al$_2$(SO$_4$)$_3$ などの塩

$x \ll 1$ とすると

$$x \approx \sqrt{\frac{K_w}{K_b c}} \tag{5-51}$$

$$[H^+] = cx \approx \sqrt{K_w \frac{c}{K_b}} \tag{5-52}$$

$$pH = \frac{1}{2} pK_w - \frac{1}{2} pK_b - \frac{1}{2} \log c \tag{5-53}$$

(5-51) 式より，塩濃度が小さいほど，また K_b が小さいほど加水解離が進行することがわかる。

(4) 弱酸と弱塩基の塩

弱酸と弱塩基の塩 AB について考える。

$$AB \rightleftharpoons A^- + B^+ \tag{5-54}$$

解離によって生じる A^- と B^+ は加水解離を受け，

$$A^- + B^+ + H_2O \rightleftharpoons AH + BOH \tag{5-55}$$

の反応が起こる。

$$K_h = \frac{[AH][BOH]}{[A^-][B^+]} = \frac{[AH][BOH]}{[A^-][B^+]} \times \frac{[H^+][OH^-]}{[H^+][OH^-]} = \frac{K_w}{K_a K_b} \tag{5-56}$$

A^- と B^+ が同じ程度に加水解離を受ける場合には，$[A^-]=[B^+]$，$[AH]=[BOH]$ であるから (5-56) 式は

$$K_h = \frac{[AH][BOH]}{[A^-][B^+]} \approx \frac{[AH]^2}{[A^-]^2} = \frac{K_w}{K_a K_b} \tag{5-57}$$

$$[H^+] = \frac{[AH]}{[A^-]} K_a = \sqrt{\frac{K_w}{K_a K_b}} \cdot K_a = \sqrt{\frac{K_a K_w}{K_b}} \tag{5-58}$$

$$pH = \frac{1}{2} pK_w + \frac{1}{2} pK_a - \frac{1}{2} pK_b \tag{5-59}$$

となる。$K_a > K_b$ では酸性，$K_a \approx K_b$ であれば溶液はほぼ中性，$K_a < K_b$

弱酸と弱塩基の塩の pH

HCOONH$_4$

$$pH = \frac{1}{2} pK_w + \frac{1}{2} pK_a - \frac{1}{2} pK_b = \frac{1}{2} \times 14.00 + \frac{1}{2} \times 3.75 - \frac{1}{2} \times 4.76 = 6.50$$

CH$_3$COONH$_4$

$$pH = \frac{1}{2} pK_w + \frac{1}{2} pK_a - \frac{1}{2} pK_b = \frac{1}{2} \times 14.00 + \frac{1}{2} \times 4.76 - \frac{1}{2} \times 4.76 = 7.00$$

NH$_4$CN

$$pH = \frac{1}{2} pK_w + \frac{1}{2} pK_a - \frac{1}{2} pK_b = \frac{1}{2} \times 14.00 + \frac{1}{2} \times 9.14 - \frac{1}{2} \times 4.76 = 9.19$$

では塩基性となる。

5.2.5 緩衝溶液

弱酸とその塩からなる水溶液のpHは，少量の酸や塩基を加えても，あるいは少々希釈や濃縮をしてもほとんど変らない。この作用を**緩衝作用**（buffer action）といい，この作用をもつ溶液を**緩衝溶液**（buffer solution）という。弱塩基とその塩の混合溶液も緩衝作用をもっている[15]。

(1) 弱酸とその塩

弱酸HA（例 CH_3COOH）の水溶液に，その塩MA（例 CH_3COONa）の水溶液を加える場合を考えてみよう。

この水溶液では次の平衡が成立している。

$$CH_3COOH + H_2O \rightleftarrows CH_3COO^- + H_3O^+ \qquad (5\text{-}60)$$

CH_3COONa を加えると，これは完全に電離するので CH_3COO^- の濃度が大きくなり，上の平衡は左方に移動して H_3O^+ 濃度は減少する。このように，弱酸の水溶液にその塩基を加えると，共通のイオンの存在により弱酸の電離が抑制される。この場合，酸濃度 $[CH_3COOH]$ は近似的に酸の全濃度 C_a に等しく，$[CH_3COOH]$ は塩濃度 C_s に等しいとおいてよい。

この系の弱酸の K_a は次のように書くことができる。

$$K_a = \frac{[H_3O^+][CHCOO^-]}{[CH_3COOH]} = [H_3O^+]\frac{C_s}{C_a} \qquad (5\text{-}61)$$

これより

$$[H_3O^+] = K_a \frac{C_a}{C_s} \qquad (5\text{-}62)$$

$$pH = pK_a + \log \frac{C_s}{C_a} \qquad (5\text{-}63)$$

この混合溶液に酸を加えると，水素イオンは A^- と反応してHAを生じ，$[H_3O^+]$ はほとんど変化しない。

$$H_3O^+ + A^- \rightleftarrows HA + H_2O \qquad (5\text{-}64)$$

塩基を加えても，水酸化物イオンはHAと反応して除かれる。

$$OH^- + HA \rightleftarrows A^- + H_2O \qquad (5\text{-}65)$$

(2) 弱塩基とその塩

次式で示す平衡が成立している弱塩基Bの水溶液に，Bに共役な酸 BH^+ の塩を加える場合を考える。

[15] 緩衝溶液は化学や生物分野などで広く用いられている。化学関係で用いられる例として，キレート滴定がある。キレート滴定では金属イオンとキレート剤（通常EDTAを使用）とが水溶性の安定な錯体を形成する反応を用いて，金属イオンを滴定する容量分析法である。この際，金属イオンとキレート剤とが安定な錯体を生成するpHに調整するために緩衝溶液が使用される。

$$B + H_2O \rightleftharpoons OH^- + BH^+ \tag{5-66}$$

この塩は完全に電離して，BH^+ の濃度が増加するので，式 (5-66) の平衡は左方に移動して OH^- の濃度は減少する。弱塩基の水溶液にその塩を加えることにより弱塩基の解離が抑制される。

(5-62) 式と同じ取り扱いにより

$$[OH^-] = K_b \frac{C_b}{C_s} \tag{5-67}$$

(5-67) 式より

$$[H^+] = \frac{K_W}{[OH^-]} = \frac{K_W}{K_b} \cdot \frac{C_s}{C_b} \tag{5-68}$$

$$pH = pK_W - pK_b - \log \frac{C_s}{C_b} \tag{5-69}$$

ここで，K_b は塩基 B の解離定数，C_b はその全濃度である。H_3O^+ および OH^- を加えたときの緩衝作用は次式で示される。

$$H_3O^+ + B \rightleftharpoons BH^+ + H_2O \tag{5-70}$$
$$OH^- + BH^+ \rightleftharpoons B + H_2O \tag{5-71}$$

この系は代表的な例としてはアンモニア-塩化アンモニウム系がある。

　溶液の緩衝能力は C_s/C_a あるいは C_s/C_b の比が 1 に等しいときに最大である。

　また，(5-63) 式と (5-69) 式より，C_s/C_a あるいは C_s/C_b の比を適当に変えることにより任意の pH の緩衝溶液を作ることができる。表 5-4 に代表的な緩衝溶液とその pH 範囲を示す。

表 5-4　緩衝溶液

成分	pH 範囲
フタル酸-フタル酸ナトリウム	2.2～3.8
酢酸-酢酸ナトリウム	3.7～5.6
リン酸二水素ナトリウム-リン酸一水素ナトリウム	5.0～6.3
ホウ酸-ホウ砂	6.8～9.2
アンモニア水-塩化アンモニウム	8.0～11.0

5.2.6　溶解度積

　難溶性の電解質 MA がその飽和水溶液と接しているとき，次の解離平衡が成立している。

$$MA(s) \rightleftharpoons M^+(aq) + A^-(aq) \tag{5-72}$$

平衡定数は次のようになる。

$$K = \frac{a_{M^+} a_{A^-}}{a_{MA}} \tag{5-73}$$

固相の活量は1であり，また希薄溶液であるので，活量を濃度で置き換えると

$$K_s = [\mathrm{M^+}][\mathrm{A^-}] \tag{5-74}$$

と書くことができる。K_s は **溶解度積** (solubility product) とよばれ，温度と電解質によって決まる定数である。

一般に

$$\mathrm{M}_m\mathrm{A}_n(s) \rightleftharpoons m\mathrm{M}^{n+}(\mathrm{aq}) + n\mathrm{A}^{m-}(\mathrm{aq}) \tag{5-75}$$

平衡定数は同様に次のようになる。

$$K_s = [\mathrm{M}^{n+}]^m[\mathrm{A}^{m-}]^n \tag{5-76}$$

表 5-5 に主な難溶性塩の溶解度積を示す。

表 5-5　溶解度積 (25°C)

電解質	溶解度積	電解質	溶解度積
AgCl	1.77×10^{-10}	HgS	4.0×10^{-53}
AgBr	6.3×10^{-13}	CuS	3.5×10^{-38}
AgI	2.3×10^{-16}	CdS	7×10^{-28}
$\mathrm{Hg_2Cl_2}$	1.1×10^{-18}	PbS	11×10^{-29}
$\mathrm{Ag_2CrO_4}$	4×10^{-12}	CoS	3.1×10^{-23}
$\mathrm{PbCrO_4}$	1.77×10^{-14}	NiS	3.1×10^{-23}
$\mathrm{CaCO_3}$	5×10^{-9}	$\mathrm{Fe(OH)_3}$	3.8×10^{-38}
$\mathrm{BaCO_3}$	8×10^{-9}	$\mathrm{Al(OH)_3}$	1.9×10^{-21}
$\mathrm{BaSO_4}$	1.08×10^{-10}	$\mathrm{Mg(OH)_2}$	5.5×10^{-12}
$\mathrm{PbSO_4}$	1.8×10^{-8}		

共通イオン効果 (common ion effect)　難溶性塩の溶解度は，共通イオンの存在により著しく減少する。この現象を共通イオン効果という。

難溶性塩 AgCl の純水に対する溶解度を S_0 とすると

$$K_{\mathrm{AgCl}} = [\mathrm{Ag^+}][\mathrm{Cl^-}] = S_0^2 = 1.8 \times 10^{-10} \tag{5-77}$$

$$S_0 = 1.3 \times 10^{-5}$$

AgCl と共通イオンをもつ KCl の $x\,\mathrm{mol/L}$ 溶液に対する AgCl の溶解度を S とすると

$$K_{\mathrm{AgCl}} = [\mathrm{Ag^+}][\mathrm{Cl^-}] = S(S+x) \tag{5-78}$$

$S \ll x$ であれば，$S+x \approx x$ であるから

$$S = \frac{S_0^2}{x} = \frac{1.8 \times 10^{-10}}{x} \tag{5-79}$$

$x = 1.0 \times 10^{-2}$ とすると $S = 1.8 \times 10^{-8}$ となり，溶解度は著しく減少する。この方法は化学分析によく利用される。溶液中の目的イオンを完全に沈殿させるために，沈殿試薬をやや過剰に加えるのはこのためである。

異種イオン効果　難溶性塩の溶解度は，沈殿を構成しているイオンと無関係な電解質の存在により一般に増加する。この現象を異種イオン効

果という。塩 MX の活量積 K^0_{MX} と溶解度積 K_{MX} の関係は次式のようになる。

$$K^0_{MX} = a_{M^+} a_{X^-} \tag{5-80}$$

$$K^0_{MX} = f_{M^+}[M^+] f_{X^-}[X^-] \tag{5-81}$$

$$[M^+][X^-] = \frac{K^0_{MX}}{f_{M^+} f_{X^-}} = K_{MX} \tag{5-82}$$

異種イオンの濃度の増加で，活量計数 f_{M^+}, f_{X^-} が減少し，K_{MX} は増加する。

5.2.7 硬い酸・塩基と軟らかい酸・塩基（HSAB）

1958年アーランド（S. Ahrland）らは，ある種の金属イオンはハロゲン化物の中で F⁻ イオンともっとも反応しやすく，また他のある金属イオンは，むしろ逆に I⁻ イオンにもっとも反応しやすい性質があることに気がついた。

1963年ピアソン（R. G. Pearson）は，同様の傾向が金属イオンを中心とした無機反応においても見られることに気づき，反応のしやすさを一般化し，硬い酸，軟らかい酸と名づけた。この酸・塩基の硬さと軟らかさの概念は "Hard and Soft Acids and Bases" の頭文字をとって HSAB あるいは SHAB と略してよばれる。HSAB 則とは酸および塩基の相性を，硬い，軟らかいという表現を使って表したものである。すなわち，**硬い酸は硬い塩基と相性がよく，軟らかい酸は軟らかい塩基と相性がよい**ということである[16]。

硬い酸の代表としては，アルカリ金属イオン，アルカリ土類金属イオン，電荷の高い軽い金属イオンがあげられ，軟らかい酸としては，重い遷移金属，低原子価金属イオンがあげられる。

硬い（hard），中間の（borderline），軟らかい（soft）の3つに分類した酸・塩基の実例を表5-6に示す。

この分類によると，硬い酸とは半径が小さくて，陽電荷が大きく，高いエネルギー状態に励起される外殻電子をもたないイオンや分子であり，軟らかい酸とは半径が大きく，陽電荷が小さいかゼロで，励起されやすい外殻電子をいくつかもっているイオンや分子である。硬い塩基とは分極されにくくて，電気陰性度が大きく，また酸化されにくい陰イオンや分子であり，軟らかい塩基とは比較的分極されやすくて，電気陰性度が小さく，また酸化されやすい陰イオンや分子である。分極しやすいということを，電子雲がひずみを受けやすいこととしてとらえ，これを電子雲が "軟らかい" という言葉を用い，これに反対の概念として "硬い" という言葉を用いたわけである。

16) ハロゲン化物の硬い酸との結合の強さの順
F⁻＞Cl⁻＞Br⁻＞I⁻
ハロゲン化物の軟らかい酸との結合の強さの順
F⁻＜Cl⁻＜Br⁻＜I⁻
硬い酸 Ca^{2+} は硬い塩基の F⁻ と強く結合し，CaF_2（水に不溶）を生成するが，他のハロゲン化物とは水溶性の化合物を生成する。
一方，軟らかい酸の Ag^+ は F⁻ とは反応しないが，他のハロゲン化物イオンとはハロゲン化銀を生成する。

表 5-6(a) "硬い"および"軟らかい"による酸の分類

硬い酸	H^+, Li^+, Na^+, K^+, Be^+, Mg^{2+}, Ca^{2+}, Sr^{2+}, Al^{3+}, Sc^{3+}, Ga^{3+}, In^{3+}, La^{3+}, Gd^{3+}, Lu^{3+}, Cr^{3+}, Co^{3+}, Fe^{3+}, Ti^{4+}, Zr^{4+}, Th^{4+}, U^{4+}, UO_2^{2+}, VO_2^{2+}, BF_3, BCl_3, $AlCl_3$, N^{3+}, RPO^{2+}, RSO^{2+}, SO_3, I(VII), I(V), HX(水素結合を生成する分子)
中間の酸	Fe^{2+}, Co^{2+}, Ni^{2+}, Cu^{2+}, Zn^{2+}, Pb^{2+}, Rh^{3+}, Ir^{3+}, $B(CH_3)_3$, GaH_3, $C_6H_5^+$, Sn^{2+}, Sb^{3+}, NO^+, Sb^{3+}, SO_2
軟らかい酸	Pd^{2+}, Pt^{2+}, Cu^+, Ag^+, Au^+, Cd^{2+}, Hg^+, Hg^{2+}, BH_3, $GaCl_3$, Tl^+, HO^+, RO^+, Te^{4+}, Br^+, I_2, I^+

表 5-6(b) "硬い"および"軟らかい"による塩基の分類

硬い塩基	NH_3, RNH_2, H_2O, OH^-, O^{2-}, ROH, RO, R_2O, CH_3COO^-, CO_3^{2-}, NO_3^-, PO_4^{3-}, SO_4^{2-}, ClO_4^-, F^-, Cl^-
中間の塩基	$C_6H_5NH_2$, N^{3-}, N_2, NO_2^-, SO_3^{2-}, Br^-
軟らかい塩基	H^-, R^-, C_2H_4, C_6H_6, CN^-, RNC, CO, SCN^-, R_3P, R_3As, R_2S, RHS, $S_2O_3^{2-}$, I^-

 HSABの概念によれば,硬い酸と塩基,軟らかい酸と塩基は互いに反応しやすいが,硬い酸と軟らかい塩基,あるいは軟らかい酸と硬い塩基は反応しにくい。このことは硬い酸・塩基反応が主として静電気的相互作用(イオン−イオンあるいはイオン−双極子相互作用)によるものであり,軟らかい酸・塩基反応は塩基から酸への電子対供与による配位結合的相互作用のしやすさを表していることを考えれば合理的である。

5.3 ● 無機化学反応機構

 無機化学反応の多くは溶液中での反応である。有機化合物の反応では共有結合の生成かあるいは開裂が起こるのに対して,無機化合物の反応には,このほかイオン結合の生成と開裂も起こる。無機化学反応では,**置換反応**(substitution reaction)と**酸化還元反応**(oxidation-reduction reaction)などがある。

 一般的酸化還元反応は第6章で解説するので,ここでは1つの金属イオンからほかの金属イオンへの直接の電子移動を伴う反応で,化学の多くの分野で重要な役割を演じている電子移動反応を取り扱う。この反応の機構としては,タウベ(H. Taube, 1915-2005)によって提案された"外圏反応"と"内圏反応"がある。

5.3.1 外圏電子移動反応

 この反応機構は,2つ錯イオンの配位圏の中で配位子置換が起こらず電子が移動する機構である。電子は一方の金属イオンから他方の金属イ

オンへ極めて反応時間が短くホップする。この反応が起こるためには，次の2つの基本的な条件が満足されなければならない。

① 2つの化学種 A, B は電子移動が起こるときには，活性化複合体の状態で存在しなければならないので，反応の速度は2つの化学種の濃度 [A] と [B] に依存しなければならない（速度 = k[A][B]）。

② 化学種 A と B の間の電子移動の速度は，どちらの化学種の配位子置換の速度よりもはるかに速くなければならない。

水溶液中で起こる外圏電子移動反応の例を次に示す。

$$[Fe(CN)_6]^{4-} + [IrCl_6]^{2-} \xrightleftharpoons[-e^-(酸化)]{+e^-(還元)} [Fe(CN)_6]^{3-} + [IrCl_6]^{3-}$$
$$\text{Fe(II)} \quad \text{Ir(IV)} \qquad \text{Fe(III)} \quad \text{Ir(III)} \tag{5-83}$$

左辺の2つの錯体はいずれも置換不活性である。この反応の25℃における電子移動速度は約 $4 \times 10^5 \text{mol}^{-1}\text{Ls}^{-1}$ で進行する。

外圏反応の機構に対して要求される2つの条件を満足する反応のもう1つの例を次に示す。

$$[Co(NH_3)_5Cl]^{2+} + [Ru(NH_3)_6]^{2+} \xrightleftharpoons[+e^-(還元)]{-e^-(酸化)} [Co(NH_3)_5Cl]^+ + [Ru(NH_3)_6]^{3+}$$
$$\text{Co(III)} \quad \text{Ru(II)} \qquad \text{Co(II)} \quad \text{Ru(III)} \tag{5-84}$$

5.3.2 内圏電子移動反応

錯体の電子移動反応の過程で，2つの金属イオンが架橋配位子によって結合を形成し，その結合形式の間に電子が架橋配位子を介して一方の金属イオンから他方の金属イオンへ移動する。このように配位子の交換などの化学反応を伴う場合を**内圏電子移動反応**という。

タウベらは Co(III)/Cr(II) 系についての研究によって，はじめて架橋グループを介して電子移動が起こる根拠を示した。

$$[Co(NH_3)_5Cl]^{2+} + [Cr(H_2O)_6]^{2+} \xrightleftharpoons[H_2O]{H^+} [Co(H_2O)_6]^{2+}$$
$$+ [Cr(H_2O)_5Cl]^{2+} + 5\,NH_4^+ \tag{5-85}$$

この反応機構では，^{36}Cl を用いるラジオトレーサー法[17] によって次に示すように実証されている。

$$[Cr(H_2O)_6]^{2+} \rightleftharpoons [Cr(H_2O)_5]^{2+} + H_2O$$
$$[Co(NH_3)_5Cl]^{2+} + [Cr(H_2O)_5]^{2+} \rightleftharpoons [(NH_3)_5Co^{III}\cdots Cl \cdots Cl^{II}(H_2O)_5]^{4+}$$

---

17) 元素または物質の挙動を追跡するために用いる放射性同位体をいう。加えた放射性同位体の放射能を追跡し，目的元素の挙動を知る。この反応のように，放射性同位体で目的物質の成分元素を置き換えて使用する。

$$\swarrow \text{電子移動直前}$$
$$[(NH_3)_5Co^{II}\cdots\cdots Cl\cdots\cdots Cr^{III}(H_2O)_5]^{4+}$$
$$\swarrow \text{電子移動直後}$$
$$[Co(NH_3)_6]^{2+}+[Cr(H_2O)_5Cl]^{2+}$$
$$\swarrow H^+, H_2O$$
$$[Co(H_2O)_6]^{2+}+5\,NH_4^+ \quad\quad\quad (5\text{-}86)$$

この種の反応は多くの[Co(NH$_3$)$_5$X]錯イオンについて研究されており，種々のXの効果について検討されている。たとえば，Xがハロゲン化物イオンの場合，反応速度はI$^-$>Br$^-$>Cl$^-$>F$^-$の順に減少する。架橋配位子が非常に分極されやすい場合には，電子移動は容易であろうと思われるので，ハロゲン化物イオンについて観測された順番は内圏機構を強く支持するものである。

参考文献
1) 合原眞，井出悌，栗原寛人：「現代の無機化学」，三共出版（1991）
2) 合原眞，栗原寛人，竹原公，津留壽昭：「無機化学演習」，三共出版（1996）
3) 水町邦彦：「酸と塩基」，裳華房（2003）
4) 田中元治：「酸と塩基」，裳華房（1983）
5) 合原眞，今任稔彦，氏本菊次郎，吉塚和治，岩永達人，脇田久伸：「環境分析化学」，三共出版（2004）

第5章 チェックリスト

- □ 水分子の構造
- □ 氷の構造
- □ 水和
- □ 極性分子の溶解
- □ 水和数
- □ ブレンステッド・ローリーの酸の定義
- □ 弱酸および弱塩基のpH
- □ 塩の加水分解
- □ 緩衝溶液
- □ 溶解度積
- □ 共通イオン効果
- □ HSAB

● 章末問題 ●

問題 5-1
氷中の水分子の構造を示せ。

問題 5-2
水の状態図について説明せよ。

問題 5-3

極性分子の水への溶解について説明せよ。

問題 5-4

イオンの水和について説明し，Cl^- と Li^+ の水和イオンの構造を示せ。

問題 5-5

ブレンステッド・ローリーの酸・塩基の定義を述べよ。酸と水，塩基と水の反応例を各1個挙げよ。

問題 5-6

弱酸および弱塩基の pH を誘導せよ。

問題 5-7

弱酸と弱塩基からなる塩の pH を誘導せよ

問題 5-8

酢酸—酢酸ナトリウム緩衝溶液の pH を表す式を誘導せよ。

問題 5-9

HSAB を説明せよ。また，硬い（hard），中間の（borderline），軟らかい（soft）の3つに分類した酸・塩基の実例をいくつか示せ。

第6章

電気化学

学習目標

1. 酸化還元反応とはどのような反応か理解する。
2. 電池の構成と電極反応を理解する。
3. ネルンスト式と各種電極への適用を理解する。
4. 標準電極電位の意味とほかの化学的性質の関係を理解する。
5. 応用としてpHの測定，腐食・防食，バイオセンサーの利用などを学ぶ。

20世紀に入って，界面電気理論の展開，量子論の電気化学分野への応用と発展してきた。電気化学的測定法は一般分析はもとより，臨床分析や環境分析等の分野へも拡がり，種々の分野で分析的方法として利用されてきている。今日では，電気化学はエネルギー，資源，情報，ライフサイエンス，環境などの分野で役割を担っており，電気化学のルネッサンス期にあたるといわれている（図6-1）。

このように，電気化学は多くの分野で基礎であり，重要と考えられる。この章では，電気化学の基礎とその応用などに関連する事項を学ぶ。

6.1 ● 酸化還元反応とは

物質が電子（electron; e⁻）を失うと，その物質は**酸化**（oxidation）されたといい，一方，物質が電子を受け取ると，その物質は**還元**（reduction）されたという。

次の反応は

$$2\,Ag^+(aq) + Cu(s) \rightleftarrows 2\,Ag(s) + Cu^{2+}(aq) \qquad (6\text{-}1)$$

2つの半反応（half-reaction）つまり酸化反応及び還元反応に分けられる。

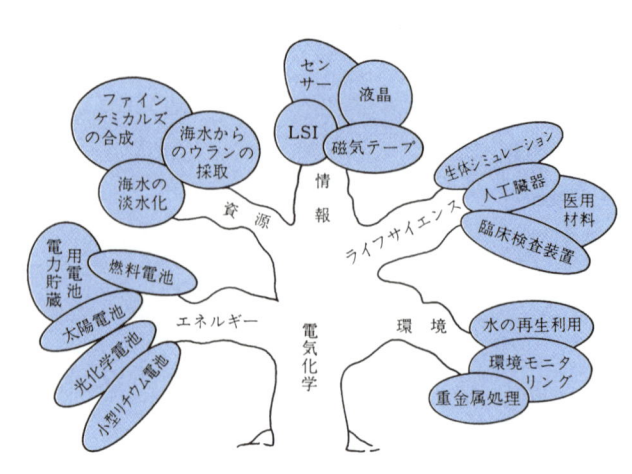

図 6-1 電気化学と先端技術
(電気化学協会編:「新しい電気化学」, 培風館 (1987))

$$2\,Ag^+(aq) + 2\,e^- \rightleftarrows 2\,Ag(s) \quad (還元反応) \tag{6-2}$$
$$Cu(s) \rightleftarrows Cu^{2+}(aq) + 2\,e^- \quad (酸化反応) \tag{6-3}$$

(6-2) では全反応との関係で基本式を 2 倍している。ここで，(aq) は液相 (aqueous phase) を，(s) は固相 (solid phase) であることを示す。ただし，以降の反応では必要とする以外は省略している。

また，次の反応は

$$2\,Cu^+ \rightleftarrows Cu^{2+} + Cu \tag{6-4}$$

2 つの半反応に分けられる。

$$Cu^+ + e^- \rightleftarrows Cu \quad (還元反応) \tag{6-5}$$
$$Cu^+ \rightleftarrows Cu^{2+} + e^- \quad (酸化反応) \tag{6-6}$$

この場合，Cu^+ は Cu^{2+} と Cu に変化し，いわゆる**不均化反応**[1] が進行している。

酸化還元反応では，このように電子を失う原子があれば必ずその電子

1) 1種類の物質が 2 分子以上で酸化，還元の反応を行った結果，2 種類以上の物質を生じる反応

酸化数

化合物中の各原子に全電子を割り当てたとき，その原子のもつ電荷の数である。次のように規定されている。

1. 単体の場合，原子の酸化数は，[0] とする。
2. 単原子イオンの場合の酸化数は，イオン価がそのまま酸化数となる。
3. 電気的に中性な化合物の場合の酸化数は，構成原子の酸化数の合計で [0] とする。
4. 多原子イオンの構成原子の酸化数の総和は，イオンの電荷に等しい。
5. 標準として H は常に [+1]，O は [−2] とする。例外として H_2O_2 (過酸化水素) の O は [−1] とする。

第6章 電気化学

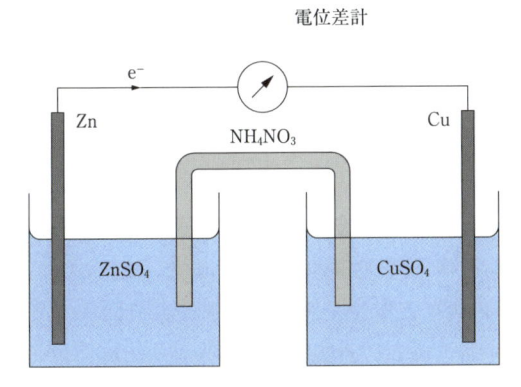

図 6-2 Daniel 電池

を受け取る原子があり，酸化と還元はいつも同時に起こる。還元された物質が受け取った電子の数と，酸化された物質が放出した電子の数とは等しい。酸化に際し，酸化数は増加し，還元に際しては減少する。

6.2 ● 電　池

電池（cell）とは機能的には化学エネルギーを直接電気エネルギーに変換する装置である。ある異種の金属 M_1 と M_2 が，それぞれ異種の電解質 S_1 と S_2 に浸されている電池を考える。溶液の混合を防ぐため，多孔質の隔膜によって仕切られている。この電池は次のように表される。

$$M_1 |S_1||S_2| M_2 \tag{6-7}$$

ここで，縦線（|）は両相の境界，（||）は液液界面を示す。このように電池は**半電池**（half cell）を組み合わせたものである。この場合，液液界面の電位差を無視できるようにする必要がある。実験的には，隔膜のかわりに KCl や KNO_3 のような無関係電解質の濃厚溶液を満たしたガラス製の U 字管で両溶液をつなぐ。通常，内部の濃厚溶液は寒天でゲル状に固めている**塩橋**（salt bridge）を用いる。電解質溶液に浸された金属は電極（electrode）の1種である。電極上での電子のやりとり反応を電極反応（electrode reaction）という。

代表的な Daniel 電池の構成について考える。この電池は図 6-2 のように硫酸亜鉛水溶液に金属亜鉛を浸した電極系と硫酸銅水溶液に金属銅を浸した電極からなっている。この電池は次の図式で表せる。

$$Zn(s)|ZnSO_4(aq)||CuSO_4(aq)|Cu(s) \tag{6-8}$$

この両極を外部回路でつなぐと，電子は外部回路を通って亜鉛極から銅極へ流れる。

次のように，銅極では還元反応が，亜鉛極では酸化反応が起こる。

銅極　　$Cu^{2+} + 2e^- \rightleftharpoons Cu$ \hspace{2em} (6-9)

$$\text{亜鉛極} \quad Zn \rightleftarrows Zn^{2+} + 2\,e^- \tag{6-10}$$

電池反応 (cell reaction) は

$$Cu^{2+} + Zn \rightleftarrows Cu + Zn^{2+} \tag{6-11}$$

である。銅極が**正極** (positive electrode)，亜鉛極が**負極** (negative electrode) である。

電池を表示する場合，一般に酸化反応が起こる電極系を左側に，還元反応が起こる電極系を右側に書く。電池の起電力 (electromotive force) は電池の両極と電位差測定装置を同質の導線（たとえば銅線）で結んだとき，電池図式の右側の電極が左側の電極に対して示す平衡時の電位をいう。

起電力 E は次式で示される。

$$E = E_右 - E_左 \tag{6-12}$$

ここで，$E_右$ および $E_左$ は右側および左側の電極の電極電位である。

外部起電力が電池起電力に等しければ，電池に電流は流れず電池反応は起こらない。外部起電力を電池の起電力よりもわずかに大きくすると，電池は外部から仕事をされることになり，電池内に微小な電流が流れ，電池反応は左方向へ進む。逆に外部起電力を電池の起電力よりもわずかに小さくすると，電池反応は右方向へ進む。このように，電池反応がどちらにも進行し得る電池を**可逆電池** (reversible cell) という。

実用電池としては1次電池と2次電池がある。**1次電池**は一般的に使

乾電池使用による有人飛行

パナソニック（松下電器産業）と東京工業大学は，2006年7月16日にオキシライド乾電池を使用した世界初の有人飛行に成功した。公式飛行記録では，オキシライド乾電池160本を使用し，飛行時間59秒，飛行距離391.4 m，最大高度6.11 mの飛行に成功した。（ホームページOxyride.jp〔Panasonic〕より）

図　オキシライド乾電池を使用した有人飛行
（資料提供：松下電器産業株式会社）

オキシライド乾電池は，アルカリ乾電池を超える次世代の乾電池として，松下電器産業から2004年4月に発売された。電池の正極に「オキシ水酸化ニッケル」を用い，小・中・大電流域において平均で約1.5倍，デジカメに代表される「大電流域」では約2倍の持続時間を実現しているとしている。

いきりの電池で，一度完全に放電してしまったら廃棄するタイプである。**2次電池**は充電して繰り返し使える電池である。2次電池の歴史は鉛蓄電池[2]ではじまり，電解液などの改良が進んでいる。また，小型携帯機器用の小型2次電池の発達がある。

6.3 ● ネルンスト式（Nernst equation）

いま，電池反応を次のような一般式で表すと

$$aA + bB + \cdots \rightleftarrows mM + nN + \cdots \tag{6-13}$$

この電池の起電力（E）は次の**ネルンスト式**で表すことができる。

$$E = E^0 - \frac{RT}{nF} \ln \frac{a_M^m a_N^n \cdots}{a_A^a a_B^b \cdots} \tag{6-14}$$

ここで，E^0 は標準起電力，R は気体定数（8.3144 J mol^{-1} K^{-1}），T は絶対温度，n は関与する電子数，F はファラデー定数（96,485 C mol^{-1}），a はそれぞれの化学種の活量である。

25℃では式（6-14）は次のようになる。

$$E = E^0 - \frac{0.0591}{n} \log \frac{a_M^m a_N^n \cdots}{a_A^a a_B^b \cdots} \tag{6-15}$$

この電池の反応式（6-13）の平衡定数を K とすると次式が成り立つ。

$$E^0 = \frac{0.0591}{n} \log K \tag{6-16}$$

$$\log K = 16.9 \, nE^0 \tag{6-17}$$

E^0 の値から電池の平衡定数を見積もることができる。

1次電池と2次電池の違い

1次電池：マンガン乾電池，アルカリマンガン電池，酸化銀電池，リチウム電池などある。

2次電池：ニッケル・カドミウム蓄電池（ニカド電池）[3] が普及した。その後，アルカリ蓄電池であるニッケル水素電池[4] が発売された。負極に水素吸蔵合金を用い，ニカド電池と比較し，高容量かつ環境にやさしい電池である。現在，リチウムイオン電池[5] は小さくても1回の充電で長くもち，小型携帯機器用電源の主役の座を占めている。この電池はニッケル・カドミウム蓄電池に代わり使用され，高容量・薄型・軽量の特長で，携帯電話用はこの電池が主体である。

Nernst式の係数（25℃）

$$\frac{RT}{F} \ln = \frac{(8.3144 \, \text{mol}^{-1} \cdot \text{K}^{-1})((25.00 + 273.15)\text{K})}{96485 \, C \cdot \text{mol}^{-1}} \times 2.303 \log$$
$$= 0.0591 \log$$

---

[2] 鉛蓄電池は，正極に二酸化鉛，負極に海綿状鉛，電解液として希硫酸を用いた二次電池である。
Pb｜H$_2$SO$_4$(aq)｜PbO$_2$
電極反応
PbO$_2$ + 2 H$_2$SO$_4$ + Pb = 2 PbSO$_4$
　正極の PbO$_2$ は放電により PbSO$_4$ となり，充電により元の状態にもどる。

[3] ニッケル・カドミウム蓄電池（略してニカド電池またはニッカド電池）は，正極にニッケル酸化物（オキシ水酸化ニッケル），負極にカドミウム，電解液に水酸化カリウム水溶液を用いたアルカリ蓄電池である。
Cd｜KOH(aq)｜NiOOH
電極反応
Cd + 2 NiOOH + 2 H$_2$O
= Cd(OH)$_2$ + 2 Ni(OH)$_2$

[4] ニッケル水素蓄電池は正極に水酸化ニッケル，負極に水素吸蔵合金，電解液に水酸化カリウム水溶液を用いたものである。ニッケル・カドミウム蓄電池の2〜3倍の電気容量をもち，カドミウムを含まず環境への影響が少ないことなどで代替が進んでいる。

[5] リチウムイオン電池は正極にコバルト酸リチウムなどのリチウム遷移金属酸化物，負極に炭素，電解質に六フッ化リン酸リチウムといったリチウム塩の有機溶媒を用いたものである。

活　　量

活量（activity）は理想溶液と実存系溶液とのずれを修正するために，ルイス（Lewis）によって導入された1種の濃度（有効濃度）である。たとえば，強電解質は希薄水溶液中で完全に電離し，陽イオン（cation）と陰イオン（anion）に分れてある程度自由に運動できるが，濃度が高くなるにつれて陽イオンと陰イオンとの間に静電的相互作用が生じて，その一部があたかも未解離のように振る舞う。その結果として，イオン i が濃度 c_i で存在していても，実際には濃度 c_i より若干少ない濃度となり，次式で定義された。

$$a_i = f_i c_i \qquad ①$$

ここで，c_i はイオン種 i の濃度，f_i はその活量係数（activity coefficient）である。活量係数は溶液中のイオン間の引力を補正する係数で，イオンの総数ならびにそれらの電荷によって変化する。単純な電解質の希薄溶液（10^{-4} M 以下）では，活量係数はほぼ1とみなすことができるので，活量 a_i は濃度 c_i と等しくなる。

電池反応の熱力学的考察

電池反応で電子1個が遷移し，その起電力が EV である電池に外部負荷がかけられ，1ファラデーの電荷が流れたとき，外部に取り出される電気エネルギーは FE である。これは電池反応のギブズエネルギー[6]の減少量 ΔG に対応する。n 電子の場合は次式が得られる。

$$-\Delta G = nFE$$

いま，電池反応を次のような一般式で表すと

$$a\mathrm{A} + b\mathrm{B} + \cdots \rightleftarrows m\mathrm{M} + n\mathrm{N} + \cdots \qquad ①$$

この反応の ΔG は

$$\Delta G = \Delta G^0 + RT \ln \frac{a_\mathrm{M}^m a_\mathrm{N}^n \cdots}{a_\mathrm{A}^a a_\mathrm{B}^b \cdots} \qquad ②$$

で与えられる。$-\Delta G = nFE$ を代入すると

$$E = E^0 - \frac{RT}{nF} \ln \frac{a_\mathrm{M}^m a_\mathrm{N}^n \cdots}{a_\mathrm{A}^a a_\mathrm{B}^b \cdots} \qquad ③$$

となる。
ここで E^0 は

$$E^0 = -\frac{\Delta G^0}{nF} \qquad ④$$

である。E^0 は反応物および生成物のすべてが活量1の標準状態にあるときの起電力であり，標準起電力（standard electromotive force）とよばれる。上式③は Nernst 式とよばれる。

---

6) 自由エネルギー（free energy）は，熱力学における状態量の1つである。等温等積過程ではヘルムホルツ自由エネルギー（Helmholtz free energy, F），等温等圧過程ではギブズ自由エネルギー（Gibbs free energy, G）とよばれる。

ギブズ自由エネルギー（ギブズエネルギー）は，熱力学や電気化学などで用いられる。等温等圧条件下で仕事として取り出し可能なエネルギー量で，エネルギー変化が負であれば化学反応は自発的に起こる。G は次の式で表せる。

$$\Delta G^0 = \Delta H^0 - T\Delta S^0$$

ここで ΔG^0 は標準ギブズエネルギー，ΔH^0 は標準エンタルピー，ΔS^0 は標準エントロピーである。

6.4 ● 酸化還元電位

電極電位は電極から溶液に対する電位で，通常は電極の内部電位から溶液の内部電位の差として定義されている。内部電位とは導電体（電極と溶液）の内部の点が真空中無限遠の点に対してもつ電位差である。このように電極電位は異相間の電位差であるので実測することはできないため，その絶対値を求めることはできない。したがって，適当な基準電極系を選び，その電位を基準とした相対的な電位差を電極電位として用いる。

国際純正・応用化学連合（IUPAC）の物理化学分科会が1969年に出版した手引によると，電極電位を次のように定義している。

"**電極電位とは左側に標準水素電極（standard hydrogen electrode, SHE）をもち，右側に問題とする電極系をもった電池の起電力である**"としている。つまり，標準水素電極の電極電位はすべての温度において0.0000であるとすることである。

6.5 ● 電極系の種類

電極系はその構成と電極反応によりいくつかの型に分類される。代表的な電極系を次に示す。

6.5.1 ガス電極系

不活性担体を，気体とそれから生じるイオンを含む溶液に浸した系である。代表的な例として水素電極を図6-3示す。不活性担体としては**白金黒付電極**[7]（コロイド状の白金で覆われている白金電極）が用いられ，この電極が塩酸溶液に浸され，水素ガスと水素イオンに接触する。白金に吸着された水素ガスは活性化されて水素原子（$H_2 \rightarrow 2H$）となり，水素イオンとの間に平衡が成立する。

この電極での電極反応は次のとおりである。

$$H_3O^+ + e^- \rightleftharpoons 1/2\,H_2 + H_2O \tag{6-18}$$

この反応のNernst式は次のようになる。

[7] 六塩化白金酸と酢酸鉛の水溶液でカソード分極で白金上にメッキする。めっき後，0.1 M 硫酸中でカソードおよびアノード分極する。白金黒は比面積が大きく，活性が高い。微粒子が黒色に見えるので「白金黒」とよばれる。

> **Electrode potential**
>
> The so-called electrode potential of an electrode is defined as the electromotive force (emf) of a cell in which the electrode on the left is a standard hydrogen electrode and the electrode on the right is the electrode in question.

8) 分圧は多成分からなる混合気体において，ある1つの成分が混合気体と同じ体積を単独で占めたときの圧力のことである。混合気体におけるある成分 i の分圧を p_i，モル分率を x_i，混合気体の圧力（全圧）を P とすると次式が成り立つ。
$p_i = x_i P$

$$E = E^0 - 0.0591 \log \frac{a_{H_2}^{\frac{1}{2}}}{a_{H_3O^+}} \quad (6\text{-}19)$$

a_{H_2} を水素の分圧[8]で置き換えると

$$E = E^0 - 0.0591 \log \frac{p_{H_2}^{\frac{1}{2}}}{a_{H_3O^+}} \quad (6\text{-}20)$$

となる。

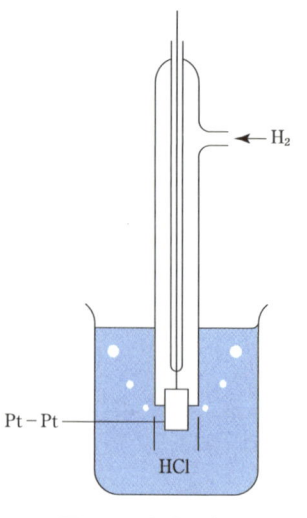

図 6-3 水素電極

電極電位は単独電極では測定できないので，基準電極と電池を構成してその起電力を測定し，基準電極に対する相対値としてもとめる。基準電極としては上記の水素電極が用いられる。

標準水素電極は水素イオン（オキソニウムイオン）の活量が1，水素ガスの分圧が1 atm の標準状態にある水素電極であり，次の図式で表される。

$$\text{Pt} \mid \text{H}_2(\text{g}, 1\,\text{atm}) \mid \text{H}_3\text{O}^+(\text{aq}, a_{H^+}=1) \quad (6\text{-}21)$$

この条件を式 (6-20) に代入すると次のようになる。

$$E = E^0 - 0.0591 \log \frac{1^{1/2}}{1} = E^0 \quad (6\text{-}22)$$

規定により上記水素電極の標準電極電位の E^0 値を 0.0000 V とし標準とする。このような状態の水素電極は標準水素電極 (Standard Hydrogen Electrode, SHE または Normal Hydrogen Electrode, NHE) とよばれる。電位を表すときは，V *vs* SHE または V *vs* NHE を用いる。

6.5.2 金属電極系（第一種電極系）

金属 M がそのイオン M^{n+} の溶液に浸された系である。
電極反応は次のとおりである。

$$M^{n+} + n\,e^- \rightleftharpoons M \quad (6\text{-}23)$$

この電極は $M \mid M^{n+}$ で表すことができる。その電極電位は図 6-4 に示す電池の起電力に等しい。

$$\text{Pt} \mid \text{H}_2(\text{g}, 1\,\text{atm}) \mid \text{H}_3\text{O}^+(\text{aq}, a_{H^+}=1) \parallel M^{n+}(\text{aq}) \mid M \quad (6\text{-}24)$$

起電力 E は次のようになる。

$$E = E^0 - \frac{0.0591}{n} \log \frac{a_M}{a_{M^{n+}}} \quad (6\text{-}25)$$

ここで，固体の活量 (a_M) は1とみなすので式 (6-25) は次式となる。

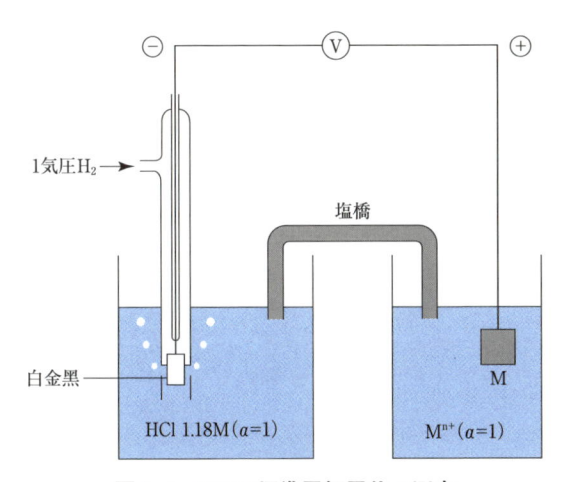

図 6-4　M^{n+}の標準電極電位の測定

表 6-1　標準電極電位（25℃）

電極系	電極反応	標準電極電位
$K^+ \mid K$	$K^+ + e^- \longrightarrow K$	-2.925
$Ca^{2+} \mid Ca$	$Ca^{2+} + 2e^- \longrightarrow Ca$	-2.866
$Na^+ \mid Na$	$Na^+ + e^- \longrightarrow Na$	-2.714
$Mg^{2+} \mid Mg$	$Mg^{2+} + 2e^- \longrightarrow Mg$	-2.363
$Al^{3+} \mid Al$	$Al^{3+} + 3e^- \longrightarrow Al$	-1.662
$Zn^{2+} \mid Zn$	$Zn^{2+} + 2e^- \longrightarrow Zn$	-0.7628
$Fe^{2+} \mid Fe$	$Fe^{2+} + 2e^- \longrightarrow Fe$	-0.4402
$Cd^{2+} \mid Cd$	$Cd^{2+} + 2e^- \longrightarrow Cd$	-0.4029
$Ni^{2+} \mid Ni$	$Ni^{2+} + 2e^- \longrightarrow Ni$	-0.250
$I^- \mid AgI(s) \mid Ag$	$AgI(s) + e^- \longrightarrow Ag + I^-$	-0.1518
$Sn^{2+} \mid Sn$	$Sn^{2+} + 2e^- \longrightarrow Sn$	-0.136
$Pb^{2+} \mid Pb$	$Pb^{2+} + 2e^- \longrightarrow Pb$	-0.126
$Fe^{3+} \mid Fe$	$Fe^{3+} + 3e^- \longrightarrow Fe$	-0.036
$H^+ \mid H_2 \mid Pt$	$H^+ + e^- \longrightarrow \frac{1}{2} H_2$	0.0000
$Sn^{4+}, Sn^{2+} \mid Pt$	$Sn^{4+} + 2e^- \longrightarrow Sn^{2+}$	0.15
$Cu^{2+}, Cu^+ \mid Pt$	$Cu^{2+} + e^- \longrightarrow Cu^+$	0.153
$Cl^- \mid AgCl(s) \mid Ag$	$AgCl(s) + e^- \longrightarrow Ag + Cl^-$	0.2222
$Cl^- \mid Hg_2Cl_2(s) \mid Hg$	$Hg_2Cl_2(s) + 2e^- \longrightarrow 2Hg + 2Cl^-$	0.2676
$Cu^{2+} \mid Cu$	$Cu^{2+} + 2e^- \longrightarrow Cu$	0.337
$OH^- \mid O_2 \mid Pt$	$\frac{1}{2} O_2 + H_2O + 2e^- \longrightarrow 2OH^-$	0.401
$I^- \mid I_2(s) \mid Pt$	$\frac{1}{2} I_2(s) + e^- \longrightarrow I^-$	0.5355
$Fe^{3+}, Fe^{2+} \mid Pt$	$Fe^{3+} + e^- \longrightarrow Fe^{2+}$	0.771
$Hg_2^{2+} \mid Hg$	$\frac{1}{2} Hg_2^{2+} + e^- \longrightarrow Hg$	0.788
$Ag^+ \mid Ag$	$Ag^+ + e^- \longrightarrow Ag$	0.7991
$Hg^{2+}, Hg_2^{2+} \mid Hg$	$2Hg^{2+} + 2e^- \longrightarrow Hg_2^{2+}$	0.920
$Br^- \mid Br_2(l) \mid Pt$	$\frac{1}{2} Br_2(l) + e^- \longrightarrow Br^-$	1.0652
$Cl^- \mid Cl_2 \mid Pt$	$\frac{1}{2} Cl_2 + e^- \longrightarrow Cl^-$	1.3595
$Ce^{4+}, Ce^{3+} \mid Pt$	$Ce^{4+} + e^- \longrightarrow Ce^{3+}$	1.61
$Co^{3+}, Co^{2+} \mid Pt$	$Co^{3+} + e^- \longrightarrow Co^{2+}$	1.808

$$E = E^0 - \frac{0.0591}{n} \log \frac{1}{a_M^{n+}} = E^0 + \frac{0.0591}{n} \log a_M^{n+} \qquad (6\text{-}26)$$

ここで，E^0 は**標準電極電位**（standard electrode potential）とよばれ，$a_{M^{n+}}=1$ の時の電極電位である。求められている標準電極電位（25℃）を表 6-1 に示す。

6.5.3 酸化還元電極系

同じ元素のイオン価の異なる2つのイオン種を含む溶液に，白金のような化学的不活性な電極を浸した系である。イオン価の高い方を**酸化体**（Ox; Oxidant の略），低い方を**還元体**（Red; Reductant の略）とすると，電極反応は次式で示すように両者の間の電子のやりとり反応，すなわち酸化還元反応である。

電極反応を

$$\text{Ox} + n\,\text{e}^- \rightleftarrows \text{Red} \qquad (6\text{-}27)$$

で表すと，Nernst 式（25℃）は次のようになる。

$$E = E^0 - \frac{0.0591}{n} \log \frac{a_{Red}}{a_{Ox}} \qquad (6\text{-}28)$$

例として，Fe^{3+} と Fe^{2+} を含む溶液に白金を浸した系がある。

$$Fe^{3+} + e^- \rightleftarrows Fe^{2+} \qquad (6\text{-}29)$$

Fe^{3+} と Fe^{2+} の間の電子のやりとりは，白金電極を介して行われる。この電池の図式は次のようになる。

$$\text{Pt} \mid Fe^{3+}, Fe^{2+}(\text{aq}) \qquad (6\text{-}30)$$

6.5.4 金属難溶性塩電極系（第二種電極系)[9]

金属の表面をその金属の難溶性塩で覆い，その塩と共通イオンを含む溶液に浸した系である。代表的な例として，図 6-5 に**銀-塩化銀電極**を示す。この電極系は銀の表面を AgCl で覆い，AgCl と共通イオン Cl^- を含む溶液に浸した系である。

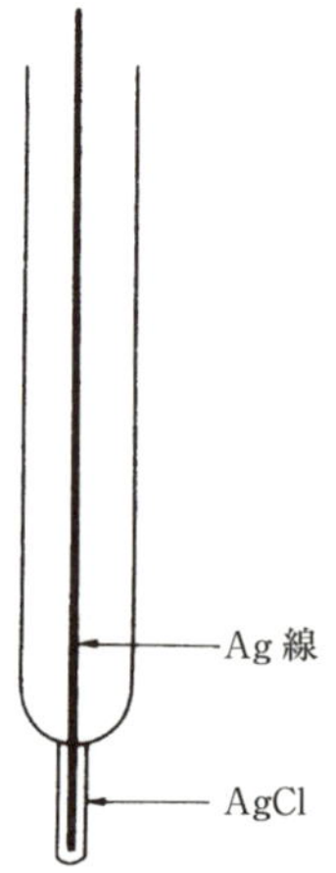

電極反応は難溶性塩の解離で生じた Ag^+ イオンが関与し，次の通りである。

AgCl の解離反応

$$\text{AgCl(s)} \rightleftarrows Ag^+(\text{aq}) + Cl^-(\text{aq}) \qquad (6\text{-}31)$$

電極反応

$$Ag^+(\text{aq}) + e^- \rightleftarrows \text{Ag(s)} \qquad (6\text{-}32)$$

全体の反応は次のようになる。

図 6-5 銀-塩化銀電極

[9] 電極電位を決定するのに用いる基準の電極系は前述の標準水素電極であるが，通常，金属難溶性塩電極が用いられる。標準水素電極は水素ガスを必要とし，水素イオン濃度を常に一定にする必要がある。標準水素電極に対してあらかじめ電位が知られているこれらの参照電極が用いられる。

$$AgCl(s) + e^- \rightleftharpoons Ag(s) + Cl^-(aq) \tag{6-33}$$

電極反応（6-32）の Nernst の は次式となる。

$$E = E^0 + 0.0591 \log a_{Ag^+} \tag{6-34}$$

式（6-34）から $a_{Ag^+} a_{Cl^-} = K_{ap}$（溶解度積）の関係を用いて次式が得られる。

$$E = E^0 + 0.0591 \log K_{ap} - 0.0591 \log a_{Cl^-} \tag{6-35}$$

$$E = E^{0'} - 0.0591 \log a_{Cl^-} \tag{6-36}$$

式（6-36）からわかるように，電極反応に直接関係しているのは Cl$^-$ イオンの活量である。

基準電極としては標準水素電極が採用されているが，この電極は水素ガスを使用するので取り扱いが不便である。それゆえ，実際の電気化学計測には参照電極とよばれる取り扱いが便利な電極系が基準として選ばれる。この電極の条件としては，常に一定の安定した電位を示し，微小な電流が流れても電位が変化しないことである。**銀-塩化銀電極（Ag-AgCl 電極）**や**飽和 KCl 甘こう（カロメル）電極（Saturated calomel electrode: SCE）**が**参照電極**（reference electrode）として用いられる。表 6-2 に Ag-AgCl, SCE の標準電位に対する電位を示す。

表 6-2 参照電極とその電位（25℃）

名　称	構　成	電位(V vs SHE)
銀・塩化銀電極	Ag｜AgCl(s)｜1 MKCl	0.2223
飽和カロメル電極	Hg｜Hg$_2$Cl$_2$(s)｜飽和 KCl	0.2412
1 M カロメル電極	Hg｜Hg$_2$Cl$_2$(s)｜1 MKCl	0.2801
0.1 M カロメル電極	Hg｜Hg$_2$Cl$_2$(s)｜0.1 MKCl	0.3337
硫酸水銀電極	Hg｜HgSO$_4$(s)｜0.5 MH$_2$SO$_4$	0.6152

6.6 ● 標準電極電位からわかること

標準電極電位 E^0 の値から化学的性質や平衡について議論できる。次に 2, 3 の項目について解説する。

6.6.1 標準電極電位と化学的傾向

標準電極電位と電子親和力とは同じ傾向にあるが，イオン化傾向とは逆の傾向となる。イオン化傾向については次の項目で述べる。標準電極電位が正の大きな値を示す物質は強い**酸化剤**（oxidizing agent）となり，逆に標準電極電位が負の大きい値を示す物質は強い**還元剤**（reducing agent）となる。標準電極電位と化学的傾向との関係を表 6-3 に示す。

表 6-3 標準電極電位と化学的性質の関係

標準電極電位	大きい値	小さい値
電子親和力	大きい	小さい
イオン化傾向	小さい	大きい
還元力	小さい	大きい
酸化力	大きい	小さい

6.6.2 イオン間での反応の方向

任意の2つの半反応の組み合わせで，反応の方向はZ字になるように全反応を書けば自然に右方向に進行する[10]。

例①

$$Zn^{2+} + 2e^- = Zn \qquad E^0 = -0.763\ \mathrm{V} \qquad (6\text{-}37)$$

$$Cu^{2+} + 2e = Cu \qquad E^0 = +0.337\ \mathrm{V} \qquad (6\text{-}38)$$

例②

$$Cu^{2+} + 2e = Cu \qquad E^0 = +0.337\ \mathrm{V} \qquad (6\text{-}39)$$

$$Ag^+ + e = Ag \qquad E^0 = +0.799\ \mathrm{V} \qquad (6\text{-}40)$$

[10] 2つの半反応を組み合わせるとき，Z字になるような酸化還元反応は自然に進行する。
例①でZ字になるように反応を書くと次のようになる。
$Zn \longrightarrow Zn^{2+} + 2e^-$
$Cu + 2e^- \longrightarrow Cu^{2+}$
─────
$Zn + Cu^{2+} \longrightarrow Zn^{2+} + Cu$

酸化剤・還元剤

目的物質を酸化あるいは還元するために使用する試薬を，酸化剤あるいは還元剤とよぶ。酸化還元滴定に使用される主な試薬を表に示す。

表　おもな酸化還元反応

試薬	酸化還元反応	標準電極電位
過マンガン酸カリウム	$MnO_4^- + 8H^+ + 5e^- \rightleftharpoons Mn^{2+} + 4H_2O$	+1.51
二クロム酸カリウム	$Cr_2O_7^{2-} + 14H^+ + 6e^- \rightleftharpoons 2Cr^{3+} + 7H_2O$	+1.29
過酸化水素	$O_2 + 2H^+ + 2e^- \rightleftharpoons H_2O_2$	+0.682
チオ硫酸ナトリウム	$S_4O_6^{2-} + 2e^- \rightleftharpoons 2S_2O_3^{2-}$	+0.08
シュウ酸	$2CO_2 + 2H^+ + 2e^- \rightleftharpoons H_2C_2O_4$	-0.49

酸化剤として過マンガン酸カリウム，二クロム酸カリウムなど，還元剤としてはチオ酸ナトリウム，シュウ酸などが使用される。過酸化水素は目的物質により作用が異なり，酸化剤あるいは還元剤として使用される。

イオン間の反応で起こる電子のやり取りの方向もこれらから推定できる。この方法はとくに2つの酸化還元系が共存する場合は有用である。

6.6.3 イオン化傾向

イオン化系列は金属をイオンになりやすい順番にならべている。酸化されやすい金属種の方が酸化されて金属イオンになることから**イオン化傾向**[11]といわれ，電子を与える強さの大きい順になっている。標準電極電位は電子を奪う強さの小さい順になっている。このことから，標準電極電位を負に大きい値から正に大きい順に元素を並べたものがイオン化傾向の順と一致する。

金属発見の歴史は第1章で示したように，金→銅→鉄→アルミニウムの順で金の発見は古い。金はイオン化傾向が小さく，金イオンを火で還元することにより製造できたことが金の利用につながった。融解電解法が適用できるようになると，酸化還元電位の極めて低いアルミニウムイオンの還元が可能となり，アルミニウムの製造が始まった。これら金属の利用の歴史は化学的面からみると，金属の酸化還元電位より理解することができる（図6-6）。

金属の標準酸化還元電位を比較すると

$$\text{Au } 1.7\,\text{V} > \text{Cu } 0.337\,\text{V} > \text{Fe } -0.036\,\text{V} > \text{Al } -1.662\,\text{V} \quad (6\text{-}41)$$

である。人類による金属の発見の歴史は酸化還元電位におけるプラスからマイナスへの移行に対応し，酸化還元電位の高い金属から順に金属の発見につながっている。

[11] イオン化傾向の定義に関しては「イオン化傾向は，元素のイオン化の容易さの序列である」としている場合がある。しかし，元素の酸化還元反応で，酸化されやすい金属種の方が酸化されて金属イオンになることから，このことによりイオン化傾向を定義するのが厳密である。イオン化傾向の順は，標準電極電位の小さい方から大きい順に元素をならべたものとなる。

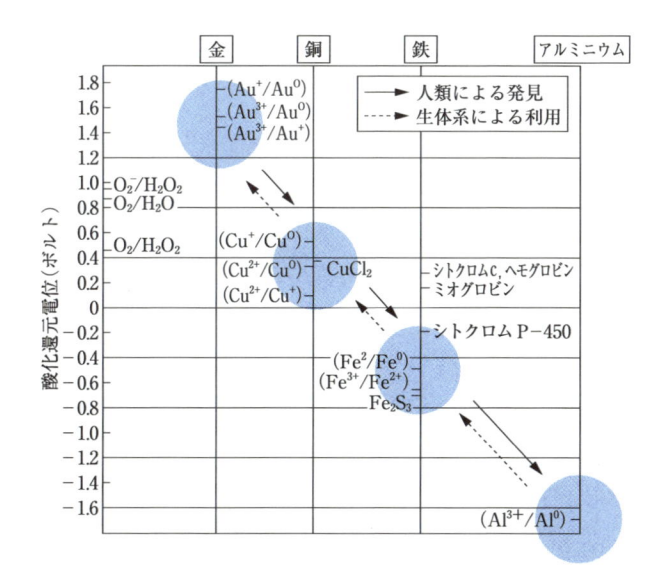

図6-6 化合物，金属イオン，および金属タンパク質の標準電極電位
（桜井 弘：「金属は人体になぜ必要か」，講談社（1996））

6.6.4 酸化還元反応の平衡における平衡定数の算定

次の反応の平衡定数を求める。

① $Cu^{2+} + Zn \rightleftarrows Cu + Zn^{2+}$ (6-42)

この反応の半反応は次のようになり、全反応の E^0 が求められる。

$$Cu^{2+} + 2e^- \rightleftarrows Cu \qquad (6\text{-}43)$$

$$\underline{Zn \rightleftarrows Zn^{2+} + 2e^- \qquad (6\text{-}44)}$$

$$Cu^{2+} + Zn \rightleftarrows Cu + Zn^{2+} \qquad (6\text{-}45)$$

$$E = E_右 - E_左 = +0.337 - (-0.763) = +1.100 \qquad (6\text{-}46)$$

$$\log K = 16.9\ nE^0 = 16.9 \times 2 \times 1.100 = 37.2 \qquad (6\text{-}47)$$

Daniel 電池は十分平衡が右方向に進むことを示している。

② $2Cu^+ \rightleftarrows Cu^{2+} + Cu$ (6-48)

この反応の半反応から同様に平衡定数が求まる。

$$Cu^+ + e^- \rightleftarrows Cu \qquad (6\text{-}49)$$

$$\underline{Cu^+ \rightleftarrows Cu^{2+} + e^- \qquad (6\text{-}50)}$$

$$2Cu^+ \rightleftarrows Cu^{2+} + Cu \qquad (6\text{-}51)$$

$$E = E_右 - E_左 = +0.522 - (+0.153) = +0.369 \qquad (6\text{-}52)$$

$$\log K = 16.9\ nE^0 = 16.9 \times 1 \times 0.369 = 6.24 \qquad (6\text{-}53)$$

この値は Cu^+ の不均化反応が起こることを示している。

6.7 応 用

6.7.1 pH の測定

起電力測定のもっとも重要な応用の1つはpHの測定である。pH 測定は化学的操作の中でもっとも頻繁に行われ、かつもっとも重要なものの1つである。pH は次式に示すように、オキソニウムイオン（以後水素イオンで表す）の活量 $a_{H_3O^+}$ を用いて定義される。

$$\text{pH} = -\log a_{H_3O^+} = -\log a_{H^+} \qquad (6\text{-}54)$$

pH の測定法は種々ある。電気化学的には水素イオンが関与し、電極電位の水素イオン活量に対する依存性がネルンスト式に従う電極反応は、いずれも pH の測定に利用することができる。現在 pH 測定用としてもっとも一般的に用いられているのは**ガラス電極**である。ガラス電極は図 6-7 に示すように、先端にガラス薄膜の球をもつガラス管に銀一塩化銀電極と活量一定の HCl を封入したものである。操作法としては、ガラス電極を pH 未知の溶液に浸し、適当な基準電極と組み合わせて電池を組み立て、その起電力 E を測定する。最近ではガラス電極と参照電極が一体となった複合電極が用いられている。この膜電極に発生する電位は、通常の電極系のように電子授受反応によるものでなく、膜の両側の

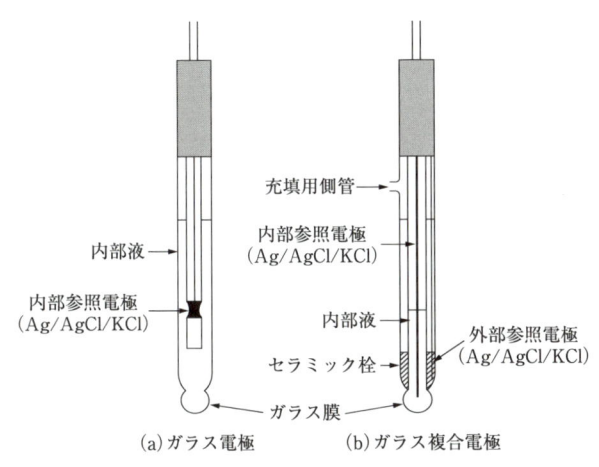

図 6-7 ガラス電極とガラス複合電極

溶液のイオン種（この場合は水素イオン）の活量差によって発生する電位差，すなわち膜電位である。電池は次の構成となる。

$$Ag(s) | AgCl(s) | HCl（活量一定）\vdots$$
$$pH 未知溶液 | KCl(aq) | AgCl(s) | Ag(s) \tag{6-55}$$

ここでは $\vdots$ ガラス薄膜を示している。基準電極の電位は一定であるから，この電池の起電力 E は pH に対して直線的に変化し

$$E = k + s \cdot pH \tag{6-56}$$

で表される。k は定数である。s は理論的には $2.303\,RT/F$ である。実際には pH 標準液（緩衝溶液）を用いて校正する。

6.7.2 腐食と防食

腐食による経済的損失は多大と考えられる。金属の腐食は，水が腐食反応に関与する**湿食**と関与しない**乾食**がある。後者は高温酸化などであり，ここでは水溶液中の湿食反応について考える。

金属（M）の水溶液中での**腐食反応**は単純には次の反応で示される。

$$M \rightleftarrows M^{n+} + n\,e^- \tag{6-57}$$

この反応は電子が関与しているので，電極電位によって変化する。腐食が進行すると金属内に電子が増加し，電位を負方向に変化させ金属の溶解は止まってしまう。腐食反応が進行するには金属内の電子を消費する反応が起きることが条件となる。

その1つは酸性溶液での水素発生の反応

$$2\,H^+ + 2\,e^- \rightleftarrows H_2 \tag{6-58}$$

また，溶液中に溶けている酸素の還元反応である。

$$O_2 + 4H^+ + 4e^- \rightleftarrows 2H_2O \tag{6-59}$$

このような反応との組み合わせで腐食が進行する。

水溶液中の腐食反応なので，水の状態を考える。水素発生の反応（6-58）の Nernst 式（25℃）は次の通りである。

$$E = E^0 - \frac{0.0591}{2}\log\frac{a_{H_2}}{a_{H^+}^2} \tag{6-60}$$

ここで，$E^0 = 0.0000$ V，$a_{H_2} = P_{H_2}$（P は分圧）とすると

$$E = -0.0591\,\mathrm{pH} - 0.0295\log P_{H_2} \tag{6-61}$$

酸素消費の反応（6-59）の Nernst 式は次の通りである。

$$E = E^0 - \frac{0.0591}{4}\log\frac{1}{a_{O_2}a_{H^+}^4} \tag{6-62}$$

ここで，$E^0 = 1.229$ V，$O_2 = P_{O_2}$（P は分圧）とすると，次式が得られる。

$$E = 1.229 - 0.0591\,\mathrm{pH} + 0.0148\log P_{O_2} \tag{6-63}$$

酸素と水素の分圧が1気圧のとき，図 6-8 の点線が酸素，水素の発生の領域にそれぞれ対応する。**水素と酸素の発生領域**を示している。

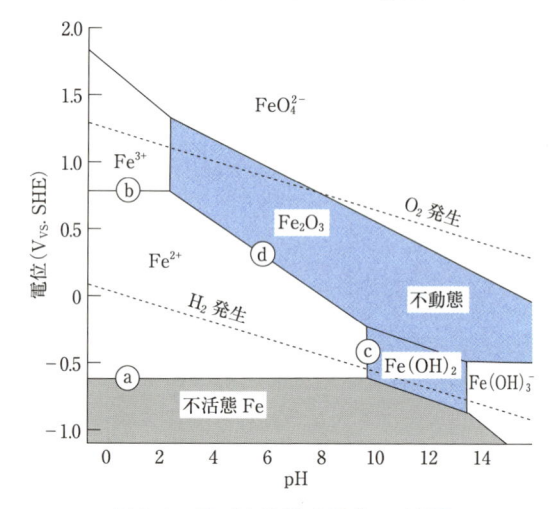

図 6-8 Fe-H₂O 系の電位-pH 図
（各イオン濃度：10^{-6} mol/L，25℃）
（松田好晴，岩倉千秋：「電気化学概論」，丸善（1994））

一方，鉄の腐食に関連する反応を次のような反応に単純化して考える。以下，一部の反応式と Nernst 式を示している。各イオンの活量を 10^{-6} mol/L と仮定している[12]。

$$Fe^{2+} + 2e \rightleftarrows Fe \qquad \text{ⓐ}$$

$$E = E^0 + \frac{0.0591}{n}\log a_{M^{n+}} = -0.440 + \frac{0.0591}{2}\log 10^{-6} \tag{6-64}$$

$$= -0.617\,\mathrm{V}$$

12) 以下の計算での平衡定数等のデータは「電気化学概論」(松田好晴，岩倉千秋著，丸善(1994))のデータを参考にしている。

$$Fe^{3+} + e \rightleftarrows Fe^{2+} \qquad \text{ⓑ}$$

$$E = E^0 - \frac{0.0591}{n} \log \frac{a_{Red}}{a_{Ox}} = 0.771 - 0.0591 \log \frac{10^{-6}}{10^{-6}} \qquad (6\text{-}65)$$

$$= 0.771 \text{ V}$$

$$Fe^{2+} + 2\,OH^- \rightleftarrows Fe(OH)_2 \qquad \text{ⓒ}$$

この反応の溶解度積は次のようになる。

$$K = a_{Fe^{2+}} a_{OH^-}^2 = 10^{-14.71} \qquad (6\text{-}66)$$

$$\log a_{OH^-} = pH - 14 \qquad (6\text{-}67)$$

これから

$$\log a_{Fe^{2+}} = -14.71 - 2\log a_{OH^-} = -14.71 - 2(pH - 14)$$

$$= 13.29 - 2\,pH \qquad (6\text{-}68)$$

$a_{Fe^{2+}}$ の値を代入すると pH＝9.65 が得られる。

$$Fe_2O_3 + 6\,H^+ + 2\,e \rightleftarrows 2\,Fe^{2+} + 3\,H_2O \cdots\cdots \text{ⓓ}$$

$$E = E^0 + 3 \times 0.0591 \log a_{H^+} - 0.0591 \log a_{Fe^{2+}}$$

$$= 0.728 - 0.178\,pH - 0.0591 \log 10^{-6}$$

$$= 1.083 - 0.178\,pH \qquad (6\text{-}69)$$

式ⓐ, ⓑ, ⓒ, ⓓとほかの反応も考慮にいれて反応を図 6-8 に示す。

このような図は**プールベダイヤグラム**（Pourbaix）といわれる。腐食域は Fe^{2+} で水素発生の箇所と Fe^{3+} で酸素発生の箇所で腐食が進行すると考えられる。防食はこのプールベダイヤグラムを利用して防食対策を考えるがことができる。このように腐食は金属の溶解などアノード反応と，水素発生や酸素還元などのカソード反応関係で進行することがわかった。腐食防止にはカソード反応を止めることができればよい。起こったとしても電流を小さくすれば腐食は無視できることになる。水素発生反応のある金属では，溶液の pH を大きくすると水素の平衡電位が負の方向にずれ，腐食電流は低下する。酸素消費型の腐食では，溶液中の溶存酸素を排除することが出来れば防止できる。防食の方法として 2, 3 あげる。

犠牲アノード：イオン化傾向を利用した防食法で，古くから行われている方法である。鉄を防食する方法として亜鉛を使用する。亜鉛はアノードとなり溶解し，鉄では水素発生が起こり防食される。

カソード防食：この方法は防食使用とする金属を電気化学的に分極してカソード化する。このためにはアノードとなる不溶性の補助の電極との間に微小電流を流し，金属から水素を発生させる。

インヒビター：この方法は溶液中に少量の薬剤を添加し，腐食反応速度を抑制する。薬剤をインヒビター（inhibitor）という。鉄に対するインヒビターの効果では，安息香酸は鉄の防食に効果があるといわれる。

6.7.3 バイオセンサー

生体反応を利用した電気化学計測デバイスは，**バイオセンサー**とよばれている。電気化学計測デバイスとしては図 6-9 に示すように，酵素反応の結果生成する酸素，過酸化水素，水素イオン，アンモニアなどを各種電極で検知することになる。バイオセンサーの例としてブドウ糖の定量への応用を示す。

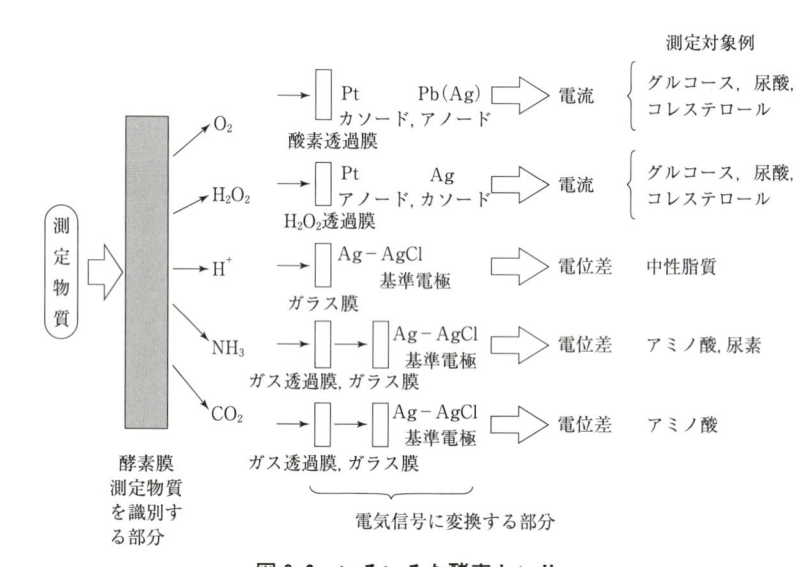

測定物質	酵素膜 測定物質 を識別する部分	→ O_2 →	Pt Pb(Ag) カソード，アノード 酸素透過膜	⇒ 電流	測定対象例 グルコース，尿酸，コレステロール
		→ H_2O_2 →	Pt Ag アノード，カソード H_2O_2透過膜	⇒ 電流	グルコース，尿酸，コレステロール
		→ H^+ →	Ag–AgCl 基準電極 ガラス膜	⇒ 電位差	中性脂質
		→ NH_3 →	Ag–AgCl 基準電極 ガス透過膜，ガラス膜	⇒ 電位差	アミノ酸，尿素
		→ CO_2 →	Ag–AgCl 基準電極 ガス透過膜，ガラス膜	⇒ 電位差	アミノ酸

電気信号に変換する部分

図 6-9 いろいろな酵素センサー
(電気化学協会編：「新しい電気化学」，培風館 (1987))

〈ブドウ糖の定量〉

血液中には低分子物質から高分子物質の化学物質が存在している。血液中のブドウ糖の定量は，選択的定量を可能にする酵素と電気化学計測デバイスの組み合わせで行うことができる。ブドウ糖は**ブドウ糖酸化酵素**（glucose oxidase, GOD）の触媒作用で次の反応が進行する。

$$\text{ブドウ糖} + O_2 \xrightleftharpoons{\text{GOD}} \text{生成物} + H_2O_2 \tag{6-70}$$

この反応で，酸素の減少量か過酸化水素の生成量を知ることができればブドウ糖の分析ができる。酵素を担体（アセチルセルロース，ポリグルタミン酸，ポリ塩化ビニルなど）に固定することで膜状にして機能性膜として使用する。

ここでは隔膜酸素電極を使用し，酸素の減少量を測定する方法を解説する。この電極は図 6-10 に示すように，陰極に白金電極，陽極は鉛とアルカリ電解液で構成され，酸素透過性テフロン膜で白金電極が測定溶液と分離されている。測定は測定セルに緩衝液を入れかきまぜて，酸素センサーを挿入し，溶存酸素を測定する。次に所定量の血清を注入する。

測定電流の減少の初速度，あるいは定常電流値からブドウ糖濃度を求める。

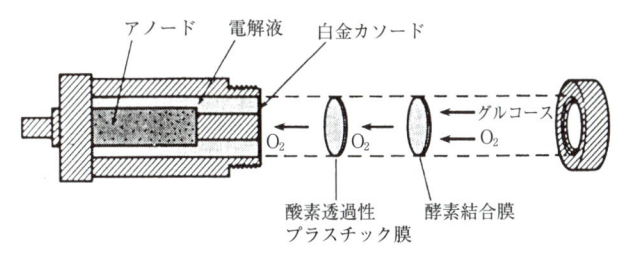

図 6-10　グルコース定量の酵素センサー
(電気化学協会編：「新しい電気化学」, 培風館 (1987))

6.7.4　燃料電池

燃料電池は燃料（主に水素）と酸素を直接電気に変えるエネルギー変換器である。燃料と酸素を消費し，電気エネルギーを外部へ供給しながら生成物をうまく排出し，連続的に発電する。燃料電池の優れているのは生成物が水だけ（一部 CO や CO_2 が生成）で廃棄物がゼロに近いことである。さらに燃料電池の発電効率が 40〜60％ と高く，出力規模を自由に選定できるので，家庭，病院，ホテルなどの1つの施設用から大規模発電まで可能である。また，燃料電池搭載自動車の実用化計画も進んでいる。

6.7.5　表面のコーティング

〈めっき〉　表面に金属イオンを還元析出させ薄膜をつけることである。基本的な電解槽の構成は図 6-11 に示す通りであり，2つの電極，電解

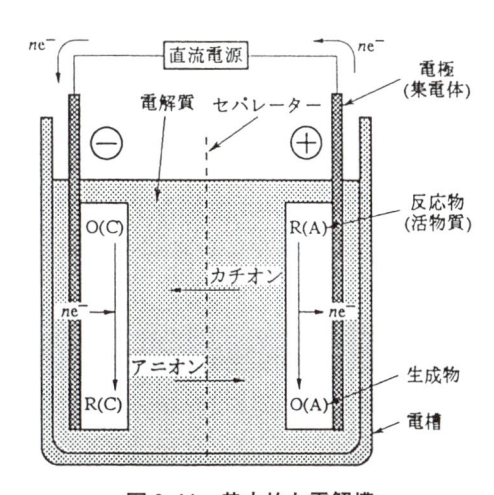

図 6-11　基本的な電解槽
(松田好晴, 岩倉千秋：「電気化学概論」, 丸善 (1994))

質および隔膜からなっている。電解させようとする反応物質は電極自身であっても，電解液に溶解させた別の物質であってもよい。電解においては陽極（アノード；anode）では酸化反応が起こり，陰極（カソード；cathode）では還元反応が起こる。

電極反応が進行するとき，電気量と電極で変化する物質の関係はファ

燃料電池

図にリン酸型燃料電池のしくみを示す。リン酸型燃料電池の電極で生じる反応は，

（陰極）水素供給側電極：$H_2 \rightleftarrows 2H^+ + 2e^-$　　　　　　　①

（陽極）酸素供給側電極：$\frac{1}{2}O_2 + 2H^+ + 2e^- \rightleftarrows H_2O$　　②

全体の反応：$H_2 + \frac{1}{2}O_2 \rightleftarrows H_2O$　　　　　　　③

で表され，陰極反応で生じる電子が外部回路を通して陽極に向かうことで電流が得られる。陰極で生成した水素イオンは，電解質の中を移動して陽極に達する。ここで生じる電圧は実用上 0.65 V 程度である。したがって，多くの電池をつないで目的の電圧を得る。なお燃料として用いる水素は天然ガスやメタノールを改質し，酸素は大気中のものを用いる。たとえば天然ガス中のメタンを改質して水素を得る場合は，高温・高圧下で触媒を用いる。その反応は以下の通りである。

$CH_4 + H_2O \rightleftarrows CO + 3H_2$　　　　　　　　　　　④
$CO + H_2O \rightleftarrows CO_2 + H_2$　　　　　　　　　　　⑤

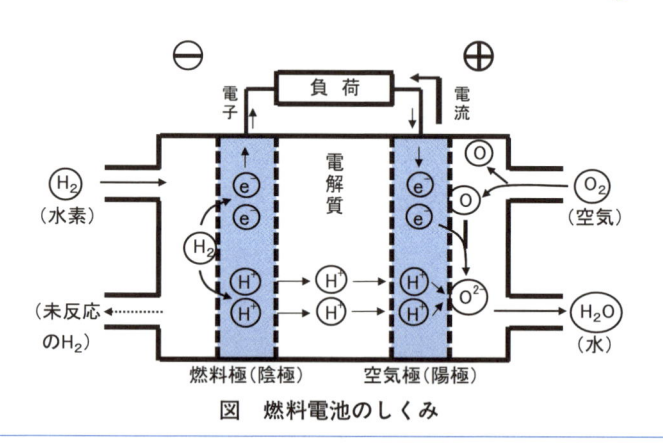

図　燃料電池のしくみ

携帯機器用燃料電池時代の幕開け

携帯電話の普及してきたことに対応して，携帯用燃料電池の開発が進んでいる。水から水素燃料を取り出す超小型燃料電池を開発し，商品化をめざしている。メタノール燃料方式に比べ高い出力とエネルギー密度が期待でき，サイズも実用化を目指し小型化の開発が行われている（2006）。

ラデーの法則で示される。

めっきできる元素を表6-4に示す。

表6-4　水溶液中でめっきできる元素

周期＼族	6	7	8	9	10	11	12	13	14	15
4	Cr	Mn	Fe	Co	Ni	Cu	Zn			
5			Ru	Rh	Pd	Ag	Cd	In	Sn	Sb
6			Os	Ir	Pt	Au	Hg	Tl	Pb	Bi

〈プラスチックの表面コーティング〉　素材のプラスチック（ABS樹脂，ポリプロピレンなど）は酸で処理して，表面を微細にするとともに親水性を付与する。これにスズイオンを含むスズコロイドを付着する。次にスズをパラジウムと置換する。これにより金属イオンの還元がプラスチックの表面で進む。

この様子を図6-12に示す。

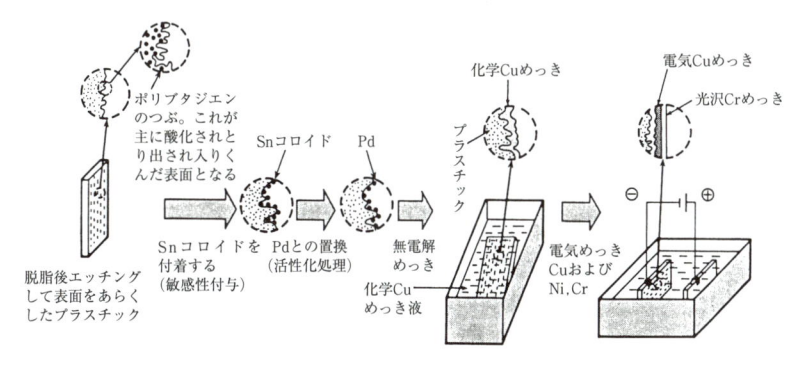

図6-12　プラスチックめっきの工程
（電気化学協会編：「新しい電気化学」，培風館（1987））

ファラデーの法則

電極と電解液の界面で電極反応が進行するとき，電気量と反応によって変化する化学物質の質量との間には次のファラデーの法則がある。
1) 電流がセル中を通過するとき，電極上において析出または溶解する化学物質の質量は通過する電気量に比例する。
2) 同じ電気量により析出または溶解する異なった物質の質量は，その物質の化学当量に比例する。

ここで，電子1 mol（6.022×10^{23} 個）のもつ電気量は1ファラデー（Faraday；F）とよばれ，96,485クーロンの電気量に相当する。

参考文献

1) 合原眞, 井出悌, 栗原寛人:「現代の無機化学」, 三共出版 (1991)
2) 合原眞, 栗原寛人, 竹原公, 津留壽昭:「無機化学演習」, 三共出版 (1996)
3) 桜井弘:「金属は人体になぜ必要か」, 講談社 (1996)
4) 松田好晴, 岩倉千秋:「電気化学概論」, 丸善 (1994)
5) 合原眞, 佐藤一紀, 野中靖臣, 村石治人:「人と環境」, 三共出版 (2002)
7) 三浦隆, 佐藤祐一, 神谷信行, 奥山優, 縄船秀美, 湯浅真:「電気化学の基礎と応用」, 朝倉書店 (2004)
8) 塩川二郎:「基礎無機化学」, 丸善 (2003)
9) 電気化学協会編:「新しい電気化学」, 培風館 (1987)

第 6 章 チェックリスト

- ☐ 酸化・還元
- ☐ Daniel 電池
- ☐ ネルンストの式
- ☐ 水素電極
- ☐ 酸化還元電極
- ☐ 銀－塩化銀電極
- ☐ 標準電極電位とイオン化傾向
- ☐ ガラス電極
- ☐ 腐食・防食
- ☐ めっき

● 章末問題 ●

問題 6-1

酸化と還元の意味を説明せよ。

問題 6-2

次の半電池の反応を書け。

(1) $Cu\,|\,Cu^{2+}$ (2) $Pt, H_2\,|\,H^+$ (3) $Pt\,|\,Fe^{2+}, Fe^{3+}$ (4) $Ag\,|\,AgCl, Cl^-$

問題 6-3

次式の反応について, 25℃における Nernst 式を書け。ただし, 以下の標準電極電位 (E^0) の値を用いよ。

(1) $Mg^{2+} + 2\,e^- \rightleftarrows Mg$ $E^0 = -2.363\,V$

(2) $Cu^{2+} + e^- \rightleftarrows Cu^+$ $E^0 = 0.153\,V$

問題 6-4

次の反応が起こる電池の図を書け。

(1) $Sn^{2+} + Pb \rightleftarrows Sn + Pb^{2+}$

(2) $1/2\,Cu + 1/2\,Cl_2 \rightleftarrows 1/2\,Cu^{2+} + Cl^-$

(3) $I_2 + I^- \rightleftarrows I_3^-$

問題 6-5

ダニエル電池の 25℃ での起電力 (亜鉛イオンと銅イオンの活量はそれぞれ 0.1 mol/L) を求めよ。

問題 6-6
　水素ガス電極と銀-塩化銀電極の構造と Nernst 式を書け。

問題 6-7
　金属（M）が活量 a_1 と a_2 で濃淡電池を形成しているときの 25℃ における起電力を求めよ。

第7章

錯体の化学

学習目標

1. 錯体化学で使用される用語，錯体の命名法を学習する。
2. 錯体の立体構造，異性現象を学習する。
3. 錯体の構造を原子価結合理論，静電結晶場理論で考える。
4. 錯体の吸収スペクトル，安定度，キレート効果などを学習する。

1) ウェルナー（A. Werner 1866–1919）はコバルトアンミン錯体に対して構造が6配位8面体をとるとして，論理的な立体構造，配位説を提案した。

　錯体の構造についての議論が本格的になされはじめたのは1900年後半頃からであり，初期の研究の多くはアンモニアを用いた金属アンミン錯体であった。ヨルゲンセン（C. K. Jørgensen）やウェルナー[1]らはコバルト化合物の構造等について研究を行った。とくにウェルナーは多くの錯体を合成し，それら錯体の構造について配位説を提唱し，錯体化学の発展に寄与した。その後，理論の展開，機器分析の発展にともない広範に研究対象が広がった。現在ではあらゆる分野に錯体に関する事項が出てくる。この章では錯体化学の基本事項について学ぶ。

初期のコバルトアンミン錯体の例

$CoCl_3 \cdot 6NH_3$　ルーテオコバルト（Ⅲ）塩化物　（$[Co(NH_3)_6]Cl_3$）

$CoCl_3 \cdot 5NH_3$　プルプレオコバルト（Ⅲ）塩化物　（$[CoCl(NH_3)_5]Cl_2$）

$CoCl_3 \cdot 4NH_3$　プラセオコバルト（Ⅲ）塩化物　（$trans\text{-}[CoCl_2(NH_3)_4]Cl$）

$CoCl_3 \cdot 4NH_3$　ビオレオコバルト（Ⅲ）塩化物　（$cis\text{-}[CoCl_2(NH_3)_4]Cl$）

＊（　）の構造式は現在の式

7.1 ● 序　　論
7.1.1 錯体とは

従来から錯塩という言葉が使用されてきたが，錯塩とよばない化合物，たとえば $[Ni(CO)_4]$ や $[Fe(CO)_5]$ などの錯分子が出てきたこともあり，complex の訳語として錯体が使用されている。**錯体の定義**としては次のようなものがある。

広義には

「イオンまたは分子に他のイオンまたは分子が結合（配位）したもの」とする定義がある。しかし，この定義では ClO_4^-，SO_4^{2-} などのようなイオンも錯体に含まれることになるので，中心になる原子またはイオンが化学的に意味ある条件で存在し得るものであることや，錯体が形成されるときに含まれる化学反応は十分起こり得るものであること等の制限[2]を加えることがある。

狭義には

「金属原子または金属イオンが中心となり他の原子，分子，イオンなどを配位した化学種」とする定義がある。それを強調して**金属錯体**（metal complex）ということがある。

また配位結合を含む化合物を**配位化合物**（coordination compound）とよぶことがある。

厳密にいうと各々の語句に相違があるが，普通には金属をルイス酸とした配位化合物を錯体といっている。

7.1.2 錯体化学で使用される用語

中心原子（central metal）　錯体の中心になる原子で，金属原子が中心となる錯体が多い。

配位子（ligand）　中心金属と結合する分子・イオンで電子対供与体を配位子という。Cl^-，H_2O，NH_3 などの配位子は金属の配位座を1つ占め，**一座（単座）配位子**という。一方，エチレンジアミンではN原

---

[2] アダクト生成
　$Si^{4+} + 6F^- = SiF_6^{2-}$
　$SiF_4 + 2F^- = SiF_6^{2-}$
後者の反応で SiF_6^{2-} が生成するいわゆるアダクト（adduct）生成で錯形成が起きているとすれば SiF_6^{2-} もこの定義の範囲に入る。

配位結合（coordinate bond）

ある原子間の結合にあずかっている電子対が，一方の原子のみから供与されている化学結合をいう。電子対供与体となる原子から電子対受容体となる原子へと，電子対が供与されてできる化学結合であるから，ルイス酸とルイス塩基との結合でもある。遷移金属では空のd軌道などをもつため，多くの種類の金属錯体が配位結合により形成される。配位結合と共有結合も本質的には違いがないが，その分子軌道の構造やそのエネルギー準位により結合自身の性質は異なる。

表 7-1 配位子の例

化学式・名称・(英語名)(略号)

単座配位子　F^- フルオロ (fluoro), Cl^- クロロ (chloro), Br^- ブロモ (bromo), I^- ヨード (iodo), S^{2-} チオ (thio), CN^- シアノ (cyano), OH^- ヒドロキソ (hydroxo), H_2O アクア (aqua), NH_3 アンミン (ammine), NO ニトロシル (nitrosyl), CO カルボニル (carbonyl), C_5H_5N ピリジン (pyridine)

二座配位子　$H_2NCH_2CH_2NH_2$ エチレンジアミン (ethylenediamine) (en)

オキサラト (oxalato) (ox)

オキシナト (oxinato)

2,2′-ビピリジン (2,2′-bipyridine) (bpy)

アセチルアセトナト (acetylacetonato) (acac)

三座配位子　ジエチレントリアミン (diethylenetriamine) (dien)

四座配位子　2,2′,2″-トリアミノトリエチルアミン (2,2′,2″-triaminotriethylamine) (tren)

ニトリロトリアセタト (nitrilotriacetato) (nta)

六座配位子　エチレンジアミンテトラアセタト (ethylenediaminetetraacetato) (edta)

3) キレートの名の由来
　錯体で配位子の立体構造によって生じた隙間に金属を挟む姿から、ギリシャ語で「カニのハサミ」という意味がある。キレート剤は通常、水溶液中で金属イオンと1:1で結合する。配位結合によって錯イオンを形成し、キレート剤の分子構造はカニのハサミのような形をしていることからきている。そのハサミの部分が金属イオンを包み込むようにして結合する。

4) キレート化合物において
　金属と配位子の結合部位の環をいい、5員環、6員環などを形成する。

子の2個、シュウ酸ではO原子の2個、オキシンではN原子とO原子の2個が電子対供与原子となり、金属の配位座を2つ占め、**二座配位子**という。二座配位子以上を**多座配位子**といい、表7-1にその例を示す。

キレート (chelate)[3]　キレート化合物 (chelate compound) ともいい、金属と多座配位子との結合によりキレート環[4]を形成している錯体をいう。キレートを形成する配位子を**キレート剤**という。

配位数 (coordination number)　金属錯体では、中心の金属イオン

（または金属）が結合できる配位子（一座配位子として）の数をいう。生成した錯体の構造で見ると，金属イオン（または金属）に直接結合している配位原子の数となる。金属は特定の配位数をもつが1つとは限らない。

多核錯体（polynuclearcomplex） 普通に形成される錯体は中心金属イオンが1個（単核錯体という）である場合が多い。ある配位子が2個の金属イオンと結合している場合は**二核錯体**とよばれる。二核・三核錯体などを**多核錯体**という。

7.2 ● 錯体の命名法

ここでは「国際純正および応用化学連合（IUPAC）」制定の命名法規則に基づく命名法を中心にして基本事項について説明する。日本語の翻訳に関しては日本化学会で作成した化合物命名法によることにした。

化学式 錯体の化学式はカギかっこ（[　　]）に入れる。まず，中心原子（多くは金属）を書く。[　　]に入れた配位子の中では

　　　　中心原子―陰イオン性配位子―陽イオン性配位子―中性配位子

の順に書く。ただし構造を論ずる場合には必ずしもこの必要はない。それぞれでは配位原子の記号のアルファベット順にならべる。

　例　［CuI(bpy)$_2$］I　　　　　　　bpy；2,2′-ビピリジン
　　　［PtBrClI(NO$_2$)(NH$_3$)(py)］　py；ピリジン

中心原子の酸化数 中心原子の酸化数は Stock 方式（中心元素の酸

身のまわりのキレート

キレートの使用は金属を封鎖することや，キレート化による金属の性質の変化を利用している。

経口するものとしては食品添加物などがある。酸化防止剤として EDTA・2Na，EDTA・Ca・2Na がマヨネーズ，缶詰に使用されている。機能性食品で吸収されにくい養分（Ca など）を有機酸など（クエン酸，リンゴ酸，グルコン酸など）によって吸収されやすい形に変えている食品もある。キレート療法としては，体内から有害ミネラルや老廃物を取り除く方法が知られている。

工業的には多数の利用がある。その大部分が金属封鎖の機構による利用である。身近なところでは EDTA などが配合された石鹸がある。ミネラルが多く泡立たない場合や金属アレルギーの場合に利用される。キレート樹脂として特定のイオン種を選択的に吸着捕集できるように設計された製品がある。

一方，キレート剤の生分解性が問題となる。EDTA は生分解性が悪く，国によっては使用を規制しているところもある。このため生分解性のよいキレート剤の開発も行われている。

化数をローマ数字で示す）で表す。あるいは **Ewens-Bassett 方式**（錯イオンの電荷をアラビア数字と＋，－の符号で示す）で間接的に表すことができる。

化学式の名称[5]　配位子を英語のアルファベット順に並べ，最後に中心原子をおく。錯陽イオンの中心原子名は元素名のままで変化しないが，錯陰イオン中では元素名の語尾が—ate，日本語では—酸となる。

配位子の名称　陰イオン性配位子は—O［—オ］で終る。例を表 7-1 に示した。中性および陽イオン性配位子の名称は，特別の場合を除きそのまま用いる。特別の場合としては，

> H_2O；アクア（aqua），NH_3；アンミン（ammine）
> NO：ニトロシル（nitrosyl），CO：カルボニル（carbonyl）

などがある。異なる結合形式を取り得る配位子としては，

> -SCN；チオシアナト-S（thiocyanato-S）
> -NCS；チオシアナト-N（thiocyanato-N）
> -NO_2；ニトリト-N（nitrito-N），ニトロ（nitro）
> -ONO；ニトリト-O（nitrito-O）

などの名称の差がある。

成分比　成分比は次のようなギリシャ数詞で表す。

> 1 モノ(mono)　2 ジ(di)　3 トリ(tri)　4 テトラ(tetra)
> 5 ペンタ(penta)　6 ヘキサ(hexa)　7 ヘプタ(hepta)
> 8 オクタ(octa)　9 ノナ(nona)　10 デカ(deca)
> 11 ヘンデカ(hendeca)　12 ドデカ(dodeca)

モノ，ジなどが含まれる化合物や複雑な原子団などの数を示すときは，ビス（bis），トリス（tris），テトラキス（tetrakis），ペンタキス（pentakis）などを用いる。

これらの命名法によるいくつかの例を次に示す。

$[Co(NH_3)_6]Cl_3$　ヘキサアンミンコバルト(III)塩化物
$[CrCl(NH_3)_5]Cl_2$　クロロペンタアンミンクロム(III)塩化物
$[Co(NH_3)_2(en)_2]Cl_3$　ジアンミンビス（エチレンジアミン）コバルト(III)塩化物
$[Cu(acac)_2]$　ビス（アセチルアセトナト）銅(II)
$[Fe(bpy)_3]Cl_3$　トリス（2,2′-ビピリジン）鉄(III)塩化物
$K_3[Fe(CN)_6]$　ヘキサシアノ鉄(III)酸カリウム
$K[Au(OH)_4]$　テトラヒドロキソ金(III)酸カリウム

その他　配位子の略号は4字を越えないようにし，有機の基の略号 Me，Et などは使用しない。錯体の構造を名称にもち込む必要のある場

---

[5] 錯体はその電荷により錯陽イオン，錯陰イオン，中性錯体の種類がある。錯陰イオンの命名法は注意を要する。

合，多核錯体において架橋原子または原子団に $\mu-$ をつけ残りの名称とつなぐ。

例

$[(NH_3)_5Cr\text{-}OH\text{-}Cr(NH_3)_5]Cl_5$　　μ-ヒドロキソ-ビス（ペンタアンミンクロム(III)塩化物

$[(NH_3)_4Co\underset{NO_2}{\overset{NH_2}{\diagup\diagdown}}Co(NH_3)_4]Cl_4$　　μ-アミド-μ-ニトロ-ビス（テトラアンミンコバルト(III)）塩化物

7.3 ● 配位立体化学

7.3.1 配位数と立体構造

錯体の配位数，立体構造について解説する。表 7-2 に立体構造の例を示す。

配位数 2　Ag(I), Au(I), Cu(I), Hg(II) などの錯体に見られる。金属イオンと 2 個の配位子は直線型配列をとっている。

　　　　例　$K[Au(CN)_2]$　ジシアノ金(I)酸カリウム

配位数 3　この配位数をもつ錯体の例は少しである。その構造としては**正三角形**がある。

　　　　例　$[Cu\{SP(CH_3)_3\}_3]ClO_4$　トリス（トリメチルホスフィン硫化物）銅(I)過塩素酸塩

配位数 4　この配位数の場合の構造は**正四面体**と**正方形**がある。正四面体としては遷移元素錯体などで多くみられる。Fe(II), Co(II) のハロゲノ錯体や，Zn(II), Cd(II), Hg(II) などの錯体に見られる。正方形四配位では Au(III), Ir(I), Pt(II), Rb(I) などの錯体の例が多い。Pt(II) では陽イオン性，陰イオン性，中性の錯体が知られている。

　　　　例　正四面体　$K_2[Co(NCS)_4]$　テトラ（イソチオシアナト）コバルト(II)酸カリウム

　　　　例　正方形　$K_2[PdCl_4]$　テトラクロロパラジウム(II)酸カリウム

配位数 5　**三方両錐，四角錐**等の構造がある。

　　　　例　三方両錐　$[ZnCl_2(tpy)]$　ジクロロ（2,2′,2″-テルピリジン）亜鉛(II)[6]

　　　　例　四角錐　$[InCl_5]^{2-}$　ペンタクロロインジウム(III)酸イオン[7]

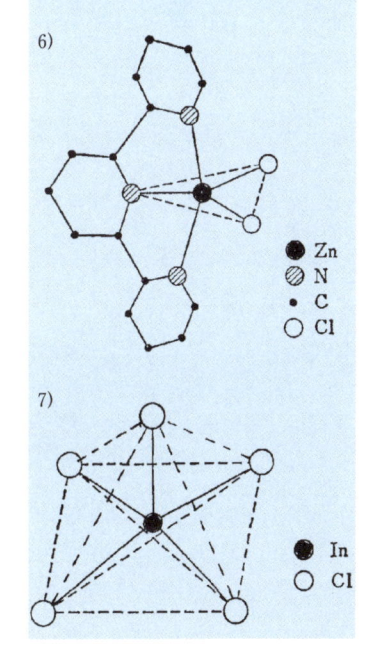

表 7-2 立体構造の例

配位数	立体構造		例
2	直線		$[CuCl_2]^-$, $[Ag(CN)_2]^-$
3	三角形		$[Cu\{SP(CH_3)_3\}_3]^+$ (注8), $[HgI_3]^-$
4	正四面体		$[FeCl_4]^-$, $[Zn(CN)_4]^{2-}$
4	正方形		$[AuCl_4]^-$, $[PtCl_4]^{2-}$
5	三方両錐		$[Fe(CO)_5]$, $[CuI(bpy)_2]^+$
5	四角錐		$[SbF_5]^{2-}$, $[VO(H_2O)_4]^{2+}$
6	正八面体		$[Ni(en)_3]^{2+}$, $[Co(NH_3)_6]^{3+}$
6	三角柱		$[Re(S_2C_2Ph_2)_3]$ (注9)
7	五角両錐		$[ZnF_7]^{3-}$, $[UF_5O_2]^{3-}$
7	面心三角柱		$[TaF_7]^{2-}$

配位数 6　この配位数の錯体の構造としては**正八面体，三角柱**等がある。正八面体をとる錯体は多く，Ni(II)(d^8)，Co(III)，RhIII(d^6)，Fe(III)(d^5)，Cr(III)(d^3)などの錯体がある。三角柱錯体はそれほど多くない。

　　例　正八面体　$K_3[Fe(C_2O_4)_3]$　トリス（オキサラト）鉄(III)酸カリウム

　　例　三角柱錯体　$[Re(S_2C_2Ph_2)_3]$　トリス（*cis*-スチルベン-α,β-ジチオラト）レニウム(IV)

配位数 7 以上　これらの配位数をもつ錯体の例としては，$[TaF_7]^{2-}$，$[UF_8]^{3-}$，$[ReF_8]^{2-}$などがある。配位数 10 以上の構造は多面体など複雑となっている。La(III)，Ce(III)などのランタノイド元素などに見られる。

　　例　五角両錐　$(NH_4)_3[ZrF_7]$　ヘプタフルオロジルコニウム(IV)酸アンモニウム

7.3.2　錯体の異性現象

錯体が研究される以前の異性現象はほとんど有機化合物に限られていた。金属錯体では種々の異性現象が見られる。

(1) 立体異性体

立体異性体は空間的に配位子の配列が異なるもので，**エナンチオ異性**（enantio-isomerism）と**ジアステレオ異性**（diastereo-isomerism）に分けられる。

〈ジアステレオ異性〉

官能基間の距離が異なる幾何異性体の *cis-trans* 異性体と *mer-fac* 異性体について解説する。

***cis-trans* 異性**　正方形の 4 配位錯体の *cis-trans* 異性体の数は表 7-3 に示すとおりである。M は金属，a, b は単座配位子，(AB) は非対称の二座配位子を表す。

$[Ma_2b_2]$ の異性体の例として図 7-1(a) の白金錯体がある。二座配位子を含む $[M(AB)cd]$ の異性体の構造は図 7-1(b) に示す。$[Mabcd]$ の異性体の例としては $[Pt(NO_2)(NH_3)(NH_2OH)(py)]Cl$ があり，図 7-1(c) に示す。

***mer-fac* 異性**　6 配位錯体としては正八面体，平面六角形，正三角柱等がある。例として正八面体錯体では単座配位子を含む形としては $[Ma_4b_2]$，$[Ma_3b_3]$，$[Ma_2b_4]$ があり，各々 2 個の異性体が考えられる。$[Ma_3b_3]$ および二座配位子を含む $[M(AB)_3]$ では，八面体の三角形の面を 3 個の同種配位子で囲むタイプの **facial(fac)型**と，縦方向

表 7-3 正方形錯体の cis-trans 異性体の数

錯体	cis-trans 異性体の数
[Ma_2b_2]	2
[Ma_2bc]	2
[Mabcd]	3
[M(AB)cd]	2
[M(AB)$_2$]	2

(a)

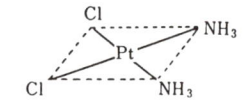

シス-ジクロロジアンミン白金(Ⅱ)　　　　トランス-ジクロロジアンミン白金(Ⅱ)

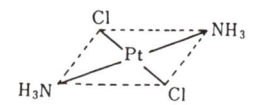

(b)

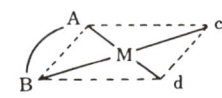

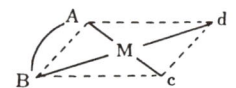

(c)

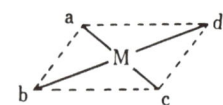

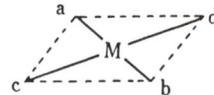

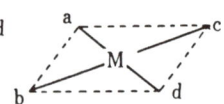

図 7-1 cis-trans 異性体の構造の例

立体異性体について

　ある分子が鏡像関係にあって重なり合わない性質を表すのにキラリティー（chirality, 不斉）の用語を用い，キラリティーをもつ分子をキラル分子（キラルな分子）とよぶ。キラル分子は互いに鏡像である2つの異性体をもち，これら2つの異性体はエナンチオマー（enantiomer）や対掌体であるという。鏡像（光学）異性体は同義語として用いられる場面が多い。この異性体はそれらの水溶液で偏光の平面を右へ（右旋性）または左へ（左旋性）のどちらかに回転させる性質がある。

　立体異性体は広義にはエナンチオマーとジアステレオマー（エナンチオマー以外のもの，幾何異性体を含める）に分けている。狭義にはエナンチオマーとジアステレオマー（分子内に2つ以上のキラリティーがあるときに生ずる異性体のうち，エナンチオマー以外のもの）に分けて用いられることがある。

シスプラチン

シス-ジクロロジアンミン白金(II)（一般名，シスプラチン）が大腸菌の増殖を抑えることが発見（1965年）され，さらに大腸菌だけでなくガン細胞の増殖を抑えることも発見され，広く抗ガン剤として使われるようになった。シスプラチンは細胞内で水和錯体に変化し，これが制がん活性種であると考えられている。図Iに示すようにシスプラチンは細胞外（血漿）では中性のジクロロ錯体で存在し，細胞膜を通過する。塩素イオン濃度の低い細胞内では，この錯体の Cl^- は水分子で置換されると考えられる。主に，$[Pt(H_2O)_2(NH_3)_2]^{2+}$ などのイオン種がDNAの二重らせんにがっちりと結合して変形させ，その機能をブロックすることがわかった（図II）。この作用機序が解明されたのは1984年のことで，DNAがほどけなくなれば細胞分裂もできなくなり，ガンの病巣の増殖も食い止められると考えられる。その他，有効であると認められている錯体として $[PtX_xY_y]$（X：陰イオン性配位子，Y：アミン類，x, y は1または2）などがある。

図I　シスプラチンの体内での平衡

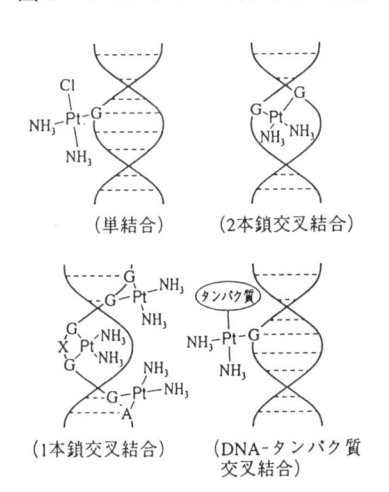

図II　シスプラチンのDNAに対する結合様式の例

（桜井　弘：「金属は人体になぜ必要か」，講談社（1996））

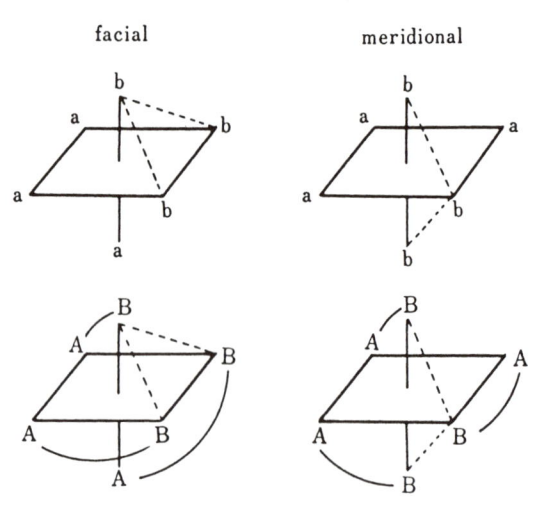

図 7-2 fac-mer 異性体の構造の例

に 3 頂点を結ぶタイプの meridional（mer）型の異性体があり図 7-2 のようになる。

〈エナンチオ異性〉

錯体のエナンチオマーの例は 6 配位錯体に多いのでこの錯体について述べる。

[M(AA)bc] 型錯体（AA は対称性の二座配位子）で例として [CoCl(NH$_3$)(en)$_2$]Br でシス形にエナンチオマー（図 7-3(a)）がある。

[M(AA)$_3$] 型で [Co(en)$_3$]X 錯体（図 7-3(b)）がその例としてあ

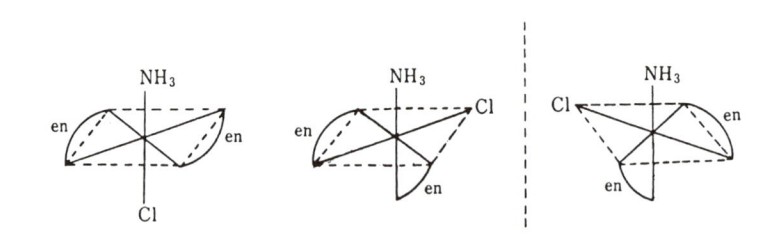

(a)

(b)

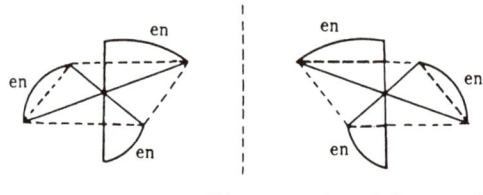

図 7-3 エナンチオマーの構造

り，結晶構造，絶対配置など多く研究されている。その他 $[Pt(en)_3]Cl$，$[Ni(bpy)_3]Cl$ などがある。エナンチオマーの絶対配位についてはかなりの例が確認されている。

(2) 種々の異性現象

これまで述べた立体配置に関する異性現象の他に次の異性現象がある。

イオン化異性 同一の組成であるが，溶液中では異なったイオンを生ずる異性体である。例としては，

$[CoCl(NH_3)_5]SO_4$ と $[CoSO_4(NH_3)_5]Cl$

$[Co(NH_3)_5Cl]SO_4$ と $[Co(NH_3)_5SO_4]Cl$

$[Pt(NH_3)_3Br]NO_2$ と $[Pt(NH_3)_3NO_2]Br$

同様なものとして配位水と結晶水[10]との違いで

$[Cr(H_2O)_6]Cl_3$, $[Cr(H_2O)_5Cl]Cl_2 \cdot H_2O$, $[Cr(H_2O)_4Cl_2]Cl \cdot 2H_2O$

があり，**水和異性**とよぶ。

配位異性 錯陽イオンと錯陰イオンを含む錯体で全体の組成は同一であるが，金属に配位する配位子が次のように異なっている異性体である。

$[Co(NH_3)_6][Cr(C_2O_4)_3]$ と $[Cr(NH_3)_6][Co(C_2O_4)_3]$

$[Cr(NH_3)_6][Cr(NCS)_6]$ と $[Cr(NH_3)_4(NCS)_2][Cr(NH_3)_2(NCS)_4]$

結合異性 単座配位子で配位する原子が2個含まれているとき，いずれで配位しているかで異性体を生じる。この型の異性体を示す配位子としてはCN（CまたはN），NCS（NまたはS）などがある。

$[Co(NH_3)_5(NO_2)]Cl_2$ と $[Co(NH_3)_5(ONO)]Cl_2$

$[Co(NCS)(NH_3)_5]Cl_2$ と $[Co(SCN)(NH_3)_5]Cl_2$

7.4 ● 金属錯体における結合について

金属錯体の結合を説明するのに原子価結合理論，静電結晶場理論，配位子場理論，分子軌道理論などがあるが，ここでは主要な理論を簡潔に解説する。配位結合は電子対供与体と電子対受容体間で次のように錯体が形成されるときの結合である。

$$M^{n+} + L^{n-} = M:L \quad (100\%共有結合性) \quad (7\text{-}1)$$
（電子対受容体）（電子対供与体）

金属錯体は金属と配位子とで配位子からの**非共有電子対**（unpaired electron）を共有して100％共有結合性であるのが理想であるが，金属と配位子の配位原子間の電気陰性度には差があるのでイオン性を考慮する必要がある。

$$M^{n+} + L^{n-} = M^{n+}-L^{n-} \quad (100\%イオン結合性) \quad (7\text{-}2)$$

このように理論的考察もイオン結合性と共有結合性のとり扱いによって方法が異なる。

10) 配位水は金属イオンに配位し，結晶水は結晶内である位置を占めて結晶を構成している。

7.4.1 原子価結合理論（valence bond theory）

原子価結合理論は化学結合を各原子の原子価軌道に属する電子の相互作用によって説明する方法である。ポーリング（L. C. Pauling, 1901-1994）らは多原子系に拡張した。しかし最近では配位子場理論や分子軌道法が多く利用されている。ここではこれらとの比較のため2, 3の例を挙げて簡潔に説明する。この理論では錯体は金属，金属イオン（ルイス酸）が配位子（ルイス塩基）との配位結合によって生成すると考える。Co(III)錯体について原子価結合理論での混成軌道の考え方でその結合を考えてみる。

Co(III)錯体で**常磁性**[11]および**反磁性錯体**[12]の存在が認められ，図7-4の混成軌道を用いて次のように説明される。

$[Co(NH_3)_6]^{3+}$ **の場合** Co^{3+}のときの4個の不対電子を2つの対にしてd^2sp^3の混成軌道を形成し反磁性を示す。このd^2sp^3型の錯体では内側のd軌道錯体を用いているので**内軌道錯体**（inner-orbital complex）とよばれる。図7-4にコバルト錯体の混成軌道を示す。内軌道型錯体としては $[PtCl_4]^{2-}$，$[Fe(CN)_6]^{3-}$，$[Co(ox)_3]^{3-}$ などがある。

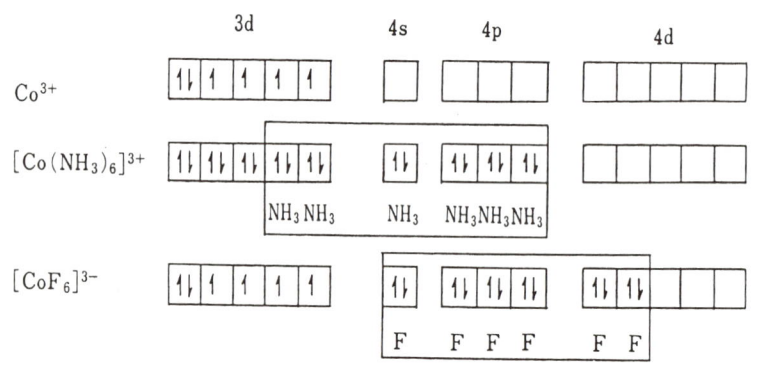

図7-4 コバルト錯体の混成軌道

$[CoF_6]^{3-}$ **の場合** 外部軌道4dを利用することによりsp^3d^2の混成軌道を形成し，4個の不対電子があるので常磁性を示す。このsp^3d^2型は

$[PtCl_6]^{2-}$ 錯体の結合性

白金と塩素の結合が共有結合のみと考えると中心の白金の電荷は $+4-(-1)×6=-2$ であり，イオン結合のみの時は $+4$ である。Paulingの電気的中性の原理でみるとおよそ共有結合が3分の2，イオン結合が3分の1 $\left((-2)×\frac{2}{3}+(+4)×\frac{1}{3}=0\right)$ と見積もれる。実際の状況とは必ずしも一致しないが，このように錯体における結合は共有結合とイオン結合の混じり合ったものと考えることができる。

---

[11] 常磁性（Paramagnetism）
外部磁場がないときには磁化をもたず，磁場を印加するとその方向に弱く磁化する磁性をさす。

[12] 反磁性
磁場をかけたとき，物質が磁場の向きと逆向きに磁化される性質のことである。磁化率は負となる。

外側のd軌道を用いているので**外軌道錯体**（outer-orbital complex）とよばれる。外軌道錯体としては $[NiCl_4]^{2-}$，$[FeF_6]^{3-}$，$[Fe(ox)_3]^{3-}$ などがある。

　常磁性の強さを表す有効磁気モーメント（μ_{eff}）はすべての不対電子のスピン量子数の和 $S(=n×1/2:n$ は不対電子の数）との間に

$$\mu_{eff}=2\sqrt{S(S+1)}=\sqrt{n(n+2)} \tag{7-3}$$

の関係がある。単位はボーア磁子（Bohr magneton）である。この式は電子のスピン角運動量が外部磁場によって影響を受けることから導きだされ，**スピンオンリーの式**という。表7-4に第一遷移金属錯体の構造と磁気的性質を示す[13]。

表7-4　第一遷移金属錯体の構造と μ_{eff} 磁気的性質

中心金属の電子配置	化合物	n	μ_{eff}/B.M	μ_{exp}/B.M
d^1	$(NH_4)_3[TiF_6]$	1	1.73	1.78
	$[VCl_4]^*$	1	1.73	1.62
d^2	$[V(acac)_3]$	2	2.83	2.80
d^3	$[Cr(NH_3)_6]Br_3$	3	3.87	3.77
d^4	$[Cr(bpy)_3]Cl_2$	2	2.83	2.92
d^5	$Na[FeF_6]$	5	5.92	5.85
	$K_3[Fe(CN)_6]$	1	1.73	2.25
d^6	$Na_2[CoF_6]$	4	4.9	5.39
	$[Co(NH_3)_6]Cl_3$	0	0	0
d^7	$[Co(H_2O)_6]Cl_3$	3	3.87	4.82
d^8	$[Ni(en)_3]SO_4$	2	2.83	2.83
d^9	$[Cu(phen_3)_3](ClO_4)_2$	1	1.73	1.96
	$Cs_2[CuCl_4]^*$	1	1.73	1.92

μ_{exp}；室温における実験値　*四面体構造，他は八面体構造

（山崎一雄，中村大雄；「錯体化学」，裳華房（1984）より抜粋）

　この原子価結合理論は多くの錯体に適用されてきたが，Ni(II)やPd(II)の錯体への適用は困難であったり，吸収スペクトルの説明ができないことなどあり，さらにより広い理論が展開していくことになる。

7.4.2　静電結晶場理論（crystal field theory）

　この理論は原子価結合理論では共有結合的であったのに対して，**金属と配位子との結合は静電的（イオン結合性）であると仮定する**。すなわち配位子を単なる負電荷とみなし，この負電荷が中心金属イオンの軌道のエネルギーにどう影響するか解析する理論である。この仮定のため概念的に単純化され，錯体化学の入門として役に立つ理論である。

　d電子金属[14]である遷移元素と配位子との空間的相互作用を例として説明する。5つのd軌道の角度依存性を図7-5に示す。d_{xy}，d_{yz}，d_{zx} はそれぞれ xy，yz，zx 軸間に最大電子密度をもち，$d_{x^2-y^2}$ は x 軸，y

13) 磁気モーメントのスピンオンリーの式での計算
例　$[Cr(NH_3)_6]Br_3$
$s=\dfrac{3}{2}$ であるから
$\mu_{eff}=2\sqrt{\dfrac{3}{2}\left(\dfrac{3}{2}+1\right)}$
$=\sqrt{15}=3.87$
あるいは
$\mu_{eff}=\sqrt{3(3+2)}$
$=\sqrt{15}=3.87$

14) 錯体の多くはd電子金属からなっている。その構造はd軌道の性質に依存している。そのためにはd軌道の空間的広がりをよく把握しておく必要がある。

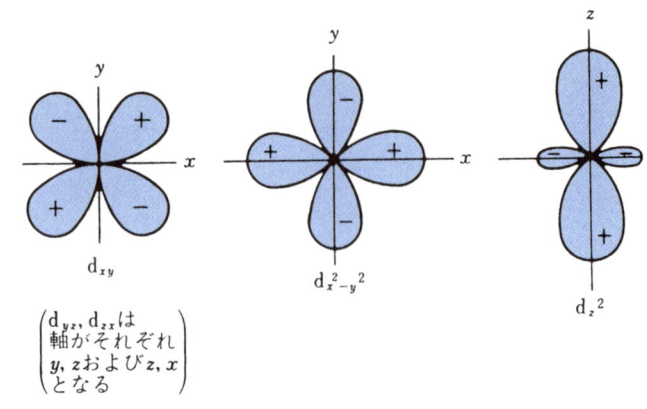

図 7-5 d 軌道関数の角度依存

(d_{yz}, d_{zx} は軸がそれぞれ y, z および z, x となる)

軸にそって，d_{z^2} は z 軸にそって最大の電子密度をもっている。

〈八面体錯体における結晶場〉

金属イオン M^{n+} を中心とする正八面体の頂点に配位子（$\delta-$ の点電荷をもつ）6個がある図 7-6 に示すようなモデルを考える。NH_3 などの分子では非共有電子対を負の電荷とみなす。金属イオンの5つの d 軌道は相互作用のないガス状態ではエネルギー的に同一である（縮重しているという）。この陽イオンを負の結晶場に入れると電子間の反発により軌道のエネルギーは増大する。このモデルのように x, y, z 軸上に点電荷として配位子が位置すると，金属イオンの5つの軌道はその空間的広がりの違いによって配位子との静電相互作用が変わる。配位子は軸上に最大電子密度をもつ $d_{x^2-y^2}$, d_{z^2}（$d\gamma$ という）とは強く相互作用をし，エネルギーが増大する。一方，x, y, z 軸間に最大密度をもつ d_{xy}, d_{yz}, d_{zx} 軌道（$d\varepsilon$ という）との反発は小さい。

図 7-7 に八面体錯体による軌道の分裂を示す。$d\gamma$ と $d\varepsilon$ とのエネルギー差を **10 Dq** で表す。

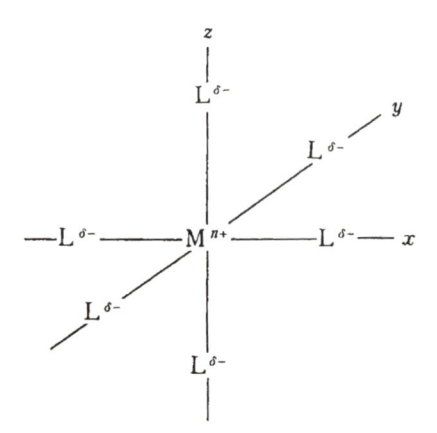

図 7-6 正八面体結晶場のモデル錯体

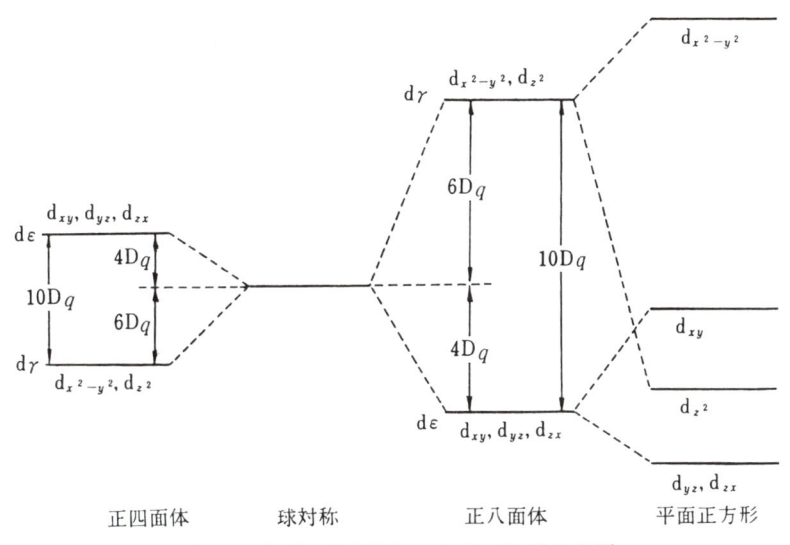

図7-7 各種の結晶場におけるd軌道の分裂

$d^1 \sim d^3$ **の場合**；電子が1個の場合，$d\varepsilon$軌道に入ることになる。そのとき縮重d軌道のときより図7-7でわかるように4 Dqだけエネルギーの変化がある。このように安定化したエネルギーは**結晶場安定化エネルギー**（crystal field stabilization energy; CFSE）という。表7-5に正八面体の結晶場安定化エネルギーを示す。d^2とd^3では$2\times(4\,\mathrm{D}q)$と$3\times(4\,\mathrm{D}q)$になる。

$d^4 \sim d^7$ **の場合**；

d^4では

　4個目の電子がスピン対を形成し$d\varepsilon$軌道に入った場合

$$\text{CFSE}；4\times(4\,\mathrm{D}q)$$

表7-5　正八面体の結晶場安定化エネルギー[15]

d電子数	弱い場				強い場			
	$d\varepsilon$	$d\gamma$	不対電子数	CFSE [Dq]	$d\varepsilon$	$d\gamma$	不対電子数	CFSE [Dq]
0	0	0	0	0				
1	1	0	1	4				
2	2	0	2	8				
3	3	0	3	12				
4	3	1	4	6	4	0	2	16
5	3	2	5	0	5	0	1	20
6	4	2	4	4	6	0	0	24
7	5	2	3	8	6	1	1	18
8	6	2	2	12				
9	6	3	1	6				
10	6	4	0	0				

＊CFSE; crystal field stabilization energy

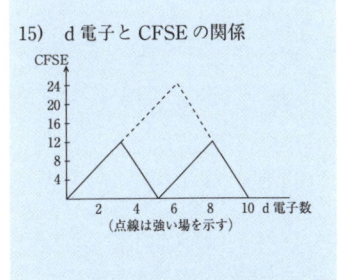

15) d電子とCFSEの関係
（点線は強い場を示す）

4個目の電子がdγ軌道に入った場合

$$\text{CFSE};3\times(4\,\text{D}q)+1\times(-6\,\text{D}q)$$

の2通りの方法がある。どちらになるかはdγとdεのエネルギー差10Dqの大きさによることになる。10Dqが大きい（強い場）の時は，スピン対[16]をつくってdε軌道に入った方がエネルギー的に有利になる。10Dqが小さい（弱い場）ときはスピン対を作るよりdγ軌道に入った方が有利になる。弱い場と強い場のときの電子の配置と結晶場安定化エネルギーを表7-5に示す。d^5～d^7についても2種の配置が考えられる。この配置で，弱い場の錯体は強い場の錯体に比べ不対電子数が大きく，前者を**高スピン錯体**，後者を**低スピン錯体**とよぶ。

d^8～d^{10} の場合；高スピンと低スピンの区別はない。

〈四面体型錯体における結晶場〉

四面体型錯体の場合，図7-8のように四面体を書きこむことにより，d軌道と4個の配位子の位置が明確になる。$d_{x^2-y^2}$ と d_{z^2} は d_{xy}，d_{yz}，d_{zx} よりも配位子から遠く離れている。このように配位子は金属の軌道

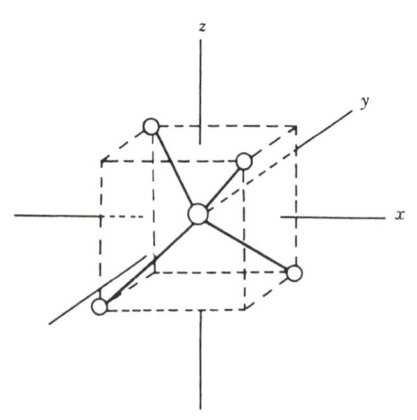

図7-8 四面体錯体の立体配置

> **10Dqの大きさに影響をする因子**
>
> ① 金属イオンの酸化数：同一配位子からなる錯体では金属イオンの電荷が増加すれば，配位子をより強く引き付ける。+2価から+3価で10Dqは50％増加する。
> ② 錯体の構造：四面体錯体での分裂幅は八面体の場合に比べ4/9である。これは2つの因子が考えられる。1つは配位子が6つから4つになると場は33％減少することによる。2つめは四面体錯体では配位子の並び方が八面体錯体ほど効果的でないことによる。
> ③ 配位子の種類：分光化学系列は配位子場の強さの増加する順に並んでいる。

[16] 同一軌道に2つの電子が入ると静電的反発エネルギーが生じる。これをペアリングエネルギー（Pとする）という。強い場のd^6とd^7の場合はいずれも3Pで反発が強いが10Dqとの比較でこの電子配置をとる。

の d_{xy}, d_{yz}, d_{zx} と強く相互作用するようになり，八面体型錯体の場合とは逆になる。その様子は図7-7に示される。図7-7には平面正方形の場合も示している。

結晶場の理論は点電荷モデルで結合に共有性をもたないイオンのモデルであるのに対し，配位子と中心金属イオンの間に共有結合性が含まれるとしたのが配位子場理論（ligand field theory）である。配位子と中心の金属イオンの間で電子を共有していることは，配位子と金属イオンの結合した軌道に電子が拡がることであり，分子軌道を考えることになる。

7.5 ● 錯体の性質
7.5.1 スペクトルに関する基本事項

I_0 の強さの単色光が入って，I の強さの光となって出てくると I_0 と I の関係は次の **Lambert-Beer 式**で示される。

$$-\log(I/I_0) = \varepsilon l c \tag{7-4}$$

$-\log(I/I_0)$ を**吸光度**（absorbance）とよびAで表す。ε を**モル吸光係数**（molar absorptivity）といい，セルの厚さ $l=1\,\text{cm}$，濃度 1 mol/L のときの吸光度に相当する。

光のエネルギー E と振動数 ν（波長 λ）との間には次式が成立する[17]。

$$E = h\nu = hc/\lambda \tag{7-5}$$

ここで，h はプランクの定数である。振動数 ν の代わりに波数 $\tilde{\nu}(=1/\lambda)$ を用いることがある。表7-6に波長とエネルギーの関係を示す。

表7-6 波長とエネルギーの関係

	近紫外	—	可視	—	近赤外
波長 (nm)	200〜380		380〜780		780〜3,000
波数 (cm^{-1})	50,000	26,320		12,820	3,333
エネルギー (erg×10^{12})	9.933	5.228		2.547	0.662
(eV)	6.229	3.271		2.001	0.413

7.5.2 錯体の吸収スペクトル

吸収スペクトルはX軸として波長（nm），波数（cm^{-1}）または振動数（sec^{-1}），Y軸として吸光度 A またはモル吸光係数 ε（$\log \varepsilon$）の値をプロットしたものである。

金属錯体の近赤外部から可視紫外部の吸収帯は次のように分類されている。

(1) $\log \varepsilon$ が $-2 \sim 0$ の強度の吸収帯；硫酸マンガンなどの溶液に見られる吸収帯である。

---

[17] 物質が振動数 ν の光を吸収してエネルギー準位の n 番目（E_n）から m 番目（E_m）に励起されるときの遷移エネルギー ΔE は次のように表せる。
$\Delta E = E_m - E_n = h\nu$

(2) $\log \varepsilon$ が 0〜2 の強度の吸収帯；錯体では，特に金属イオンが遷移元素の場合は可視，紫外部に吸収帯をもち，電子遷移に基づく電子スペクトルを示す．普通，吸収帯をその原因から **配位子場吸収帯**（ligand field absorption band，この場合 d 軌道間の遷移であるから，**d-d 吸収帯** という）とよぶ．

(3) $\log \varepsilon$ が 3〜4 の強度の吸収帯

電子遷移は電荷移動を伴うが，配位子場吸収帯が 1 原子内であったのに対し，ある原子から他の原子へ電荷移動する場合がある．これを **電荷移動遷移**（charge-transfer transition）という．**電荷移動吸収帯**（charge transfer absorption band，略して CT 吸収帯）を示す場合としては，配位子から中心金属への電子遷移によって生じる吸収帯（ligand-to-metal CT；LMCT）[18] と金属から配位子への電子遷移によって生じる吸収帯（metal-to-ligand；MLCT）[19] などがある．

(4) 配位子自身のもつ吸収で，錯体形成により発現する．

配位子場吸収帯 配位子場吸収帯の例として，Ti^{3+} の酸性水溶液の吸収スペクトルについて考える．Ti^{3+} は，この溶液中でアクア錯体 $[Ti(H_2O)_6]^{3+}$ を生成している．その吸収スペクトルを図 7-9 に示す．Ti は d^1 錯体であり，T_{2g} から E_g への電子遷移が考えられ，2 つに吸収帯が分裂している．これは正八面体構造がゆがんでいるために軌道が分裂[20] しており，最大吸収極大は $^2B_{2g} \rightarrow {}^2B_{1g}$ とショルダーは $^2B_{2g} \rightarrow {}^1A_{1g}$ に対応していると考えられる（図 7-10）[21]．

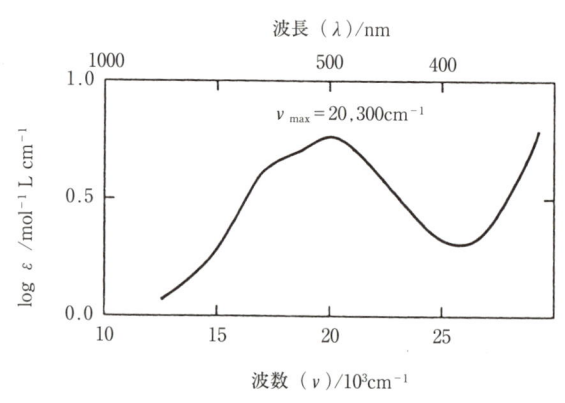

図 7-9 $[Ti(H_2O)_6]^{3+}$ の電子スペクトル

分光化学系列[22] 遷移元素錯体の可視部吸収帯の移動についてはコバルト(III)の吸収スペクトルの研究から 1 つの系列が見いだされてる．図 7-11 にコバルト(III)錯体の吸収スペクトルの例を示す．これらの吸収

---

18) d^n 電子系の $[MX_6]^{m-}$（X；ハロゲン化物イオン）錯体に見られる．

19) Mo(0), Re(I), Cu(I), Ru(II) などの錯体に見られる．例としては $[Cu(dmphen)_2]X$, $[Fe(phen)_3]X$ などがある．

20) 錯体において電子軌道の縮退が，対称性が崩れることにより解けたとき，錯体の構造が安定になる場合がある．この効果をヤーン・テラー効果（Jahn-Teller effect）という．

21) $[Ti(H_2O)_6]^{3+}$ の最大吸収波長に対応するエネルギー
$\nu = c/\lambda = 3 \times 10^{10}/500 \times 10^{-7}$
$= 6 \times 10^{14} \text{sec}^{-1}$
$E = h\nu = 6.62 \times 10^{-34} \times 6 \times 10^{14}$
$= 3.97 \times 10^{-19} \text{J}$
1 モル光量子エネルギー
$E = 3.97 \times 10^{-19} \times 6.02 \times 10^{23}$
$= 2.39 \times 10^5 \text{J mol}^{-1}$

22) 金属錯体の紫外可視吸収スペクトルに関する研究は，初期には柴田雄次によって，さらに槌田龍太郎によって発展させられた．槌田龍太郎はこのような系列を 1938 年に発見して，分光化学系列と名付けた．

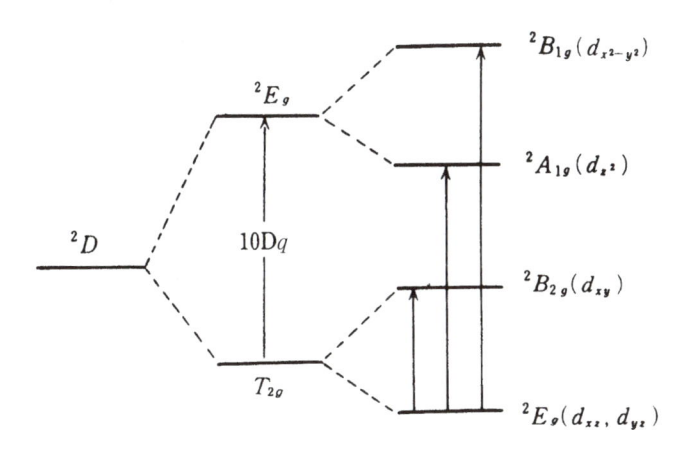

図7-10 d^1配置の分裂

自由イオン／配位子場による分裂／ヤーン・テラー効果による分裂

23) 配位子場の強さ

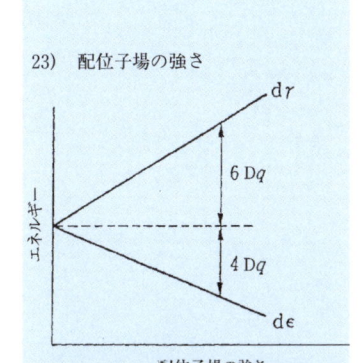

正八面体錯体における d 軌道の配位子場分裂

24) phen；1,10-フェナントロリン

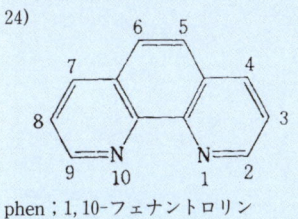

25) gly；グリシン（H_2NCH_2COOH）

帯は配位子の次の順序で長波長に移動することがわかり，**分光化学系列**（spectrochemical series）と名づけられた．

$$CN^- > NO_2^- > en > NH_3 > ONO^- > OH_2 > NCS^- > SO_4^{2-} >$$
$$NO_3^- > OH^- > ox^{2-} > CO_3^{2-} > S_2O_3^{2-} > Cl^- > CrO_4^{2-} > Br^- \quad (7\text{-}6)$$

この系列はその後の結晶場理論，配位子場理論によると配位子場の強さ[23]の順であることがわかった．これは配位子分裂エネルギー $10\,Dq$ に関係する．現在は他の配位子が追加されている．

$$CN^- > C_5H_5^- > NO_2^-,\ SO_3^{2-} > bpy,\ phen^{[24]} > trien,\ dien,$$
$$en > NH_3,\ py > gly^{[25]} > edta^{4-} > acac^- > ONO^-,\ OH_2,\ NCS^- >$$

錯体水溶液の色

遷移金属錯体は固有の色を示すものが多く，スペクトルの研究が進んでいる．色と光の関係を理解することは重要なことである．$[Ti(H_2O)_6]^{3+}$ の水溶液が赤紫色なのは，その溶液に白色光が当たり，図7-9に見られるように緑色から黄緑色にかけての光が吸収され，その補色が見えるためである．表に吸収光の波長とその補色の関係を示す．

表 吸収光の波長とその補色の関係

吸収光	波長/nm	補色	吸収光	波長/nm	補色
紫	380–435	黄緑	黄緑	560–580	紫
青	435–480	黄	黄	580–595	青
緑青	480–490	橙	橙	595–605	緑青
青緑	490–500	赤	赤	605–750	青緑
緑	500–560	赤紫	赤紫	750–780	緑

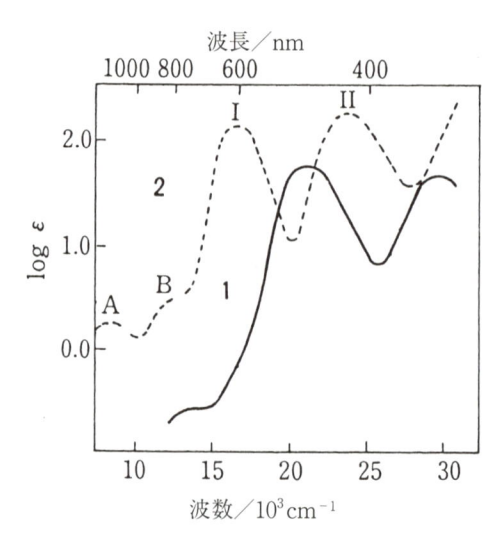

図 7-11 Co(III) 錯体の吸収スペクトル
1. $[Co(NH_3)_6]^{3+}$
2. $[Co(C_2O_4)_3]^{3-}$

$$ox^{2-} > NO_3^-, SO_4^{2-} > RCO_2^-, OH^-, CO_3^{2-} > S_2O_3^{2-}, SCN^- >$$
$$F^- > (RO)_2PS_2^- > N_3^- > Cl^- > CrO_4^{2-} > Br^- > I^- \tag{7-7}$$

7.6 ● 錯体の安定度

溶液中でほとんどの金属イオンは種々の配位子と錯形成反応を起こすことは知られており，その錯体が安定かどうかということは非常に重要なことである．ここでは水溶液中における錯体の安定度について述べる．

7.6.1 錯体平衡

水はルイス塩基では硬い塩基であり，硬い酸であるアルカリ，アルカリ土類元素と強く反応し，アクア錯イオンを形成する．他の金属イオンもほとんどアクア錯イオンを形成している．

$$M^{n+} + mH_2O = M(H_2O)_m^{n+} \tag{7-8}$$

金属イオンを含む溶液に配位子 L を加えると次の交換反応が起きる．各イオン種の電荷を省略して書くと

$$M(H_2O)_m + L \rightleftharpoons M(H_2O)_{m-1}L + H_2O \tag{7-9}$$

$$M(H_2O)_{m-1}L + L \rightleftharpoons M(H_2O)_{m-2}L_2 + H_2O \tag{7-10}$$

$$\cdots\cdots$$
$$\cdots\cdots$$

$$M(H_2O)L_{n-1} + L \rightleftharpoons ML_n + H_2O \tag{7-11}$$

普通は水分子は省略して表すので次のように表せる．

$$M + L \rightleftharpoons ML \tag{7-12}$$

$$ML + L \rightleftharpoons ML_2 \tag{7-13}$$

$$ML_{n-1} + L \rightleftarrows ML_n \tag{7-14}$$

これらの反応式に対する平衡定数は次のように示される。

$$K_1 = \frac{a_{ML}}{a_M a_L}, \quad K_2 = \frac{a_{ML_2}}{a_{ML} a_L} \tag{7-15}$$

$K_1, K_2, K_3 \cdots\cdots$ は**逐次安定度定数**（stepwise stability constant [26]）という。次の反応式に対応する安定度は**全安定度定数**（overall stability constant）といい β で表す。

$$M + nL = ML_n \tag{7-16}$$

$$\beta_n = \frac{a_{ML_n}}{a_M a_L{}^n} = K_1 K_2 K_3 \cdots\cdots K_n \tag{7-17}$$

活量を求めるのは一般に困難であるのでイオン強度一定[27]という条件下で活量の代わりに濃度を用いる場合がある。上式は次のようになる。[ ]は濃度を示す。

$$K_1 = \frac{[ML]}{[M][L]}, \quad K_2 = \frac{[ML_2]}{[ML][L]} \cdots\cdots \tag{7-18}$$

7.6.2　錯体の安定度に影響を及ぼす因子[28]

錯体の安定度定数は測定条件（温度，イオン強度など），金属の種類，配位子の種類などの因子によって影響を受ける。錯体の結合は前述のようにイオン性結合が含まれているので，錯体の安定度はその静電的状態に依存する。錯体中で金属と配位子が反対の電荷からできており，それぞれのイオン価が大きく，またイオンが小さいほど安定な錯体が形成されることが予測される。

ⅰ）温度；温度の上昇で安定度は減少する。
ⅱ）イオン強度；配位子の種類により傾向が変わる。
ⅲ）金属の種類；

金属イオンの電荷の増大とともに安定度の増加する例として，ある一定の配位子についてイオン半径がほぼ同じ場合は次の順になる。

$$Th^{4+} > Y^{3+} > Ca^{2+} > Na^+ \tag{7-19}$$

同じ電荷の場合，イオン半径の小さいイオンの方が電荷密度が大きいため，安定度が大きくなる。例えば遷移元素の Mn から Zn までの2価イオンと任意の配位子との結合による錯体の安定度は次の順で変化する。

$$Mn < Fe < Co < Ni < Cu > Zn \tag{7-20}$$

この系列は **Irving-Williams 系列**という。この順は次のイオン半径の変化に対応することがわかる。

$$Mn > Fe > Co > Ni > Cu < Zn \tag{7-21}$$

第7章　錯体の化学

26) "constant" の訳語は「定数」（ていすう）（文部科学省用語）である。しかしながら「常数」の訳語が用いられた経過があり「じょうすう」の発音も残っている。

27) イオン強度（μ）は次の式で定義される。
$$\mu = \frac{1}{2}\sum_i c_i z_i^2$$
c_i と z_i はそれぞれイオン種のモル濃度と電荷である。

28) 外的要因；外的な条件によって安定度定数が変化する要因。温度，イオン強度のほか，溶媒の種類もある。
　内的要因；内的な条件によって安定度定数が変化する要因。金属の性質，配位子の構造，キレート効果などがある。

iv）配位子の種類

配位子の電荷については，配位子の分極率が大きくなると，特定のイオンとの錯体の安定度は増大する。MnからZnの二価の金属イオンに対して配位子の配位原子で次の順で安定度の大きさが変化する。

$$F<O<N>S>P \tag{7-22}$$

分極率が大きすぎると逆に金属への電荷移行が大きくなり，安定度は減少することになる。一方，イオン化傾向の小さい金属イオン Cu^+，Ag^+，Au^+，Pt^{2+}，Pd^{2+} 等では負の電荷を受け入れやすく，安定度は次の順で変化する。

$$P>S\gg N>O>F\ll Cl<Br<I \tag{7-23}$$

配位子の場合，その中に含まれる配位原子の数により安定度が増加するキレート効果がある。また，錯体の安定度定数と配位子の酸解離定数との間には一定の関係が見出されている。

7.7 ● キレート効果

先に述べたように，金属イオンは多座配位子と結合してキレート環を作りキレートを生成する。五員環をもつキレートの例としては，銅(II)および亜鉛(II)のエチレンジアミン錯体（図7-12, 7-13）などがある。

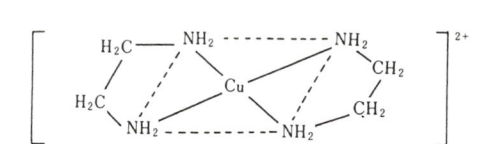

図7-12 ビス（エチレンジアミン）銅(II)

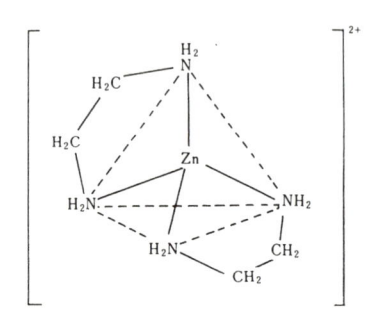

図7-13 ビス（エチレンジアミン）亜鉛(II)

また六員環をもつキレートの例としては，コバルト(II)のアセチルアセトン錯体（図7-14）などがある。キレート剤の中で一連のポリアミ

図7-14 ビス（アセチルアセトナト）コバルト(II)

ノポリカルボン酸とよばれるものがある。

この中で**エチレンジアミン四酢酸**（EDTA）は分析化学や工業化学などの広い分野で使用される。金属(II, III)イオンとのキレートの構造を図7-15に示す。EDTAをH_4Yで表すとその平衡は次のようになる。

$$H_4Y \rightleftarrows H_3Y^- + H^+ \tag{7-24}$$
$$H_3Y^- \rightleftarrows H_2Y^{2-} + H^+ \tag{7-25}$$
$$H_2Y^{2-} \rightleftarrows HY^{3-} + H^+ \tag{7-26}$$
$$HY^{3-} \rightleftarrows Y^{4-} + H^+ \tag{7-27}$$

このようにEDTAのイオン種はpHの値によって変化することがわかる。金属イオンとの反応はpH領域によって異なり，一般にアルカリ性側でMY^{n-4}（金属イオンの電荷を$+n$とする）のイオン種の生成が大きくなる。これらキレートは水溶性であり，pHなどの条件を揃えてやれば金属イオンとキレート剤の比が1:1の安定なキレートを生成する。このことを利用してキレート滴定とよばれる金属イオンの定量法がある。1:1錯体の構造を図7-15に示す。

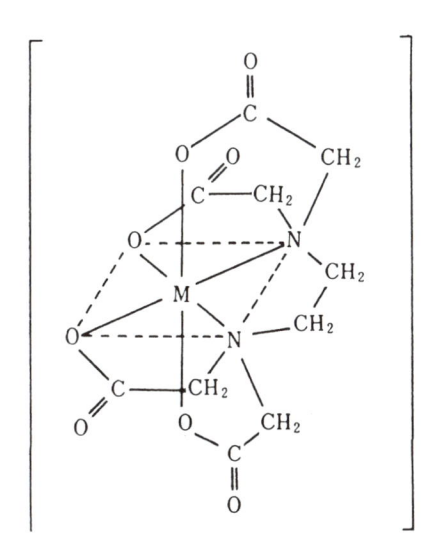

図7-15　エチレンジアミンテトラアセタト金属(II, III)

キレート剤は一般に単座配位子に比べ，キレート環生成により安定な錯体を作る。これを**キレート効果**とよぶ。銅(II)のアンミン錯体とエチレンジアミン錯体などのキレートとの安定度について比較する。表7-7に安定度定数を示す。

表 7-7 銅（Ⅱ）錯体の安定度定数

	$\log \beta_1$	$\log \beta_2$	$\log \beta_3$	$\log \beta_4$
NH_3	4.1	7.6	10.5	12.6
en	10.7	20.0		
dien	16.0	21.3		
trien	20.5			

en; $H_2NCH_2CH_2NH_2$
dien; $H_2NCH_2CH_2NHCH_2CH_2NH_2$
trine; $H_2NCH_2CH_2NHCH_2CH_2NHCH_2CH_2NH_2$

配位原子の同数の物で比較すると，アンミン錯体の β_2 よりエチレンジアミン錯体の β_1，アンミン錯体の β_3 よりジエチレントリアミン錯体の β_1，アンミン錯体の β_4 よりトリエチレンテトラミン錯体の β_1 の方

キレート効果の熱力学的考察

$$M^{n+} + L^{m-} \longrightarrow ML^{n-m}$$

この反応の標準ギブスエネルギーを ΔG_0，標準エンタルピーを ΔH_0 および標準エントロピーを ΔS_0 とすると，上式の安定度定数（K_{ML}）について次の熱力学的関係式が成立する。

$$-RT \ln K_{ML} = \Delta G^0 = \Delta H^0 - T\Delta S^0$$

上式から K_{ML} は ΔH^0 が負の大きい値で，ΔS^0 が正の大きい値になるほど大きくなる。すなわち発熱反応で，エントロピーの増大する反応が安定度に有利である。Ni（Ⅱ）のアンミン錯体とエチレンジアミン錯体の生成時における熱力学的変化を見る。

$[Ni(NH_3)_6]^{2+}$ $\log \beta_6 = 9.08$
  $\Delta H^0 = -100 \text{ kJmol}^{-1}$ $\Delta S^0 = -163 \text{ JK}^{-1} \text{ mol}^{-1}$

$[Ni(en)_3]^{2+}$ $\log \beta_3 = 18.44$
  $\Delta H^0 = -117 \text{ kJmol}^{-1}$ $\Delta S^0 = -42 \text{ JK}^{-1} \text{ mol}^{-1}$

これらの反応において NH_3 および en ともに配位原子は N であるので Ni（Ⅱ）との配位結合エネルギーはほぼ等しいと考える。すなわちエンタルピー変化は等しいと考えられる。一方，エントロピー変化では en 系の方が効果が大きい。

EDTA，金属-EDTA キレートの応用

理学関係：キレート滴定試薬，比色定量分析におけるマスキング剤
工業関係：染色の色上げをよくするための使用，シアンメッキ液の代替，カラーフィルムの脱銀定着，石鹸への添加（金属による石鹸の泡立ち不良を防止）
薬学関係：抗生物質の精製，食品への添加（酸化防止剤，マヨネーズ，缶詰の酸化防止剤），金属中毒解毒剤
農学関係：水溶性キレート肥料，海苔培養液
医学関係：金属中毒解毒剤，ワクチンの安定剤，バブ毒解剤

7.8 ● 有機金属化合物[29]

一般に有機金属化合物とは，金属原子と有機化合物の炭素との間の共有結合による化合物を示す。金属マグネシウムをジエチルエーテル中でハロゲン化アルキルと反応してGrignard試薬が得られる。このGrignard試薬は他の有機金属化合物の合成などに利用されている。ここでは2, 3の有機金属化合物について解説する。

7.8.1 金属カルボニル

金属カルボニルはモンド（L. Mond, 1839-1909）によって気体の一酸化炭素と金属粉末との直接反応により合成された。たとえばニッケルカルボニルは室温でCO，1気圧の下で合成された。

$$Ni + 4CO \rightleftharpoons Ni(CO)_4 \qquad (7-28)$$

その後，多数のカルボニル化合物が合成された。金属カルボニル中の金属の酸化数は1, 0, −1, −2などがあるが0価が普通である。COの極性は小さく，静電的な結合は少なく，σ型の配位結合の他にπ結合[30]の電子移動が金属→配位子（**逆供与，back donation**）で起こり，強いπ結合を作っていると考えられている。図7-16にニッケルカルボニルの構造を示す。

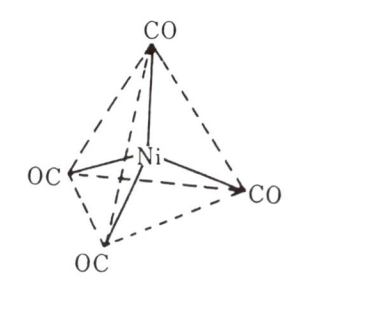

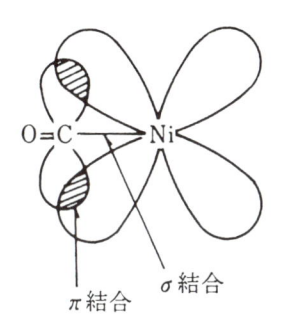

図7-16 ニッケルカルボニルの錯体

金属カルボニルの分子組成はSidgwickの**有効原子番号の規則**（effective atomic number rule, EAN則[31]）によってうまく説明される。単核金属カルボニルでは偶数の原子番号の遷移元素の場合が予測されて，$_{24}Cr$, $_{26}Fe$, $_{28}Ni$ などで生成している。それぞれの有効原子番号は36になり，これはKrの原子番号と一致し安定である。単核以外に複核化合物も生成する。それらのいくつかの例の構造を図7-17に示す。

---

29) 有機金属化合物の利用
　有機金属化合物はしばしば触媒として実用に供せられ，例としては石油化学製品の製造や有機重合体の製造があげられる。
　シクロペンタジエニル基を有する二核金属カルボニルは触媒として，オキソ反応をはじめとするC-C結合形成反応に利用されている。

30) 2つのp軌道が側面から結合する電子のことであり，この結合は2つの原子核を結ぶ線の両側に電子密度の大きな領域をもつが，核を結ぶ線上には電子密度がない。

31) 金属錯体の性質が中心金属のもつ電子数と配位子から金属へ供与されている電子の和(有効原子番号)によって決定されるという法則である。金属カルボニルの有効原子番号

	金属の電子数	配位子からの電子数	EAN
$Cr(CO)_6$	24	2×6	36
$Fe(CO)_5$	26	2×5	36
$Ni(CO)_4$	28	2×4	36

図7-17 金属カルボニルの例

7.8.2 金属オレフィン錯体

クロロ白金(II)酸イオンが希塩酸中でエチレンと反応してエチレンを含むオレフィン置換体を生成することが見いだされた。その後，図7-18のような構造が決定された。この金属錯体は分子軌道法によると，図7-18で示すように金属の空の軌道とエチレン分子の充満したπ軌道の重なりによると考えられる。また金属の充満したd軌道とエチレン分子の空の反結合性分子軌道との重なりによる結合も起きていると考えられる。

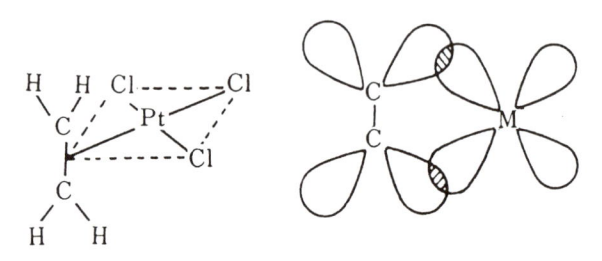

図7-18 白金オレフィン錯体の構造

7.8.3 フェロセン型錯体

サンドイッチ型であることが見いだされた最初の化合物は図7-19に示される**フェロセン**と名付けられたビス（π-シクロペンタジエニル）鉄錯体である。種々の合成法があり，その反応例を式（7-29）と（7-30）に示す。

$$FeCl_2 + 2\,C_5H_5Na \rightleftharpoons Fe(C_5H_5)_2 + 2\,NaCl \qquad (7\text{-}29)$$

$$FeCl_2 + 2\,C_5H_6 + 2\,KOH \rightleftharpoons Fe(C_5H_5)_2 + 2\,KCl + 2\,H_2O \qquad (7\text{-}30)$$

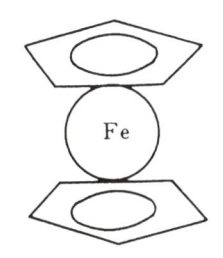

図 7-19　ビス(π-シクロペンタジエニル)鉄錯体の構造

7.9 ● 錯体の反応

錯体における反応としては電子移動を伴う反応，錯体の配位子が他の配位子により置換される反応（配位子置換反応），錯体の生成反応，金属の置換反応などがある。

配位子の置換反応においてタウベは錯体を**反応活性錯体**（labile complex）と**反応不活性錯体**（inert complex）に区別した。錯体中の配位子が他の配位子によって速やかに置換されるとき反応活性錯体といい，遅い場合は反応不活性錯体という。タウベはd電子をもつ6配位錯体について次のような分類を行った。

反応活性錯体

d^1 $[Ti(H_2O)_6]^+$　　d^2 $[V(phen)_3]^{3+}$　　d^5 $[Fe(H_2O)_6]^{3+}$

d^7 $[Co(NH_3)_6]^{2+}$　　d^8 $[Ni(H_2O)_6]^{2+}$　　d^9 $[Cu(H_2O)_6]^{2+}$

反応不活性錯体

d^3 $[Cr(H_2O)_6]^{3+}$　　d^5 $[Fe(CN)_6]^{3-}$　　d^5 $[PtCl_6]^{2-}$

7.9.1　置換反応の機構

配位子置換反応の機構の例として，八面体錯体中の配位子が他の配位子により置換される場合を考える。基本的機構として解離機構，追い出し機構が知られている。

(1) 解離機構

錯体から配位子1個解離し，配位数が減少し，それに新しい配位子が結合する段階が続く反応機構である。単分子で求核的置換なので**S_N1機構**（unimolecular nucleophilic substitution）という。

例として次の反応を考える。

$$[MX_5Y]+Z \longrightarrow [MX_5Z]+Y \qquad (7\text{-}31)$$

YとZの交換時において，Yが解離した中間体の五配位錯体を経て交換が起こる。このステップは遅い反応（律速段階）となる。5配位中間体はすぐZと結合する（図 7-20）。

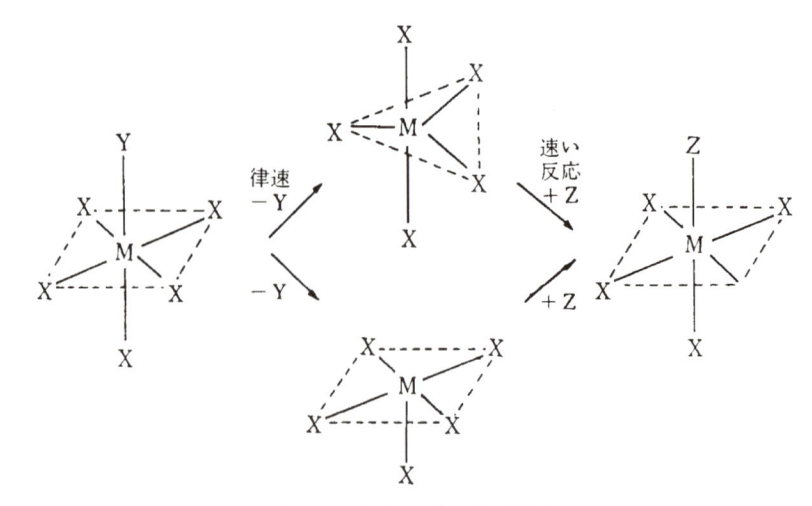

図 7-20　置換反応の解離機構

反応速度は次のように表せる。

$$v = k[\mathrm{MX_5Y}] \tag{7-32}$$

(2) 追い出し機構

この機構は，交換配位子の Z が錯体と結合し七配位の中間体を作り，Y が解離していく。Z が七配位中間体をつくる段階が律速段階となる（図 7-21）。

反応速度は最初のステップで決定され，$[\mathrm{MX_5Y}]$ と $[Z]$ の積に比例する。

$$v = k[\mathrm{MX_5Y}][Z] \tag{7-33}$$

求核二分子反応である置換反応で **S_N2 機構**（bimolecular nucleophilic substitution）という。

アクア錯体が生成する反応（酸加水分解）がコバルト錯体等において研究されている。コバルト(III) のペンタアンミン錯体の例について考える。

$$[\mathrm{CoX(NH_3)_5}]^{2+} + \mathrm{H_2O} \longrightarrow [\mathrm{Co(NH_3)_5H_2O}]^{3+} + \mathrm{X^-} \tag{7-34}$$

この反応は解離機構で進むと考えられ，反応は離脱する配位子の種類

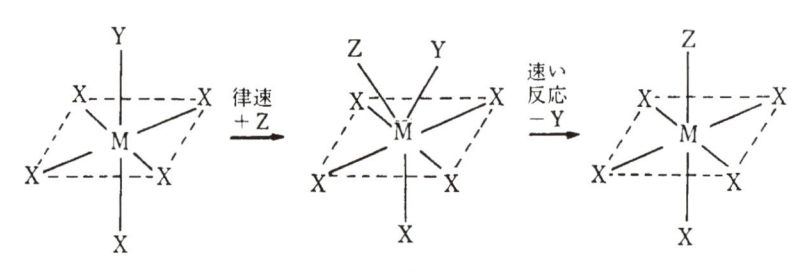

図 7-21　置換反応の追い出す機構

に依存し，次の順で速くなる。

$$NCS^- < N_3^- < F^- < H_2PO_4^- < Cl^- < Br^- < I^- < NO_3^- \quad (7\text{-}35)$$

7.9.2 トランス効果

平面型の四配位錯体の配位子置換反応について，ある種の配位子がその配位子のトランス位置にある基を活性化し，置換されやすい状態にすることが見いだされた。

ジクロロジアンミン白金(II)錯体の異性体合成経路を図7-22に示してある。これらの反応を見ると，第2段階の反応では塩化物イオンがそのトランス位置の配位子を活性化させ置換されやすくする。この効果を**トランス効果**という。この系列のトランス効果の順は次のとおりである。

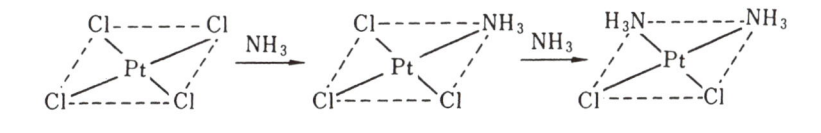

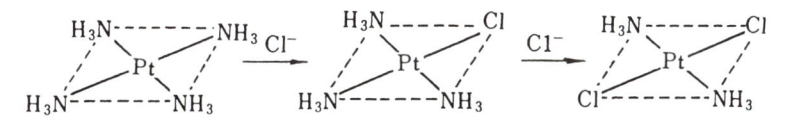

$$CN^-, CO, C_2H_4, NO > CH_3^-, SC(NH_2)_2, PR_3, SP_2 > SO_3H^- >$$
$$NO_2^- > I^- > SCN^- > Br^- > Cl^- > py > NH_3 > OH^- > H_2O \quad (7\text{-}36)$$

図7-22　ジクロロジアンミン白金(II)錯体の異性体合成経路

参考論文

1) 合原眞，井出悌，栗原寛人：「現代の無機化学」，三共出版（1991）
2) 合原眞，栗原寛人，竹原公，津留壽昭：「無機化学演習」，三共出版（1996）
3) 鈴木晋一郎，中尾安男，櫻井武：「ベーシック無機化学」，化学同人（2004）
4) 花田禎一：「基礎無機化学」，サイエンス社（2004）
5) 水町邦彦，福田豊：「錯体化学」，講談社（1991）
6) 新村陽一：「無機化学ノート」，化学同人（1982）
7) 小倉興太郎：「無機化学概論」，丸善（2002）
8) 平尾一之，田中勝久，中平敦，幸塚広光，滝澤博胤：「演習無機化学」，東京化学同人（2005）
9) 桜井　弘：「金属は人体になぜ必要か」，講談社（1996）

第 7 章　チェックリスト

- [ ] 錯体の定義
- [ ] キレート
- [ ] 錯体の命名法
- [ ] 錯体の立体構造
- [ ] 錯体の異性現象
- [ ] 常磁性・反磁性
- [ ] 静電結晶場理論
- [ ] 配位子場吸収帯
- [ ] 分光化学系列
- [ ] キレート効果
- [ ] EDTA
- [ ] 金属カルボニル

● 章末問題 ●

問題 7-1

次の錯体を命名せよ。

(1) $[CoCl_2(NH_3)_4]Cl$　(2) $[Co(H_2O)(NH_3)_5]Cl_3$　(3) $[Zn(acac)_2]$
(4) $[Fe(CO)_5]$　(5) $[VO(H_2O)_4]SO_4$　(6) $K_3[CoF_6]$　(7) $K[Co(edta)]$
(8) $[CuI(bpy)_2]I$　(9) $[Ni(en)_3](NO_3)_2$　(10) $K_3[UF_5O_2]$

問題 7-2

次の錯体はどのような構造か。

(1) $cis\text{-}[PtCl_2(NH_3)_2]$　(2) $[Zn(NH_3)_4]Cl_2$　(3) $[Fe(CO)_5]$
(4) $[Ni(en)_3]$　(5) $[VO(H_2O)_4]$　(6) $mer\text{-}, fac\text{-}[Co(gly)_3]$

問題 7-3

$[Ti(H_2O)]^{3+}$ は 20,300 cm^{-1} に d-d 吸収を示す。この吸収帯を結晶場理論に基づいて帰属せよ。また，結晶場分裂パラメーター Dq はいくらか。

問題 7-4

次の語句を説明せよ。

(1) 高スピンおよび低スピン錯体　(2) 分光化学系列
(3) キレート効果　(4) 配位子場吸収帯　(5) 電荷移動吸収帯

問題 7-5

八面体結晶場および四面体結晶場における d^3, d^4(low spin), d^4(high spin), d^6(low spin) および d^6(high spin) 電子配置の結晶場安定化エネルギーを求めよ。ただし，次の表は各対称の結晶場における d 軌道のエネルギー準位を Dq 単位として示したものである。

配位数	錯体の構造	$d_{x^2-y^2}$	d_{z^2}	d_{xy}	d_{xz}	d_{yz}
4	四面体	−2.67	−2.67	1.78	1.78	1.78
6	八面体	6.00	6.00	−4.00	−4.00	−4.00

問題 7-6

次の錯体を $[PtCl_4]^{2-}$ から出発して合成する方法を述べよ。

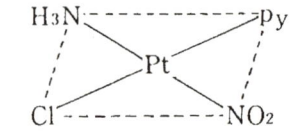

第8章

生物無機化学

学習目標

1. 人体を構成する元素とその役割を学習する。
2. 生体内で元素はどの位の量存在し，どのように循環しているのか学習する。
3. 生体内でいかなる錯体が形成され，どのような機能をしているのか学習する。
4. 酸素の運搬はどのようにして行われているか学習する。

　人体を構成する元素としては多量元素，少量元素，微量元素などがある。微量元素でも必須な元素があり，その役割も明らかになってきている。従来，生命現象や生体関連物質についての研究が有機化学，生化学で行われていたが，生体内での無機物質の重要性が認識され，錯体化学の発展に伴い，**生物無機化学**（Bioinorganic chemistry）という学問分野が開かれた。ここではこの分野を理解するのに必要な基本的な事項を学ぶ。

8.1 ● 生体内の元素

　地殻，海水，人体およびヒト血漿中の金属元素の濃度を表 8-1 に示す。ヒト血漿中の元素組成が海水中のそれらと類似していることから，生命の進化に関連して議論されている[1]。

　人体の構成元素を表 8-2 に示す。それらの元素をグループに分けるとおよそ次のようになる。

　ⅰ) 1) O　2) C　3) H　4) N
　ⅱ) 5) Ca　6) P　7) S　8) K　9) Na　10) Cl　11) Mg
　ⅲ) 12) Fe　15) Zn　19) Mn　20) Cu　など

[1] 生命の起源：地球上での最初の生命はどこで生まれたのか？ 原始時代にはまだオゾン層がなく，有害な紫外線が大量に降り注いだ。そのため生命誕生の場所は海中である可能性が高いと考えられる。海にはさまざまな物質が溶けている。生命誕生の場として適当な場所であったに違いない。

表 8-1　地殻，海水，人体及びヒト血漿中の金属元素の濃度

金属元素	地殻中の濃度 (ppm)	海水中の濃度 (ppm)	人体中の濃度 (ppm)	ヒト血漿中の濃度 (ppm)
Na	28300	11556	2600	3280
K	25900	380	2200	170
Ca	36300	400	13800	99
Mg	20900	1272	400	22
Zn	65	0.005	25	1.6
Fe	50000	0.01	50	1.14
Cu	45	0.002	4	1.12
Mn	1000	0.002	1	0.0029
Ni	80	0.002	0.03	?
Co	23	0.0001	0.04	0.00038
V	110	0.002	0.03	0.01
Mo	1	0.1	0.2	?

(久保田晴寿編：「無機医薬品化学」，廣川書店 (1997))

表 8-2　人体中の元素濃度と微量元素

	元　　素		体内存在量 (％)	体重70 kgの人の体内存在量	体重1 g あたりの体内濃度
多量元素	酸素	O*	65.0	45.5 kg	650 mg/g 体重
	炭素	C*	18.0	12.6	180
	水素	H*	10.0	7.0	100
	窒素	N*	3.0	2.1	30
	カルシウム	Ca	1.5	1.05	15
	リン	P*	1.0 (98.5 %)	0.70	10
少量元素	イオウ	S*	0.25	175 g	2.5 mg/g 体重
	カリウム	K	0.20	140	2.0
	ナトリウム	Na	0.15	105	1.5
	塩素	Cl*	0.15	105	1.5
	マグネシウム	Mg	0.15 (99.4 %)	105	1.5
微量元素	鉄	ⓕ		6	85.7 μg/g 体重
	フッ素	ⓕ*		3	42.8
	ケイ素	ⓢ*		2	28.5
	亜鉛	ⓩ		2	28.5
	ストロンチウム	ⓢ		320 mg	4.57 μg/g 体
	ルビジウム	Rb		320	4.57
	鉛	ⓟ		120	1.71
	マンガン	ⓜ		100	1.43
	銅	ⓒ		80	1.14
超微量元素	アルミニウム	Al		60	857 ng/g 体重
	カドミウム	Cd		50	714
	スズ	ⓢ		20	286
	バリウム	Ba		17	243
	水銀	Hg		13	186
	セレン	ⓢ		12	171
	ヨウ素	ⓘ*		11	157
	モリブデン	ⓜ		10	143
	ニッケル	ⓝ		10	143
	ホウ素	ⓑ*		10	143
	クロム	ⓒ		2	28.5
	ヒ素	ⓐ		2	28.5
	コバルト	ⓒ		1.5	21.4
	バナジウム	ⓥ		1.5	21.4

○：実験哺乳動物で必須性が明らかにされている微量元素
□：人において必須性が認められている微量元素　　＊：非金属元素

(桜井　弘：「金属は人体になぜ必要か」，講談社 (1996))

iv) その他微量元素

グループ i)

O, C, H は水と有機物の構成元素であり, N はアミノ酸, タンパク質などの構成元素である。

グループ ii)

Ca は骨格の成分元素であり, 生体膜に関与, P は骨格や核酸などの成分元素であり, エネルギー代謝などに関与している。K, Na は電解質の成分元素である。

グループ iii)

遷移元素は量的には微量であるが, 重要な元素である。

生物の成長と元素の投与量との関係を図 8-1 に示す。濃度が低くなると欠乏症となり, 成長が見られなくなる。濃度が高くなると過剰症になり, ついには死に至ることとなる。欠乏症と過剰症とのプラトー領域は最適濃度範囲と呼ばれる。

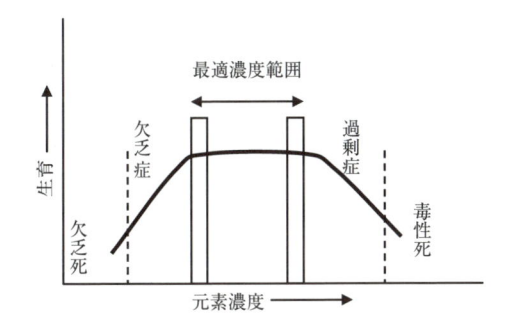

図 8-1 生体反応と元素濃度との関係

重金属だってヘルシー

1989 年 9 月に東京で開かれた国際微量元素医学会議を報告した新聞の見出し（1989 年 9 月 5 日朝日新聞）である。我が国では重金属による公害問題が数多く生じており, 重金属は有害であるとの背景があった。一方, 欧米では金属と健康との関係には関心があり, ミネラル[2] を含む食料品や錠剤が発売されてきた。日本でも近年, カルシウム, マグネシウム, 鉄などを含む飲み物などが発売されるようになった。さらに亜鉛なども含まれた錠剤も市販されている。当然, 図 8-1 でみられるように, 元素には最適濃度範囲があることは重要なことである。

[2] 無機質（ミネラル）(mineral) とは, 身体を構成している元素のうち, 炭素, 水素, 窒素, 酸素以外の元素を一括してよぶ習慣がある。しかし, 科学的に定義された用語ではない。日本においては厚生労働省によって 12 成分（亜鉛, カリウム・カルシウム・クロム・セレン・鉄・銅・ナトリウム・マグネシウム・マンガン・ヨウ素・リン）が示されており, 食品の栄養表示基準となっている。

8.2 ● 生体内における金属イオンの動態

体内に取り込まれた金属イオンは血液[3]により組織や臓器に運搬される。血液の中でも血漿が重要な役割をしている。ヒトの血漿の主な成分としては血清アルブミン、グロブリン、脂質、グルコース、アミノ酸、尿酸などのほか、Na^+、Cl^-、HCO_3^- などの無機成分からなる。タンパク質は 5.8〜8.0 g/100 mL、アミノ酸は 35〜65 mg/100 mL で、それに比べ遷移元素では Zn 0.16 mg/100 mL、Fe で 0.11 mg/100 mL、Cu で 0.112 mg/100 mL などと少ない。生体内でのこれらの金属イオンの挙動はまだ十分理解されていない。

8.2.1 ヒトにおける銅イオンの代謝

血漿中の Cu(II) はその 90 % は銅貯蔵タンパク質であるセルロプラスミン[4]と、残りの 10 % はアルブミン[5]やアミノ酸と結合する。ヒトにおける**銅イオンの代謝**を図 8-2 に示す。

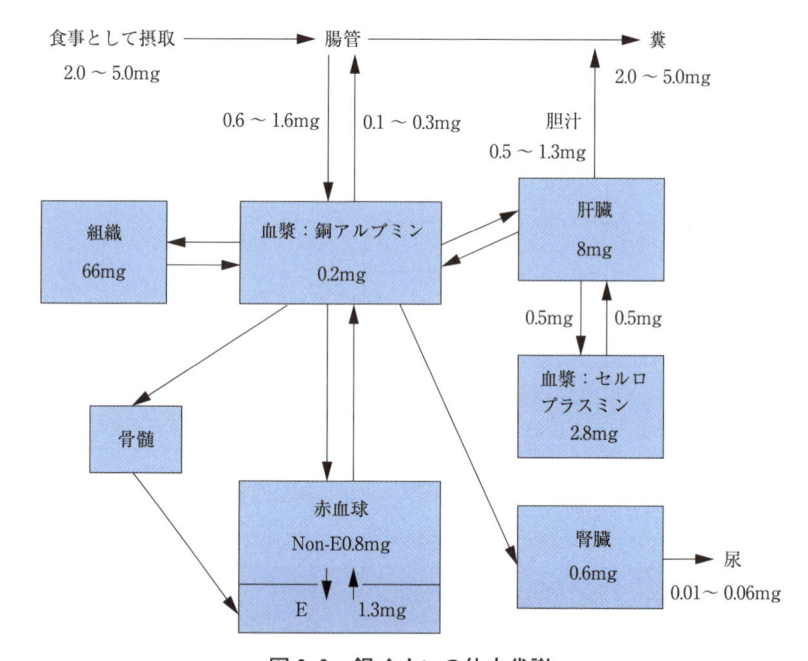

図 8-2　銅イオンの体内代謝
囲みの数字は貯蔵量、それ以外は 1 日の代謝量を示す。
E：エリスロクプレイン、Non-E：非エリスロクプレイン
（和田攻：「金属とヒト-エコトキシコロジーと臨床」、朝倉書店（1986））

交換可能なアルブミンやアミノ酸と結合している銅の平衡は次のように考えられている。

---

3) 血液は血漿成分（液性成分）55 % と血球成分（細胞性成分）45 % からなる。血漿成分は水分 91 %、血漿タンパク質 7 %（アルブミン 55 %、グロブリン 40 %、凝固因子 5 % など）、無機塩類 0.9 %、脂質 1 %、糖質 0.1 % その他（各種ホルモン、酵素）などからなる。血球成分は赤血球 96 %、白血球 3 %、赤血球 3 %、血小板 1 % で構成される。色はヒトを含む脊椎動物の場合は赤く（ヘモグロビンに由来）、カニ、エビやタコは青い（ヘモシアニンに由来）、ホヤなどは緑色（ヘモバナジンに由来）に見える。

4) セルロプラスミン（ceruloplasmin）はフェロキシダーゼ（ferroxidase）または鉄(II)：酸素-オキシドリダクターゼとして知られている。血液中に見られる銅輸送タンパクであり、酵素である。

5) 細胞および体液中の単純タンパク質の総称。血清アルブミン、コナルブミン、ロイコシンなどがある。

$$\text{Cu(II)} + \text{アミノ酸} \rightleftarrows \text{Cu(II)-アミノ酸} \qquad (8\text{-}1)$$
$$\downarrow\uparrow \quad \text{アルブミン}$$
$$\text{Cu(II)-アルブミン} + \text{アミノ酸} \rightleftarrows \text{Cu(II)-アミノ酸-アルブミン}$$
$$(8\text{-}2)$$

アミノ酸としてはヒスチジン，グルタミン，トレオニンなどが知られている．アルブミンは金属イオンのほかコレステロール，脂肪などと結合し，運搬するなど運搬体として重要な働きをする．

〈銅(II)と血清アルブミンとの結合における銅の結合部位のモデル〉

ヒト，ラット，ウシ，イヌおよびニワトリのアルブミンのアミノ酸配列の一部を示す．

ヒト
Asp-Ala-His-Lys-Ser-Glu-Val-Ala-His-Arg-Phe-Lys…　(8-3)
ラット
Glu-Ala-His-Lys-Ser-Glu-Ile-Ala-His-Arg-Phe-Lys…　(8-4)
ウシ
Asp-Thr-His-Lys-Ser-Glu-Ile-Ala-His-Arg-Phe-Lys…　(8-5)
イヌ
Glu-Ala-Tyr-Lys-Ser-Glu-Ile-Asp-Hia-Arg-Tyr-Asn…　(8-6)
ニワトリ
Asp-Ala-Glu-His-Lys-Ser-Glu-Val-Ala-His-Arg-Phe-Lys…
(8-7)

N末端の3個のアミノ酸残基が銅との結合に使用されていると考えられ，とくにヒトのCu(II)とアルブミン結合部位モデルとして組成が同じAsp-Ala-Hisや，アルブミンと吸収スペクトルが類似しているGly-Gly-Hisなどのモデルについて多くの研究がなされている．たとえば，Cu(II)とAsp-Ala-Hisの錯体の構造としては図8-3のような構造が示される．これらのアルブミンでは第3番目にHis残基があるこ

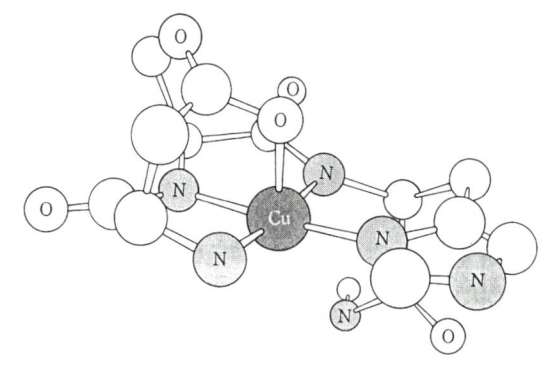

図8-3　Cu(II)-Asp-Ala-His MA錯体の構造

とが特色であり，イヌのアルブミンでは第3番目に Tyr があることから銅の運搬能力が低いことがわかる。ニワトリでは他と異なり第3番目が Glu で，次が His となっている。

8.2.2 ヒトにおける鉄イオンの代謝

人体に含まれる鉄の量は表に見られるように成人で3～4gである。表8-3に成人男子の鉄含量の例を示す。

表 8-3　成人男子の鉄含量（70 kg）

化合物	重量(g)	鉄重量(g)	百分率(%)
ヘム鉄			
ヘモグロビン	650～750	2.1～2.5	65
ミオグロビン	40	0.13	3～5
ヘム酵素			
ミトコンドリア・サイトクロム C	0.8	0.004	0.1
カタラーゼ	5.0	0.004	0.1
ペルオキシダーゼ	—	—	—
非ヘム鉄			
フラビン鉄酵素			
コハク酸脱水素酵素	—	—	—
キサンチン オキシダーゼ	—	—	—
DPNH サイトクロム C 還元酵素	—	—	—
トランスフェリン鉄	10.0	0.004	0.1
貯蔵鉄	—	0.8～1.5	30
フェリチン	—	—	—
ヘモジデリン	—	—	—
計		3～4	100

(内田立身：「鉄欠乏性貧血―鉄の基礎と臨床」，新興医学出版社 (1996))

鉄の大部分はタンパク質と結合して，2g程度がヘモグロビンに存在している。酸素運搬に必須の働きをしていて，**酸素運搬体**の項目で詳細に述べる。

鉄の体内代謝を図8-4に示す。吸収された鉄イオンは血清中の鉄イオン結合タンパク質，トランスフェリン[6]と結合する。Fe^{3+} はタンパク質の3個のチロシン残基のOH，2個のヒスチジン残基のイミダゾールと結合し，残る配位座は CO_3^{2-} と考えられている。この炭酸イオンの存在はこの結合に重要な役割をしている。骨髄に輸送された Fe-トランスフェリンはヘモグロビンの合成に利用される。貯蔵鉄はフェリチンとヘモジデリンとして存在する。この鉄は体内での鉄バランスの指標となる。血清フェリチン量の測定が重要になる。

鉄欠乏性貧血はもっとも頻度の高い貧血で，潜在性貧血まで含めると多くの割合で女性に貧血の症状が見られる。鉄欠乏性の情報が知られるようになったのは，血清フェリチン量が比較的簡単に分析できるように

---

[6] 人の血漿 100 mL 中には約 40×10^{-3} g のトランスフェリンが存在する。分子量 80,000 の β-グロブリンで，1分子に Fe(III) を含む。

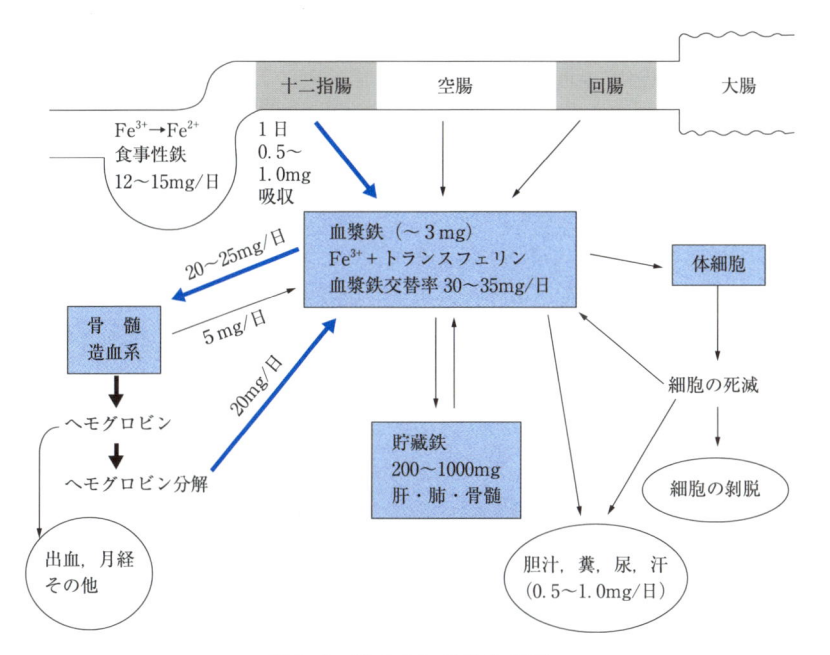

図 8-4　鉄イオンの体内代謝
(和田攻：「金属とヒト-エコトキシコロジーと臨床」, 朝倉書店 (1986))

なったことによる。鉄欠乏の段階は検査項目により 4 段階に分けられる。血清フェリチン量，トランスフェリン飽和率，ヘモグロビン量などにより判定されている (図 8-5)。

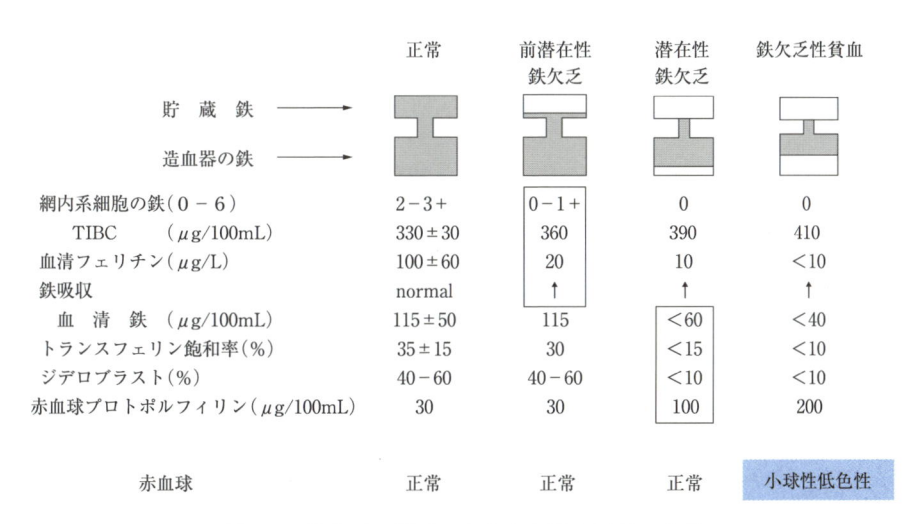

	正常	前潜在性鉄欠乏	潜在性鉄欠乏	鉄欠乏性貧血
網内系細胞の鉄 (0-6)	2-3+	0-1+	0	0
TIBC (μg/100mL)	330±30	360	390	410
血清フェリチン (μg/L)	100±60	20	10	<10
鉄吸収	normal	↑	↑	↑
血清鉄 (μg/100mL)	115±50	115	<60	<40
トランスフェリン飽和率 (%)	35±15	30	<15	<10
ジデロブラスト (%)	40-60	40-60	<10	<10
赤血球プロトポルフィリン (μg/100mL)	30	30	100	200
赤血球	正常	正常	正常	小球性低色性

図 8-5　鉄欠乏の進展にともなう検査所見の変動
(内田立身：「鉄欠乏性貧血―鉄の基礎と臨床」, 新興医学出版社 (1996))

8.2.3 その他の金属

アルカリ金属とアルカリ土類金属

Na(0.15％)，K(0.20)，Mg(0.15)，Ca(1.5) で合計 2.0％を占める。これらの元素の分光学的特性がとぼしいため，研究が遷移元素に比べ遅れていたが，近年それらの生理学的作用，錯形成などが明らかになってきた。

老化とカルシウムとのあいだには深い関係がある。骨のカルシウムを血液に放出させる副甲状腺ホルモンの血中濃度は老化とともに上昇するが，カルシウムを骨に吸収させる働きをするカルシトニンの濃度が低下するなど骨粗しょうに結びつくことが知られている。

K^+，Na^+ の膜輸送は近年研究の対象となり，解明されつつある。図 8-6 に細胞内外のイオンバランス示している。

K^+ と Mg^{2+} は細胞内に多く，Na^+ と Ca^{2+} は血漿中に多い。このような細胞内外での濃度差は **Na^+，K^+-ポンプ（イオンポンプ）** といわれる能動輸送機構により維持されている。イオンの輸送は拡散による受動的なものと能動的なものの機構がある。受動輸送は濃度の高い部位から低い部位への自然に起きる拡散である。輸送される分子にある種のタンパク質が担体と結合して起こる場合と，タンパク質の膜を貫通した親水性のチャンネルを通して起こる場合がある。Na^+，K^+ イオンの出し入れには Na^+-K^+TPase とよばれる酵素の働きがある。細胞膜は脂質や

7) 鉄の補給には鉄を含む肉類（レバーなど）などの良質のタンパク質を食べることが望まれる。その他，鉄を含む食品としては貝類，ノリなどがある。また，調理の際，使用するフライパンはテフロン製より鉄製のものが鉄の含有量が増すことが知られている。

鉄欠乏性貧血とは

鉄が欠乏しヘモグロビンの合成が十分に行われないために生じる貧血で，日常最も多く見られる貧血である。鉄は体内で作ることが出来ず，食物から補給することが必要となる。鉄イオンの体内代謝では成人男性で毎日約 1 mg の鉄が失われる。そのため，必要な摂取量[7]は1日約 10 mg（鉄の吸収は約 10％）となる。成人女性の場合，2倍の鉄が必要となる。鉄の不足分は貯蔵鉄（通常約 1000 mg）から供給されるが，貯蔵鉄がなくなってくると鉄欠乏性貧血が現れることになる。

主な貧血の指標

- **TIBC（total iron binding capacity**；総鉄結合能）：トランスフェリンが鉄と強力な親和力を有することから，血漿の最大結合能力として表せる。通常血漿鉄は 100 μg/100 mL で，トランスフェリンの 1/3 が鉄と結合している。2/3 は鉄と結合していないトランスフェリンで，不飽和鉄結合能とよばれる。
- **血清フェリチン**：フェリチンは貯蔵鉄として存在するが，血清中にも微量存在する。この血清フェリチンが貯蔵鉄量を評価するのに有用である。
- **トランスフェリン飽和率**：血漿鉄の TIBC に対する百分率

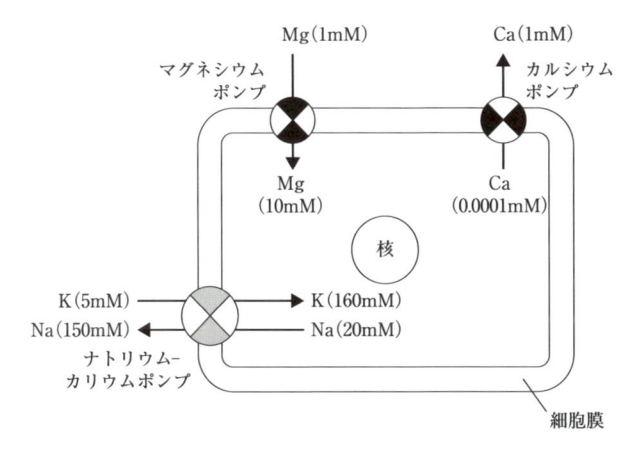

図 8-6 細胞内外のイオンバランス
(桜井 弘：「金属は人体になぜ必要か」, 講談社 (1996))

リン脂質からなるため，膜を水溶性のイオンが透過するには特別の機構が働いていると考えられている。

亜鉛[8]

亜鉛は人体中の血液，皮膚，骨その他の臓器に含まれる。血液中では約80％が赤血球中の炭酸脱水酵素に取り込まれ，血液などでは主として亜鉛タンパク質錯体として存在する。亜鉛を含む金属錯体には，カルボキシペプチダーゼ，炭酸脱水素酵素，アルコール脱水酵素などがある。

8.3 ● 酸素運搬体と酸素輸送タンパク質
8.3.1 酸素輸送タンパク質

酸素分子の水に対する溶解度（3×10^{-4} M，20℃ 1気圧）は低く，生体系においてはタンパク質に結合した金属に可逆的に酸素分子が配位をすることによって酸素運搬を行っている。ヒトの血液では 9×10^{-3} M の溶液となっていて純水に比べ30倍にも達する。酸素を可逆的に結合させることの出来る物質は生体系に多く存在するが，その中から2, 3の例を表8-4に示す。

表 8-4 酵素運搬能をもつ金属タンパク質の例

	ヘモグロビン	ミオグロビン	ヘモシアニン
金属	Fe	Fe	Cu
金属：酸素分子	1：1	1：1	2：1
金属の配位部位	ポルフィリン	ポルフィリン	タンパク質の側鎖
分子量	65000	17000	$10^5 \sim 10^7$
色 デオキシ体	赤紫	赤紫	無色
色 オキシ体	赤	赤	青

[8] 近年，亜鉛は栄養素として認識され，鉄と同様に重要なミネラルである。核酸やタンパク質合成に必須なミネラルであり，血漿でも比較的一定に保たれている。亜鉛は生体内では鉄と同様に代謝が活発な部位に多く存在し，その存在量は鉄と同レベルである。亜鉛の欠乏症としては生育・生殖能低下，味覚・きゅう覚能低下などあり，過剰症としては亜鉛中毒などある。

8.3.2 ヘモグロビンの構造

ヘモグロビンのアミノ酸の結合順序として1次，2次，3次および4次構造で示すことができる。

〈1次構造〉

　ヒトヘモグロビン　α鎖

　　1 Val-Leu-Ser-Pro- - - -59 His—89 His—Tyr-143 Arg　　(8-8)

　ヒトヘモグロビン　β鎖

　　1 Val-His-Leu-Thr- - - -63 His—92 His—Tyr-146 His　　(8-9)

〈2次構造〉

　α-ヘリックスやβ-構造などポリペプチドのアミノ酸残基間での水

カルボキシペプチダーゼ A

　カルボキシペプチダーゼ A は，ペプチドやタンパク質鎖の C 末端アミノ酸残基の加水分解の触媒の働きをする。この酵素は分子量約 34,000 で，307 個のアミノ酸残基からなるポリペプチドである．酵素1分子当り1個の亜鉛イオンを含んでいる。カルボキシペプチダーゼ A の3次元構造は高分解 X 線回折により解明され，亜鉛の酵素中での結合部位は His-69，Glu-72，His-169 で，第4番目には水分子が結合している。ペプチド結合の切断の反応機構として考えられるものが図に示されている。Glu-270 のカルボキシル基は，ペプチド結合のカルボニル基に作用し，Tyr-248 は窒素をプロトン化すると考えられる。また Glu-270 が水分子を活性化し，OH はペプチド結合の CO の C を攻撃し，また Tyr-248 は NH 基にプロトンを与え，加水分解する機構を考えられている。

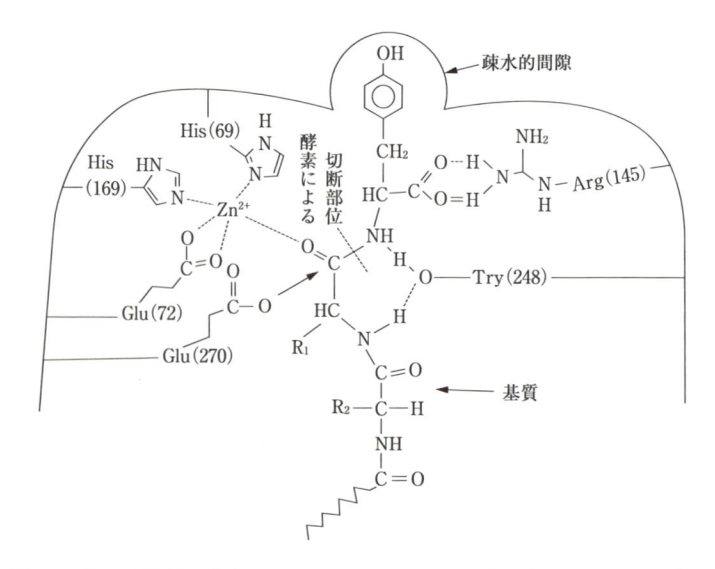

図　ペプチド基質の結合しているカルボキシペプチダーゼ A の活性部位
(W. N. Lipscomb, *et al.*, *Phil. Trans. Roy. Soc. Lond.*, B 257, 177 (1970) など)

素結合により構成された立体構造。

〈3次構造〉

α-ヘリックスの超らせん化，球状タンパク質の3次構造がある。

〈4次構造〉

3次構造のタンパク質が何個か集まり，1つのタンパク質を作ったもの。

ヘモグロビンはタンパク質であるグロビンと鉄錯体である**ヘム**[9]からなる。X線回折より2本の α 鎖と2本の β 鎖計4本のペプチド鎖からなり，それぞれに1個のヘムを含んでいる。ヒトヘモグロビンの β 鎖の構造を図8-7に示す。ヘムは2価の鉄の**ポルフィリン錯体**であり図8-8に示す。ヘムは酸素運搬の重要な役割を示す。ヘムはその鉄の第五配位座にはグロビンの92番目のアミノ酸残基のイミダゾール基の窒素が配位しており，第六配位座には酸素が存在すると $Fe-O_2$ の結合生じる。

[9] 鉄イオンとポルフィリンの錯化合物。ヘモグロビンは4分子，ミオグロビンは1分子ヘムを含む。酸素を運搬する重要な役割をもつ。

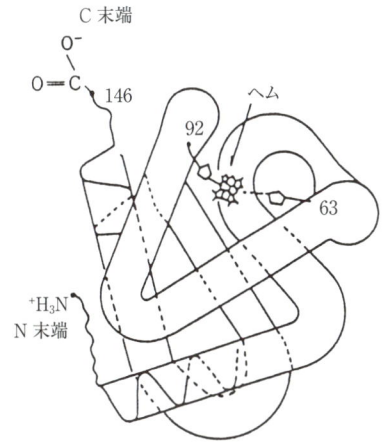

図 8-7　ヒトヘモグロビンの β 鎖

構成しているアミノ酸は省略し，ヘリックスの構造とヘムの位置を示している

M. F. Peruts, L. F. TenEyck, *Cold Spring Harb. Symp. Quant. Biol.*, 36, 295 (1971)

図 8-8　ヘモグロビンのヘムの構造

ヘモグロビンを Hb で表すと酸素との平衡は次のようになる。

$$Hb_4 \underset{-O_2}{\overset{+O_2}{\rightleftarrows}} Hb_4O_2 \underset{-O_2}{\overset{+O_2}{\rightleftarrows}} Hb_4(O_2)_2 \underset{-O_2}{\overset{+O_2}{\rightleftarrows}} Hb_4(O_2)_3 \underset{-O_2}{\overset{+O_2}{\rightleftarrows}} Hb_4(O_2)_4$$

(8-10)

Fe と O の結合については研究が多くなされており，その構造も明らかになっている。ヘモグロビンの酸素化を図8-9に示す。O_2 が結合していないときは図のように Fe はポルフィリン環内になく，ヒスチジン

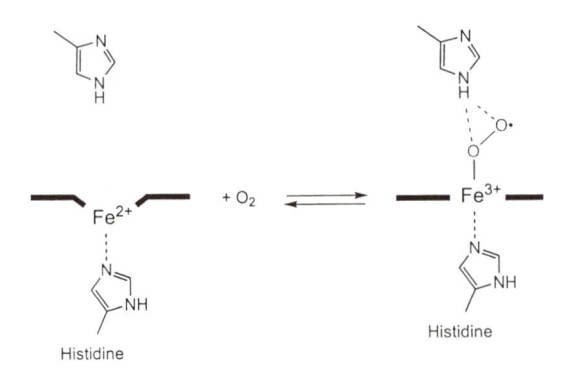

図 8-9 ヘモグロビンの酸素
(増田秀樹, 福住俊一編:「生物無機化学」, 三共出版 (2005))

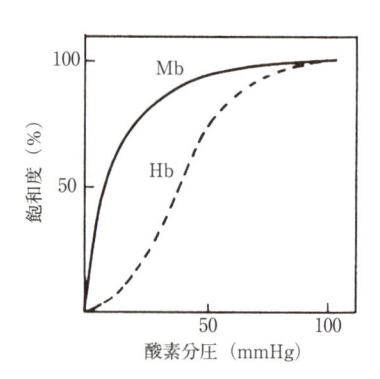

図 8-10 ミオグロビンとヘモグロビンの酸素飽和曲線

方向にずれている。O_2 が結合すると電子配置が変化し, ポルフィリン環内におさまる。

ヘモグロビンの酸素吸収の飽和度と酸素との関係を図 8-10 に示す[10]。図中にはミオグロビンの場合も示している。

ミオグロビンを Mb で表すと酸素との反応は

$$\text{Mb} \underset{-O_2}{\overset{O_2}{\rightleftarrows}} \text{MbO}_2 \tag{8-11}$$

である。

低い O_2 分圧下では Mb の方が O_2 の取り込みが大きい。Hb の曲線は S 字形でヘム間で相互反応があることを示している。このことは Hb のどれかに O_2 が結合するとそれよりも次の結合が増加することを示している。

8.3.3 人工酸素運搬体

コバルト錯体 酸素と可逆的に結合する錯体として最初に見いだされたのはコバルトのシッフ塩基であるビスサルチルアルデヒドエチレンジアミンコバルト(II)錯体, Co(salen) である。図 8-11 で示されるように合成された錯体 [Co(salen)]・$CHCl_3$ は空気中で赤褐色粉末に変化し, さらに酸素を取り込んで黒色になる。この黒色錯体は 100°C で酸素を放出し赤褐色錯体に戻ることがわかった。

またビスアセチルアセトアルデヒドエチレンジアミンコバルト(II)錯体も, 次のように酸素を可逆的に取り込むことが知られている。

$$\text{Co(acacen)(B)} + O_2 \rightleftarrows \text{Co(acacen)(B)(O}_2) \tag{8-12}$$

その他この系列の錯体の研究が多く行われている。

鉄錯体 鉄(II)ポルフィリン錯体が酸素分子と可逆的に結合すること

10) Mb 分子が単量体で存在するのに対し, Hb は 4 つのサブユニット $\alpha_2\beta_2$ から構成されていて, 4 個の酸素結合部位をもっている。Hb ではサブユニットがお互い相互作用を及ぼしあうアロステリックなタンパク質である。あるサブユニットに酸素が結合すると, 残りのサブユニットに酸素が結合しやすくなり, 逆に, 1 か所で酸素が放出されるとほかの酸素も放出されやすくなる。このように酸素を速やかに運べる機構になっている。

一方, Mb 分子は酸素結合部位が 1 か所で, 筋肉内では酸素をたくわえて必要に応じて徐々に放出する。

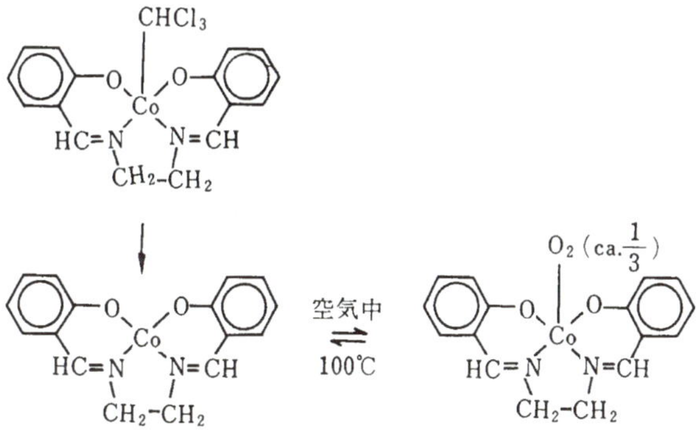

図 8-11 Co（salen）錯体の酸素脱着

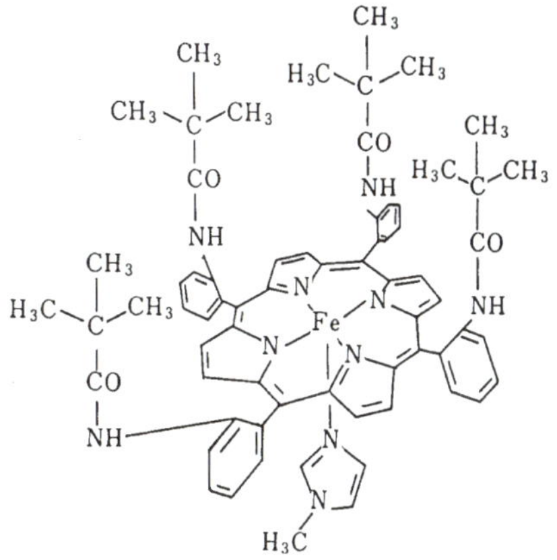

図 8-12 Collman のピケットフェンス鉄(Ⅱ)ポルフィリン錯体の構造

が見いだされている。

$$Fe(Por)(B)_2 + O_2 \rightleftarrows Fe(Por)(B)(O_2) + B \qquad (8-13)$$

ここで Por はポルフィリン，B は塩基を示す。この反応で鉄ポルフィリン錯体の自動酸化が起こることにより可逆的な酸素の結合が妨げられていたが，研究の結果，**ピケットフェンス（picket-fence）鉄ポルフィリン錯体**で自動酸化を防ぐ方法が見いだされた（図 8-12）。

8.4 ● 金属を含む薬の例

金属を薬に使用することはかなり古い時代から行われ，中世では無機化合物の医薬品合成が試みられた。金属を医薬品として利用するときは次のように分けられる。

〈金属イオンとして〉金属イオンは収れん作用（タンパク質凝固），腐食作用を示すことから使用されてきている。

〈金属錯体として〉生物無機化学の進歩により，多くの金属錯体が薬として用いられている。

〈キレート療法〉金属に依存する病気が知られている。過剰に金属が体内に蓄積しているとき，キレートが用いられている。

表 8-5 に金属を含む代表的な薬の例を示す。

銅代謝機構の欠陥により銅が肝臓や脳などに沈着し，急性肝臓病や脳障害を引き起こす病気（Wilson 病）が知られている。過剰の銅の排除にキレート剤が使用される。銅の代謝のところで述べたように，銅はセルロプラスミンと強く結合しているのでキレートにより低分子錯体として排除する方法をとる。

キレート剤がある濃度加えられたとき，金属イオンの低分子量成分の

表 8-5 金属を含む代表的な薬

金属錯体	化合物名	薬理作用
アルミニウム	スクラルファート	制酸, 抗潰瘍
	アスピリンアルミニウム	解熱, 鎮痛
ヒ素	アルスフェナミン	駆梅
	アセタゾール	駆梅
金	金―チオマレート	抗リウマチ性関節炎
	金―チオグルコース	抗リウマチ性関節炎
	オーラノフィン	抗リウマチ性関節炎
ビスマス	次没食子酸ビスマス	止瀉
	次サリチル酸ビスマス	止瀉
	チオグリコール酸ビスマス	駆梅
鉄	グルコン酸鉄	鉄欠乏性貧血
	フマル酸鉄	鉄欠乏性貧血
	ピロリン酸鉄	鉄欠乏性貧血
水銀	マーサリル	利尿
	チメロサール	利尿
白金	シスプラチン	抗ガン
アンチモン	アンチモン酒石酸ナトリウム	抗住血吸虫
	スチボフェン	駆梅
亜鉛	亜鉛ユージノール	根冠充填（歯科）
コバルト	シアノコバラミン	悪性貧血

(桜井 弘：「金属は人体になぜ必要か」, 講談社 (1996))

増加量は次式で表せる。

$$可動化指数 = \frac{薬剤の存在時における全低分子量化合物}{正常な血漿中の全低分子量化合物} \quad (8\text{-}14)$$

金属イオンに対する**可動化指数**（mobilising index：MI と略する）を各薬剤であるキレート剤濃度に対してプロットしたものを図 8-13 に示す。

ペニシラミン（Pen）は 10^{-5} mol/L 以上で Cu と結合する。一方，Zn と Pen（還元型）は 10^{-6} mol/L で可動化し，血漿中の Zn の濃度も変化する。Pb にも同様に作用する。有効ではあるが，このような薬剤は不快な副作用を起こす。

トリエチレンテトラミン（Trien）は Cu に対して 10^{-9} mol/L でも可動化し，Pen の代わりに治療に用いれらる。

銀系抗菌剤

　銀系抗菌剤は抗菌効果が強く，イオン状態のとき，極微量濃度で死滅させる効果がある。比較的広範囲の種類の細菌に対して抗菌効果があるとともに，安全性が高いと考えられる。
　白金は抗酸化作用があり，市販の化粧品に配合されているなど近年金属の利用が見られるようになっている。

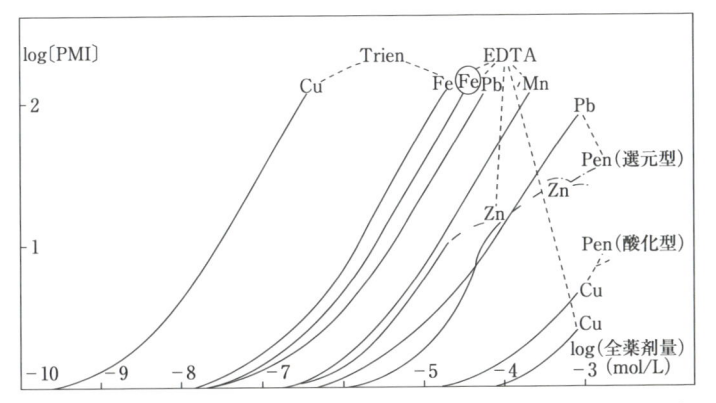

図 8-13 正常な血漿に投与した Trien, Pen, EDTA の金属可動化効果 (PMI)
Trien；トリエチレンテトラミン, EDTA；エチレンジアミン四酢酸, Pen；D-ペニシラミン[11]

(The principles of bio-inorganic chemistry (1977))

11) Trien
$H_2NCH_2CH_2NHCH_2CH_2NHCH_2CH_2NH_2$

EDTA
$HOOCH_2C\quad\quad\quad CH_2COOH$
$\quad\quad NCH_2CH_2N$
$HOOCH_2C\quad\quad\quad CH_2COOH$

Pen（還元型）
$CH_3\quad\quad COOH$
CH_3-C-CH
$\quad SH\quad\quad NH_2$

参考論文

1) 合原眞, 井出悌, 栗原寛人：「現代の無機化学」, 三共出版 (1991)
2) 合原眞, 栗原寛人, 竹原公, 津留壽昭：「無機化学演習」, 三共出版 (1996)
3) 田中久, 桜井弘：「生物無機化学」, 広川書店 (1987)
4) 桜井弘：「金属は人体になぜ必要か」, 講談社 (1996)
5) 内田立身：「鉄欠乏性貧血―鉄の基礎と臨床」, 新興医学出版 (1996)
6) 増田秀樹, 福住俊一編「生物無機化学」, 三共出版 (2005)
7) 中原昭次, 山内脩：「入門生物無機化学」, 化学同人 (1979)
8) 和田攻：「金属とヒト―エコトキシコロジーと臨床」, 朝倉書店 (1986)
9) 久保田晴寿編：「無機医薬品化学」, 広川書店 (1997)

―― 第8章　チェックリスト ――

- □ 人体中の元素
- □ 銅イオンの体内代謝
- □ 鉄イオンの体内代謝
- □ 鉄欠乏性貧血
- □ 酸素運搬タンパク質
- □ ヘモグロビン

● 章末問題 ●

問題 8-1
生体内の元素を分類し, 各々のグループの特色を述べよ。

問題 8-2
生体系で見られる錯体形成について述べよ。

問題 8-3
ヘモグロビンの構造及び酸素運搬機能について述べよ。

問題 8-4

ヘム鉄と非ヘム鉄について比較せよ。

問題 8-5

抗ガン活性のある次の白金錯体の構造式を書け。

(1) *cis*-ジクロロジアンミン白金(II)

(2) *cis*-ジブロモジアンミン白金(II)

(3) ジクロロエチレンジアミン白金(II)

(4) *cis*-テトラクロロジアミン白金(IV)

(5) テトラクロロエチレンジアミン白金(IV)

第9章

身近な無機材料化学と先進的セラミックス

学習目標

1. 「3つの材料」を知り，それらを対比させることにより，無機（セラミック）材料の特徴を理解する。
2. 身近な製品の中で，どのような素材が用いられているのか考える術を知る。
3. いくつかの先端セラミック材料について，名称，性質，応用例を知る。

本章では，無機化学の材料分野における応用例を紹介する。

第1章で述べたように，無機物質は周期表のほぼすべての元素を対象とするものであり，そのバリエーションは極めて広い。ここでは，古いものから新しいものまで，われわれの身近にある無機材料に焦点をあて，簡単な解説を加えた。

9.1 ● 身近な無機材料化学
9.1.1 材料の概観—「3つの材料」とは？

われわれの身のまわりにはさまざまな「モノ（製品；product）」があり，それらは必ず何らかの「もの（素材・材料）」からできている。マテリアル（英語では複数形 materials と書くことが多い）という言葉は「物質」とも「材料」とも訳されるが，材料というと固体のニュアンスが強い。

まずは，身近なモノを見渡して，それがどんな材質から成っているか考えてみよう。それらは，重いもの・軽いもの，硬いもの・軟らかいもの，燃えるもの・燃えないもの，電気や光を流すもの・流さないものなどさまざまな性質があることに気付くだろう。

木や竹といった天然の素材を除くと，人類が工業的に製造している材料は，**金属材料**（metallic materials），**有機材料**（organic materials あるいは polymer, plastics），**無機材料**（inorganic materials あるいは ceramics）の3つに分けることができる（表9-1）。天然材料の多くは有機材料に近い。ひどく大まかにいうならば，「燃やすと燃えるものが有機材料」「錆びるのが金属材料」「燃えないし，錆びないものが無機材料（＝セラミックス）」といえる。

9.1.2 セラミックスの特徴

ほかの材料との比較で，セラミック材料はおおむね以下のような特徴をもっている。イメージとしては，焼き物の皿や茶碗を思い浮かべるとよい。

① 硬くて変形しにくく，壊れるときは「一気に」壊れる（**脆性破壊**（brittle fracture）という）；これに対して，金属は曲がったり，凹んだりして（**塑性変形**（plastic deformation）という）一気には破断しにくい。

② 軽い。金属材料が比較的原子番号の大きい元素から成り最密充填構造をとるのに対して，セラミックスのイオン結晶は，酸素や窒素などの軽い陰イオンが充填し，その空隙を押し広げて陽イオンが分布することが多いので，密度は低い。そのため，比強度（ある材料の強度をその密度で割った値）として高い値を示すことになる。有機材料は構成元素が軽いためセラミックスよりもさらに軽い。

③ 熱に強い。ただし，急激な熱変化（**熱衝撃**（thermal shock）という）にはあまり強くない。また，金属の鍋に比べると，セラミックの鍋（いわゆる土鍋）は温度が上がるのに時間がかかるが，火を止めても熱が冷めにくい。これらは熱伝導性（thermal conductivity）や熱容量（heat capacity）に起因している。

④ 化学的に安定であり，腐食されにくい。多くの化学試薬を封入するガラス容器，古代遺跡として発掘される埴輪，土器などはいずれもセラミックスの仲間である。金属は錆びる。錆びるとは酸素と反応することといい換えてよい。SiO_2，Al_2O_3 といった酸化物セラミックスは，いわば元々錆びているようなものなので，安定である。

⑤ 電気的に多彩である；焼き物の皿は電気を通さないが，物質によっては，**超電導**（superconductivity）といって電気抵抗ゼロ，すなわち究極の電気の通しやすさを示すもの（例えば $YBa_2Cu_3O_{7-x}$）や，透明電極として広く用いられている ITO（Indium Tin Oxide；スズ添加インジウム酸化物）もある。そのほかにも半導性

燃える金属？

鉄クギを燃やすことは考えにくいが，鉄が微細な粉末になって空気との接触面積が著しく増大すると，常温でも酸素と反応して発火する（取り扱い注意）。昔はロックコンサートの演出として金属マグネシウム（微粉や薄片）を燃やして閃光と爆音を轟かせていたが，最近は規制が厳しいようだ。いずれの場合も，煙として発生した最終生成物は，酸化物（酸化鉄，酸化マグネシウム）の微粒子である。有機物を燃やすとほとんどは H_2O と CO_2 になることと対比して憶えよう。

セラミックスと金属の破壊挙動

セラミックスは硬く（＝荷重変位曲線の傾きが高い），ほとんど変形せずに破断する。金属は一定以上の荷重で傾きが直線的でなくなり（降伏という），複雑な変化をしながらやがて破断する。荷重と変位（正確には，応力と歪み）の関係が直線的であるうちは，徐荷すれば材料は元に戻る（弾性）が，降伏したあとは徐荷しても戻ることはない。この状態が塑性変形である。

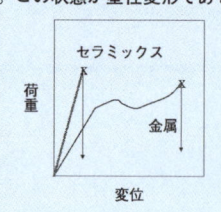

稀少元素が足りない！

ITO透明電極は液晶テレビや携帯電話の画面など，需要が急速に高まっているが，資源に乏しいわが国はインジウム供給を全面的に輸入に頼るほかはない。現在（2007年），「元素戦略」と銘打った国策により，インジウムに替わる透明導電体やほかの稀少元素（Sm，W など）を含む機能材料の代替物質が模索されている。

表 9-1　三大（工業）材料の比較

	金属材料	有機材料	無機材料
別の呼びかた	メタル	プラスチック，ポリマー	セラミックス
具体例	鉄，アルミ，ステンレス，銅，クギ，ネジ…	PET，ナイロン，合成繊維，合成ゴム，ビニール，液晶…	茶碗，耐熱皿，ガラス，宝石，光ファイバ，人工骨…
密度	重い	軽い	中程度
耐熱性	高い	低い（燃え易い）	極めて高い
耐食性	錆びる	紫外線に弱い	安定
加工性	良い	非常に良い	悪い（変形し難い）
導電性	良導体	ほぼ絶縁体	絶縁体，半導体，超伝導体

(semiconductivity), イオン伝導性（ionic conductivity）など実に多種多様の性質を示す。そのほか，光学的・磁気的にも多彩な機能を示す。これに対し，自由電子をたっぷり含んだ金属は良導体であり，プラスチックのほとんどは絶縁体である[1]。

9.1.3　身近なモノに見る材料の個性とその融合

実際のモノ（製品）において，単独の材料のみで作られている例は少なく，ほとんどの場合，いくつかの材料が組み合わされている。それらはやみくもに組み合わされた訳ではなく，何か理由があってその部位に用いられているはずである。ここでは「なぜこの素材がこの製品のこの部位に用いられているのか？」という視点から身近な製品をながめることにより，金属・有機・無機，それぞれの材料の特徴をとらえてみよう。いずれも身近にありそうなモノをあげているので，ぜひ，実物に触れ，材質を体感しながら読んでいただきたい。

なお，当然のことながら，製品は商業ベースで考えるものなので，コストが低いことは重要な因子となるが，経済的な面についての正確な試算はまた別に考える必要があると心得よう。

① 保存瓶

ジャム，蜂蜜などの入った瓶はガラス製のものが多い。ガラスは透明なので中身が見える（第4章コラム「透明な固体いろいろ」参照）。セラミックスの仲間であるガラスは耐食性が高いので，長期保存しても内容物と反応することがない。プラスチックのものもあるが，耐久性，リサイクルの観点からはガラスの方が格段に優れている。他方，蓋の部分は金属である。金属は加工性が高いのでびんの口に適合するような形にしやすい。ふたが開きにくいときにはお湯で温めるとよいことを経験的

1) 白川英樹博士は導電性プラスチックを発明し，2000年のノーベル化学賞を受賞している。

図 9-1 ジャムのびんに見る材料融合

に知っている人は多いだろう。これは，金属の熱膨張（thermal expansion）がガラスよりも大きいので，加温するとふたが広がるためである。

有機材料も，ラベル（紙）やそれをびんに貼るための接着剤として使われている。もし同じ内容をガラス表面に刻印しようと思ったら大変な手間が掛かるし，リサイクルにも不利である。もう1つの有機材料として，ふたの内側にも漏れの防止としてシール材が使われている（図9-1）。前述したふたが開きにくいときの対処について，次のような失敗例がある。すなわち，ふたの加熱を急ぎ，ガスコンロで加熱しすぎると，シール材は焦げて（分解あるいは燃焼）しまう。

② 窓

窓もまたガラスで，無機材料である。採光を目的としているのは当然であるが，透明アクリル板のようなポリマーでは風雨，日照り，温度変化に長期耐えることはむずかしい。最近は光触媒（後述）を塗布したガラスもあり，防汚機能がある。窓枠は金属であり精密な加工により鍵の設置や摺動性が実現できる。シーリングあるいは衝撃緩和のためにゴム（有機材料）が含まれていることも確認しよう。

③ 洗面台・衛生陶器

陶器は伝統的なセラミックス（traditional ceramics）の代表であり，粉を焼き締めて作製される。ちなみに磁器とは陶器よりも高い温度で焼成し焼き締めの度合いを高めたもので，2つをあわせて陶磁器という。衛生陶器では，汚れが付着しにくいように表面が琺瑯加工されており，耐食性とともに清潔感が肝要になる。洗面台に接続された配管には，複雑な加工が必要であり，ステンレスなどの金属あるいはポリ塩化ビニルなどの有機材料が用いられる。なお，新幹線などの車両に搭載された洗面台や便器はステンレス製が多いようだが，運転時の振動・衝撃に対してのセラミックスの脆さ（brittleness）が嫌われているのであろう。

いろいろな窓ガラス

透明性よりも火災時などの破損防止を優先する場合には，金属製の網を複合した防火ガラスが適している。また，2枚のガラスの間に強靭なポリマーの板をはさみこんだ構造からなるガラスは防犯効果が高い。そのほか，断熱ガラス，結露しにくいガラス，防音ガラスなどさまざまな工夫がある。

④　スキー・スノーボード

本体はいわゆるエンプラ（engineering plastics）とよばれる高強度のポリマーで，軽量性と加工性が重視され，色彩などのデザイン性も加わる。ブーツを装着するビンディング部分は強度・弾性的に金属材料しかあり得ない。スキー板本体には，強化材として何らかの繊維（fiber）が用いられている。どのような繊維かはさまざまのようだが，アラミド繊維（ケブラー®）などは有機材料であり，ガラス繊維，炭素繊維，炭化ケイ素繊維はセラミックスの仲間である。このような繊維強化プラスチック（FRP; fiber-reinforced plastics）はスキー以外にも，釣り竿，テニスラケット，自動車のエアロパーツ，小型船舶など，さまざまに用いられている。

⑤　シャープペンシル

前項で触れたように炭素材料（黒鉛，ダイヤモンド）はセラミックスの仲間である。シャープペンシルの芯は，黒鉛に粘土を混ぜて固化したもので，黒鉛の配合割合が多いほど黒く柔らかく（B，2Bなど），少ないほど硬く（H，2Hなど）なる。本体はプラスチック（または金属）で，芯先やノック部のバネは金属である。シャープペンシルもまた，無機・有機・金属材料がそれぞれの個性を輝かせながら融合した製品といえる。

⑥　木造モルタル・鉄筋コンクリート

セメントもまたセラミックスの仲間で，ケイ酸カルシウム（$3CaO \cdot SiO_2$，$2CaO \cdot SiO_2$ など）が主成分である。日本は概して資源に乏しいが，石灰石などのカルシウム資源は唯一といっていいほど豊富にあり，古くからセメント産業が栄えてきた。

水にセメント粉末を加えたものをセメントペーストといい，水和反応（hydration）により硬化する。このとき細かい砂（～5 mm以下）を混ぜ込んだものがモルタル，粗い砂利を混ぜ込んだものがコンクリートである。モルタル自体の強度は低いのでこれだけで建造物にはならないが，木造建築の外側に塗ることで耐火性が増し，火事の延焼を防ぐのに役立つ。他方，コンクリートは単体のままでもダムなどの構造体に用いられているが，これを鉄骨で強化したものが鉄筋コンクリートである。また，セメントと水を混和するときの作業性（流動性など）を高めるためにさまざまな有機物（分散剤，減水剤など）が添加されていることも材料化学・物質工学的には見逃せない。

9.2 ● さまざまな先端セラミックスの応用

携帯電話やパソコンなど，われわれの身のまわりにある製品は日々進

どうやって繊維を複合化するか？

強化繊維を三次元の複雑形状に織ることも技術的には可能であるが，量産には向いていない。繊維を一方向あるいは二方向に配列させたものに樹脂を含浸させたシートをプリプレグとよぶ。繊維方向の引張強度は非常に高いが，その垂直方向のプリプレグ強度は非常に低い。実際には，プリプレグを最適な角度で多層に重ねて成形し，樹脂を硬化させることでFRPが製造される。

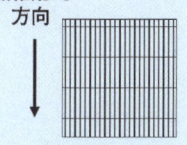

繊維配列方向 ↓

一次元プリプレグ

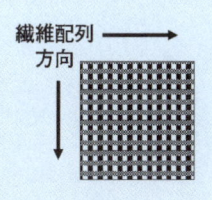

繊維配列方向 ↓

二次元プリプレグ

繊維の隙間に樹脂（ポリマー）を含浸させる

化し続けており，少し前に購入したものの性能がすぐに物足りなくなることも少なくない。それらの性能は将来的にもさらなる発展が期待されるものであり，その発展を担うのはこれからの材料科学の発達と深化にほかならない。

9.2.1 燃料電池に使われるセラミックス

第6章で学んだ**燃料電池**（fuel cell）は，水素や炭化水素などの燃料を「上手に燃やす」ことによって，単純に発火させれば「熱」にしかならないエネルギーを巧みに「電気」として取り出そうというものであった。

燃料電池は表9-2に示すようにいくつかの種類があるが，セラミックスの燃料電池は，固体酸化物型（SOFC；solid oxide fuel cell）とよばれ，800～1000℃ほどの高温で作動するのが特徴である。現在もっとも広く用いられているのは酸素欠陥を導入したジルコニア（ZrO_{2-x}）で

表9-2　種々の燃料電池の比較

種類		固体酸化物型	溶融炭酸塩型	リン酸型	高分子型	アルカリ水溶液型
電解質	電解質材料	安定化ジルコニア	炭酸リチウム＋炭酸カリウム	リン酸	イオン交換膜	水酸化カリウム
	イオン導電種	O^{2-}	CO_3^{2-}	H^+	H^+	OH^-
	比抵抗	～1 Ω cm	～1 Ω cm	～1 Ω cm	～20 Ω cm	～1 Ω cm
	作動温度	～1000 ℃	600～700 ℃	180～200 ℃	80～100 ℃	50～150 ℃
	腐食性	―	強	強	中程度	中程度
	使用形態	薄膜状	マトリックスに含浸	マトリックスに含浸	膜	マトリックスに含浸
電極/触媒		不要	不要	白金系	白金系	ニッケル・銀系
燃料		水素，炭素水素など	水素，炭化水素など	水素	水素	純水素
効率		50～60 %	45～60 %	40～45 %	40～50 %	60 %
問題点・課題		耐熱材料・起動性	耐食材料・CO_2循環系	高価な触媒，寿命	水分管理，高価な触媒，寿命	CO_2による電解質の劣化，純水素の供給

ジルコニアの酸素欠陥

ZrO_2（ジルコニア）に対して，ジルコニウムイオン（Zr^{4+}）より価数の小さい添加物，例えば，CaO，Y_2O_3を加えると，電気的中性を保つためにZrO_{2-x}となって酸素欠陥が生じる。「欠陥（defect）」というと何やら「良くないもの」と誤解してはいけない。この「欠陥」をうまく利用して人類は大きな恩恵を受けている。あるいは酸素空孔（oxygen vacancy）ともいう。トイレの「使用中（occupied）」の逆が「空き（vacant）」である。

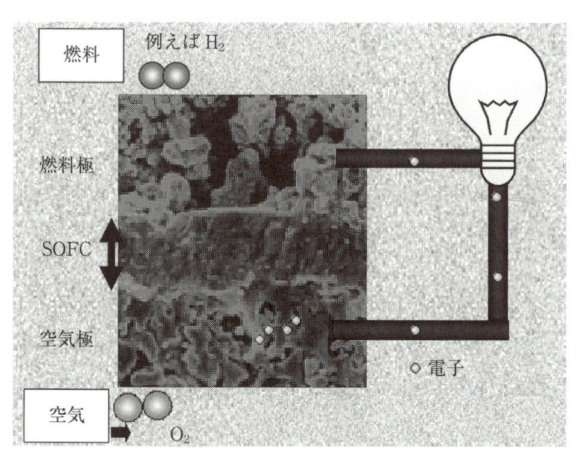

図9-2　固体酸化物（セラミック）燃料電池の模式図

ある。この酸素欠陥を通じて空気中の酸素が移動して燃料と反応するときに，図9-2に示したように外側を接続すると電気を取り出せることになる。

SOFCは触媒を必要とせず，水素以外の燃料も利用できるという利点がある。

9.2.2 センサー

前項で述べた酸素イオン導電性ジルコニアは，酸素センサーとしても活用できる。図9-3に示したように，センサー膜の左右における酸素分圧が異なると，その差に応じた起電力が発生するので，一方の酸素濃度がわかっていれば，他方の酸素濃度が計算できる。このシステムにより，自動車の排ガス中の酸素濃度を測定し，エンジンの燃焼を制御することができる。

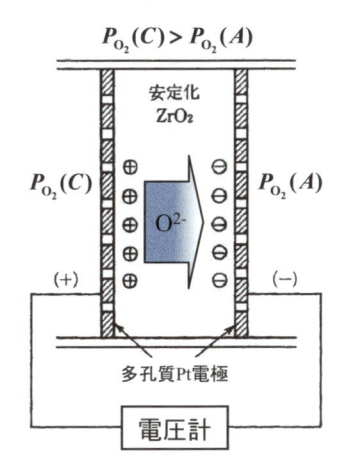

図 9-3 酸素欠損ジルコニアを利用した酸素センサー

酸化スズ（SnO_2）などの半導体セラミックスの表面には，酸素が吸着しており，ここにたとえばプロパン C_3H_8 分子が近づくと，燃焼反応により酸素の吸着量が減少する。このとき，わずかであるが電荷が移動するので，半導体セラミックスに電気が流れる。この信号を外部に取り出すことにより，ガス漏れ検知が可能となる（図9-4）。

9.2.3 セラミック高温超電導体

超電導（superconductivity；超伝導とも書く）は，その名の通り，著しく電導性が高いことであり，電気抵抗がゼロとなる現象である。もっとも古くに超電導性が発見された物質は水銀である。1911年オランダのオンネスは，液体ヘリウム温度（絶対温度で約1K；マイナス

超電導転移

超電導体の電気抵抗を測定しながら，温度をどんどん下げていくと，あるところで抵抗が急激に下がって「ゼロ」になる。やや難しい話になるが，半導体であれば，温度の低下とともに電荷担体（励起電子）の数が減るため，抵抗は高くなる。金属の場合は，電荷担体（自由電子）はもとよりたくさんあり，それが低温ほど動きやすくなるので，抵抗は徐々に下がる。ストンとゼロにならないと超電導ではない。

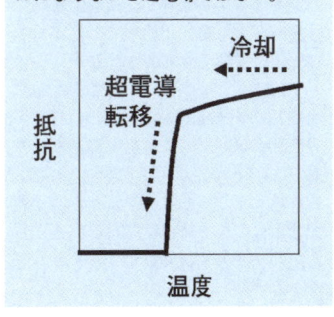

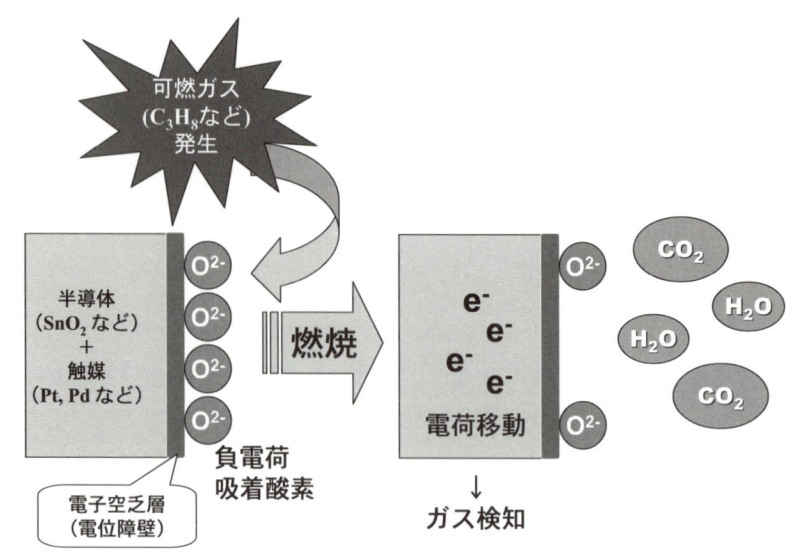

図9-4 セラミックスガスセンサーの模式図
もともとセラミック粒子表面に吸着していた酸素分子が可燃ガス分子と反応し，それに伴って電荷が移動する。このときの電気抵抗の変化を測定すると，ガス分子が電気的に検出できる。

272℃の極低温）までHg試料を冷却する途中，4Kで抵抗が急激に低下してゼロになる現象を発見した。このような温度のことを**臨界温度**（Tc；critical temperature）あるいは**超電導転移温度**（superconductor transition temperature）という。その後も多くの研究が続けられ，Nb_3Sn，Nb_3Geなどの合金材料がより高いTcを示すことがわかった。その変遷を図9-5に示す。1986年になってベドノルツらがCuを含む複合酸化物セラミックスでも超電導現象が起きることを発見した。その後

誰がノーベル賞か？

図9-5をよく見ると，臨界温度が液体窒素温度を超えた初めての物質はY-Ba-Cu系酸化物である。しかし，ノーベル賞は，La-Cu系酸化物の発見者らにのみ与えられた。これは，Cu系酸化物の特徴的な結晶構造が本質であって，それを少し置き換えたことに比べてエラかったということだろう。いずれにしても無機材料には突拍子もない物性を示す新物質がまだまだあるかもしれない。

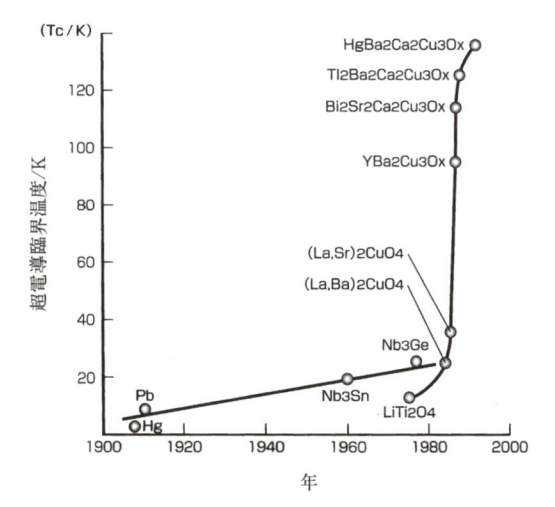

図9-5 超電導転移温度の変遷
(澤岡昭：「わかりやすいセラミックスのはなし」，日本実業出版社 (1998))

第9章　身近な無機材料化学と先進的セラミックス

図 9-6　超電導リニアモーターカー（山梨実験線の写真）
超電導磁石より発生する強磁場を用いて，車体を浮かせ（浮上の原理），ぶれないようにし（案内の原理），磁石のN極とS極を交互に多数配置した構造によって運転する（推力の原理）。普通の列車と違って線路との摩擦熱が生じないため，スピードを上げられる。例えば，2007年現在「のぞみ」で2.5時間の東京／大阪間がリニアモーターカーならば1時間で行けるようになると予想されている。
（財団法人鉄道総合技術研究所）

の研究により，酸化物セラミックスのTcが100Kを超えることがわかり，世界中がどよめいた（超電導フィーバー）。なぜならば，超電導とは抵抗ゼロなので，電流の損失が生じない（ジュール熱が発生しない）。これは電気にすべてを頼っている現代社会において極めて重要なことで，エネルギー問題に関する大革命が期待された。

ところで100Kで高温超電導といっても実はマイナス170℃ほどであるから，普通の冷凍庫では実現できない，かなりの低温である。それならば液体ヘリウムを使ってでも超電導を利用すればよさそうであるが，液体ヘリウムは極めて高価で地球上の絶対量も少ないため，現実的ではなかった。これに対し，空気中に豊富に含まれる窒素を液化して得られる液体窒素（liquid nitrogen）の温度は77Kであり，液体ヘリウムに比べればはるかに安価に製造できる。ここでのポイントは，超電導臨界温度Tcがこの液体窒素温度を超えたことにあったのである。

酸化物以外の超電導体（金属材料および2000年に日本で発見されたMgB_2セラミックス）については，理論的な解明がほぼ済んでいるといわれている。これに対し「なぜ酸化物セラミックスで超電導現象が起きるのか？」については，複雑なd軌道の相互作用を含むゆえ，発見から20年経った今でも決定打はないようである。他方，応用についてはかなり進んでおり，超電導による無損失大電流を利用した強力磁石を利用したリニアモーターカー（図9-6）などは実地試験が行われている。

未確認超電導物体

（Undefined Superconducting Object）

「超電導フィーバー」のさなかには，臨界温度が大きく上昇した！　室温超電導に成功した!!　などというニュースが飛び交うこともあったが，実は測定ミスだった，報告者の勘違いだった，などということもしばしばあった。空飛ぶ円盤（未確認飛行物体：Undefined Flying Object）になぞらえて，USO（＝嘘）とよばれた。

9.2.4 エンジニアリングセラミックス

機械的性質（強さ，硬さ，摩耗しにくさなど）に着眼して力学的負荷のかかる部位に用いるものを**構造用セラミックス**（structural ceramics）とよぶ。最近はエンジニアリングセラミックス（エンセラ）といわれることが増えてきた。

エンジンのような熱機関を駆動するとき，「高温で動かすほど効率がよい」という大原則がある。低温には-273℃，すなわち絶対零度という下限があるが，高温には原理的に限界がない。それでは，いくらでも温度を高めて駆動すればよさそうであるが，そのような高温環境に耐える材料がないため，場合によっては「冷却しながら加熱する」といった非効率的な作動を余儀なくされていた。

窒化ケイ素（Si_3N_4, silicon nitride）や炭化ケイ素（SiC, silicon carbide）は，非酸化物（Non-oxide）セラミックスでありながら優れた耐酸化性をもち，かつ共有結合性が高いことから高温でも変形しにくい。図9-7はセラミックガスタービンの概要図で，□で囲んだ部材に窒化ケイ素などのセラミックスが用いられている。

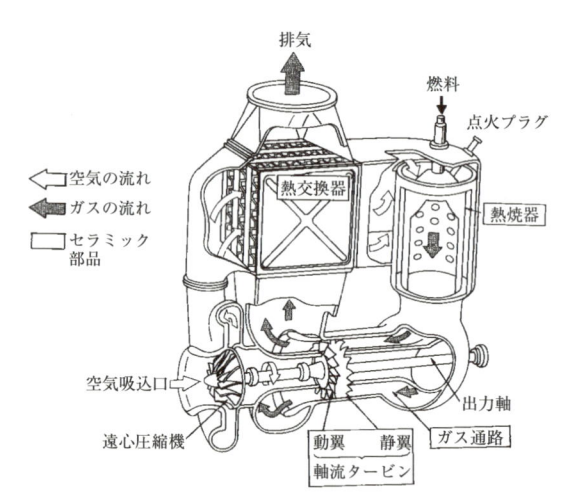

図9-7　セラミックガスタービンの概要図
（荒川剛他，「無機材料化学（第2版）」，三共出版（2005））

ここで触れておかねばならないのが，セラミックスは本質的に脆いという欠点である。もし高速回転中のエンジンが少しのキズから急速に破断するのは大変危険である。脆さ克服の指標として，**破壊靭性**（fracture toughness）という物性があり，材料中の亀裂（crack）の進みにくさが数値化されている。破壊靭性を向上させるために，柱状組織を発達させる，繊維を複合するなど，nm～μmレベルの組織を制御するた

熱機関の効率

エンジンなどの熱機関の最大熱効率（e）は，
$$e = (T_2 - T_1)/T_2$$
で表される。ただし，T_1, T_2はそれぞれ低熱源，高熱源の温度である。この式によれば，T_2が高いほど効率が高くなる。すなわち，高温で作動させるほど熱効率は高い。

キズに対する弱さを利用した材料設計

セラミックスの話ではないが，弁当に入っている小さな醤油やマヨネーズの袋に「この部分のどこからでも切れます」などと書いてあるのを見たことがあるだろう。袋の縁の部分のみにキズが入りやすい（弱い）材料を配置し，一度切れたところには力が集中しやすいこと（応力集中 stress concentrationという）を利用している。振込用紙などに入っているミシン目に沿って破ると，ハサミを使わずにスムースなカットができるのも応力集中の実用的活用である。

セラミックスの本当の強さ

今度はセラミックスのキズの話。材質にもよるが，セラミックスは少しのキズがあっても強度低下が起きやすい。表面のキズをなくすためにダイアモンド加工できれいに仕上げねばならないこともある。内部のキズをなくすには，良い粉を上手に焼き締めてやる必要がある（p.74～75参照）。理論的なセラミックスの強さは，実際に測定される強さよりも10倍以上高いと言われている。

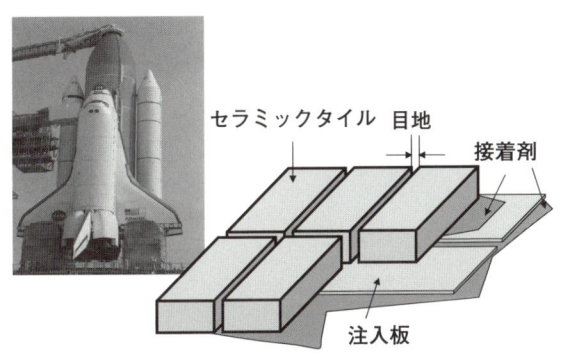

図 9-8　スペースシャトルに用いられるセラミックス耐熱タイル
宇宙から帰還するとき，スペースシャトルの先端部分は空気との摩擦熱により 1400℃ 以上の高温になる。

めにさまざまな工夫がなされている。

　宇宙開発は人類にとって壮大な 1 つの夢である。宇宙往還機が大気圏を通過するときの大きな問題は空気との摩擦による顕著な発熱で，もっとも高温になる部位では 1400〜1500℃ にも達する。ここで耐熱性セラミックスの出番であるが（図 9-8），軽量でかつ高温強度に優れるとい

文明伝達〜壮大なる壁画制作の試み !?

　炭化ケイ素（SiC）セラミックスは，中性子線に対する照射損傷が少なく，原子炉の炉材としても利用されている。また，レーザー加工や，電気をよく通すことから放電加工も可能である。これらに着目し，SiC セラミックスの板に文字を書こうとする研究があった。何を書くのかというと，「ここに地球という星が存在し，かような人類と文化が存在した」というメッセージである。

　何千年・何万年もの将来，地球を覆う大気圏がなくなって人類が滅亡したとしよう。そのとき地球表面はあらゆる宇宙線に曝されて温度が上昇するが，それでも SiC セラミックスに刻まれた文字は相当の長い期間保持されるだろう。その頃，どこか別の星で文明が存在し，宇宙旅行が可能なほどの高度なものだったとする。ある日その星からの宇宙旅行者が，廃墟となった地球から一片の SiC の板を見つけて，そこに刻まれた文字らしきものを優れた考古学者が解読したならば，「ここに地球という星が存在し，かような人類と文化が存在した」というメッセージが読み取られるであろう。あたかも，今の地球の考古学者が古代エジプトの洞窟に描かれた壁画や文字を解読したように。

　何とも壮大なスケールの話で実証することは不可能であるが，ほかの星の文明がどうなのかはともかく，SiC 材料の優れた耐食性，耐熱性を鑑みると，あり得ない話ではなかろう。

う点では炭素繊維で補強した炭素複合材料（C/C composite）が最強である。ところが炭素であるがゆえ，酸素のある雰囲気では燃焼してしまう。前述したSiCをC/C材表面にコーティングすることにより耐酸化性を付与することができる。

9.2.5 光ファイバ

ブロードバンド通信が爆発的に普及しており，すでに光ファイバ（optical fiber）が導入された集合住宅や一戸建も少なくない。なぜ光なのだろうか？　たとえばFMラジオの周波数（frequency；振動数ともいう）は80 MHzなどと表示されており，これは1秒間に$80×10^6$回振動する波である。音に限らずさまざまな情報は，いわば波の山と谷に乗せて運んでいることになる。これに対して，可視光の波長（wavelength）はおおむね$\lambda=500$ nm（$=500×10^{-9}$ m）であるから，光速度（$c=3×10^8$ m/s）との関係式を用いて周波数を計算すると，

$$\nu=c/\lambda=6×10^{14} \text{ (1/s)} \text{ または (Hz)}$$

となる。ごく単純にいえば，この値が大きければそれだけ多くの情報量が乗せられることを意味する。

それでは，光を通信手段として用いるにはどうしたらよいか？　というと，光を遠くまで運ぶ技術がカギとなる。このとき，もっとも頼りになる材料が，**石英ガラス**（シリカ；SiO_2）である[2]。

図9-9は，ガラス製造技術が時代とともに進化し，材料の透明度が高

2）石英（quartz）とは鉱物名で結晶質SiO_2の多形の1種である。これに対し，ガラスは非晶質であるので一見矛盾するのだが，慣用的にこの呼び名が用いられる。また，石英ガラスは通常シリカを溶融させて作製するため，溶融シリカ（fused silica）とよぶこともある。

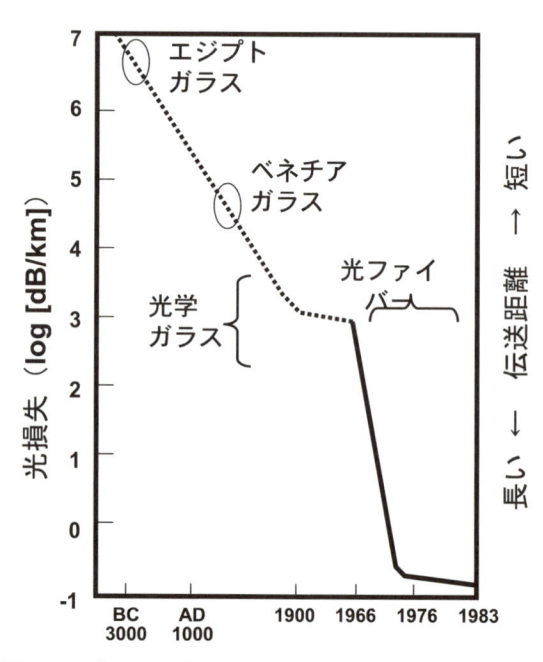

図9-9　ガラスの透明性向上／光損失低減の歴史的進展

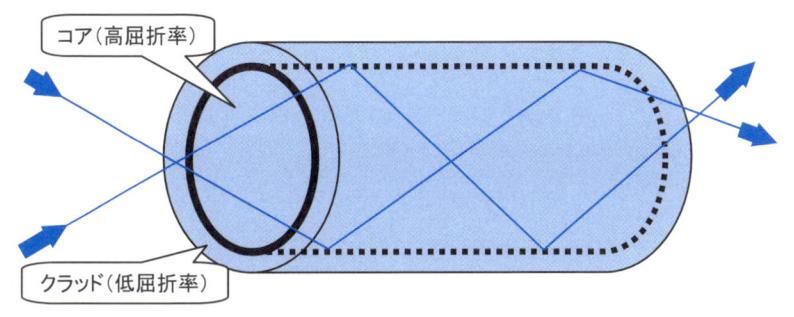

第 9 章　身近な無機材料化学と先進的セラミックス

図 9-10　長距離通信用光ファイバにおけるコアクラッド構造

(a) **断面図**

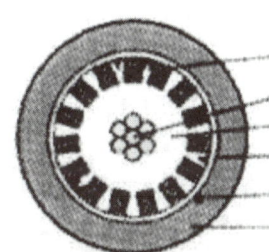

4心テープ心線
テンションメンバ
スロット
押さえ巻
引裂紐
シース

(b)

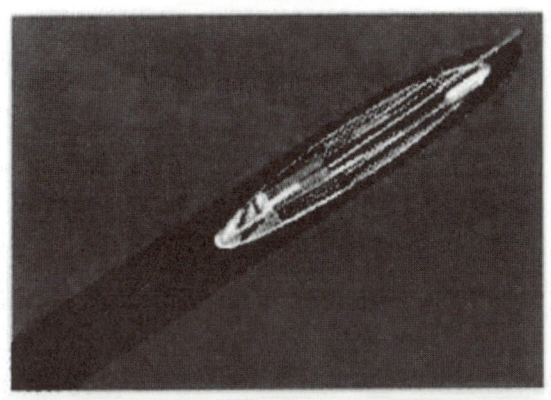

図 9-11　光ファイバ
(a)伝送用のシリカ質参考文献6)。(b)装飾用で，安価なプラスティック製。

まってきた様子を示す。純粋な石英ガラスは非常に高い透過性を示すことが知られているが，シリカゲルが水を引きつけやすいことから想像できるように，SiO_2の製造過程ではOHが混入しやすい。しかし，水分がわずかでもあると光の減衰が著しくなることがわかり，OHを排除する製造技術が発達した。

もう1つの大きなブレークスルーは，コア・クラッド構造の発明であった。すなわち，純粋なSiO_2の内側に，同族酸化物であるGeO_2をわずか含んだSiO_2を導入し，図9-10に示すような2層構造を実現したものである。これにより，GeO_2を含む内側（コア）は純粋な外側（クラッド）よりも1％程度高い屈折率をもつことになり，コアとクラッドの界面で光の全反射が起こるため，光が漏れず，伝送距離が飛躍的に向上した。図9-11に実用されている光ファイバを示した。

9.2.6 光触媒セラミックス

光触媒を用いた空気清浄機や防汚・防菌タイルが広く普及しつつある。光触媒作用の原点，Honda-Fujishima効果が発見されたのは比較的古く1960年代後半である。その効果とは，チタニア（二酸化チタン，TiO_2）の存在下で紫外線を照射すると，水が分解して水素と酸素にな

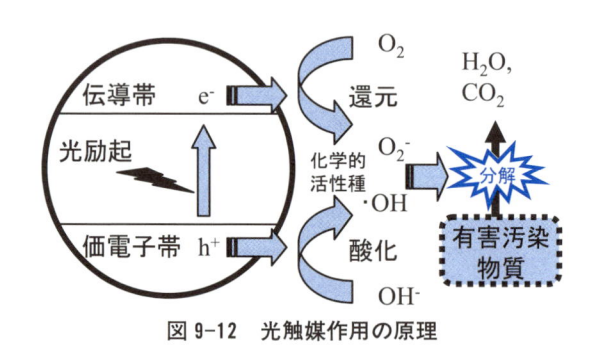

図 9-12 光触媒作用の原理

チタニアと太陽電池

チタニアは半導体であり，図9-12のように光によって電子が励起される。チタニアのバンドギャップは3.2 eVとやや広く，励起には紫外光以上（波長400 nm以下）のエネルギーが必要である。ところが，太陽光に含まれる紫外線の割合は半導体の実用を考えると高くない（ただし，ヒトの肌を日焼けさせるには十分量が含まれているが）。

よりエネルギーの低い可視光（波長400 nm以上）でチタニアを応答させるような工夫にはさまざまなものがある。チタニアに有機物色素を組み合わせると，うまく電気を取り出すことができ，色素増感太陽電池（Dye-Sensitized Solar Cell; DSSC，あるいは発明者の名前をとって，グレッツェルCell）とよばれている。DSSCは現在主流のシリコン系太陽電池に比べてコスト的に安く，材料選択幅も広いため，次世代太陽電池として大いに期待されている。

酸化物＝元素＋あ？

元素名の最後に「a」を付けると酸化物の慣用名になる。たとえば，Li(lithium)，Mg(magnesium)，Al(aluminum)，Si(silicon)，Ti(titanium)の酸化物は，それぞれLi_2O(lithia, リシア or リチア)，MgO(magnesia, マグネシア)，Al_2O_3(alumina, アルミナ)，SiO_2(silica, シリカ)，TiO_2(titania, チタニア)とよぶことが多い。それではすべての酸化物がそのようによばれるかというとそうでもない。たとえば，Zn(zinc)の酸化物をジンカ，Cu(copper)の酸化物をカッパラなどとよぶことは聞いたことがなく，それぞれ酸化亜鉛(Zinc oxide)，酸化銅(Copper oxide)というのが普通である。

第9章 身近な無機材料化学と先進的セラミックス

酸化チタン光触媒の応用

酸化チタン光触媒をコートした NO_x 除去機能を有した高速道路防音壁（大阪、1999年4月）

酸化チタンコーティングガラスを用いた建造物の例。セルフクリーニング効果により汚れを雨水により洗い落とすことが可能（大阪、2002年1月）

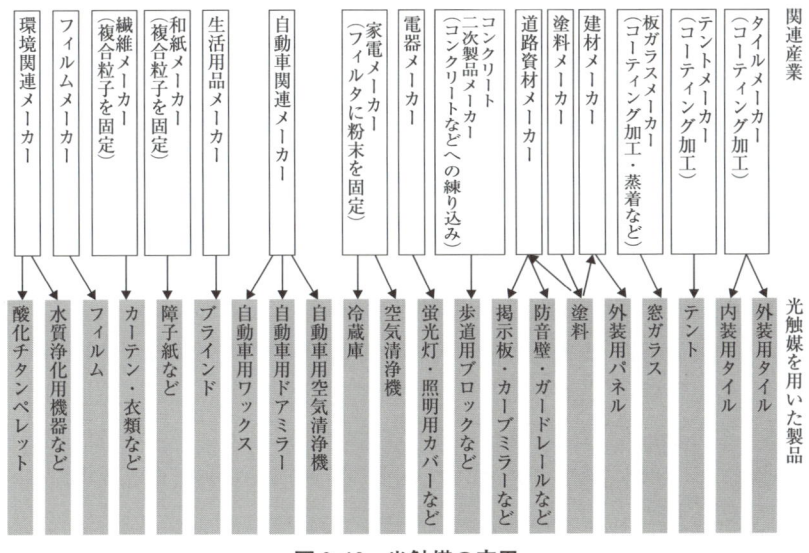

関連産業		光触媒を用いた製品
タイルメーカー（コーティング加工）	→	外装用タイル
タイルメーカー（コーティング加工）	→	内装用タイル
テントメーカー（コーティング加工）	→	テント
板ガラスメーカー（コーティング加工・蒸着など）	→	窓ガラス
塗料メーカー	→	外装用パネル
建材メーカー	→	塗料
コンクリート二次製品メーカー（コンクリートなどへの練り込み）	→	防音壁・ガードレールなど
道路資材メーカー	→	掲示板・カーブミラーなど
電器メーカー	→	歩道用ブロックなど
家電メーカー（フィルタに粉末を固定）	→	蛍光灯・照明用カバーなど
自動車関連メーカー	→	空気清浄機
自動車関連メーカー	→	冷蔵庫
自動車関連メーカー	→	自動車用空気清浄機
生活用品メーカー	→	自動車用ドアミラー
和紙メーカー（複合粒子を固定）	→	自動車用ワックス
繊維メーカー（複合粒子を固定）	→	ブラインド
フィルムメーカー	→	障子紙など
環境関連メーカー	→	カーテン・衣類など
	→	フィルム
	→	水質浄化用機器
	→	酸化チタンペレット

図9-13 光触媒の応用
（安保正一監修, 「高機能な酸化チタン光触媒」, エヌ・ティー・エス（2004））

る，というものであり，大きなインパクトを与えた。なぜなら，地球に太陽光が降り注ぐ限り，無尽蔵ともいえる水から水素と酸素が発生できるならば，あとは，9.2.1項で述べた燃料電池によって水素と酸素から電気エネルギーを取り出せば，石油などの化石燃料に頼らず，しかも地球温暖化の主因となる CO_2 を一切排出しない，まさに究極のエコロジーサイクルが完結するはずであった。しかしながら，チタニア光触媒が分解してくれる水の量は大変に少ないため実用レベルには至らなかった。

それでも研究が進むうちに図9-12に示すような光触媒の作用機構が明らかになった。すなわち，チタニアに紫外光を照射すると，電子（e^-）と正孔（h^+）が生成し，それぞれ空気中の酸素と水を酸化・還元し，スーパーオキシドアニオン（O_2^-）やヒドロキシラジカル（・OH）といった化学的活性種が生成することがわかった。

これらの活性種も生成量としてはごくわずかであったが，たとえば衛生陶器表面のバクテリアやシックハウス症候群の原因とされるホルムアルデヒドなど「微量であるが悪さをする物質」を退治するには十分であることが証明され，応用が一気に拡大した。さらに，超親水性とよばれる水をよく濡れさせる性質も見いだされ，普通の水があたかも洗剤のような働きをすることがわかった。チタニア光触媒は，冒頭で述べたように水と光がありさえすれば長期間安定に機能するものであり，現在は，抗菌，空気浄化，水質浄化，防汚，防曇など身近な場面で応用が拡大している（図9-13）。

9.2.3項で述べた超電導（図9-5）においては新化合物の発見，9.2.5項の光ファイバ（図9-11）においては新しい物質・構造設計によって，それぞれ時間軸に対して急激に発展した「材料革命」の例を紹介したが，本項・光触媒チタニアの場合は，物質自体はさほど変わらず，しかし，その学問的深化と発想転換によって応用が飛躍的に拡大した例として，大変興味深く，また学ぶべきところが多い。

9.2.7 携帯電話の中のセラミックス

良し悪しは別にして，もはや携帯電話は現代社会の一部といっても過言でない。携帯電話の外装はほぼプラスチックであり，内部の配線は金属である。金属の中には金，ロジウム，イリジウムなどの高価な貴金属が含まれているため，回収された回路基板から分離精製されている。

回路の要素となるコンデンサやインダクタ（コイル），液晶画面の透明電極など，多種多様なセラミックスが詰まっている。ここではその中のいくつかを簡単に紹介しよう。

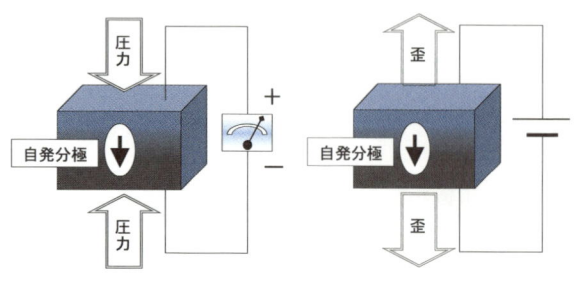

(a) 材料に力がかかると電気が流れる　(b) 電圧をかけると材料が歪む

図 9-14　圧電効果(a)と逆圧電効果(b)

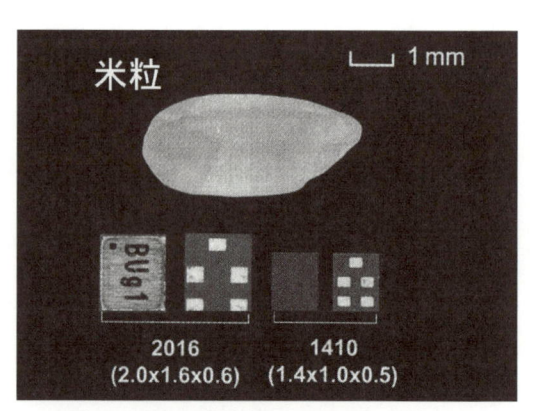

図 9-15　特定の電波のみを選択するセラミックフィルタ[参考文献7]
小型化技術が進み，米粒よりも小さいものが携帯電話に実装されている。

〈圧電体〉

　圧力を加えたときに電圧を生じることを**圧電効果**（図9-14(a)）といい，それを示す材料を**圧電体**（piezoelectrics）という。われわれが普通に話す声は空気を振動させる圧力にほかならず，それを感知して電気信号に変換するのにPZT（$Pb(Zr, Ti)O_3$；チタン酸ジルコン酸鉛）を主成分とするセラミックスがもっとも広く用いられている。変換された電気信号は電波として中継点を伝わり，受信側の電話の回路で再び電気信号となる。この電気信号を再び音声に戻すのも全く同じPZTセラミックスである。すなわち，電気信号を振動に変換し，空気を揺らして「音」にすることで受話できる。圧電効果とは逆に電気エネルギーを振動エネルギーに変換することを「逆圧電効果」（図9-14(b)）という。

〈高周波フィルタ〉

　空中にはさまざまな電波信号が飛び交っており，混信することなく会話するためには，特定の周波数（携帯電話では800 MHz～2 GHzが用いられる）だけを通す素子が必要となる。この役割を担っているのが，マイクロ波誘電体セラミックスで，PZT同様にABO_3の構造（ペロブスカイトという）をもった材料が主流である（図9-15）。

〈リチウムイオン2次電池〉

　負極に炭素，正極に$LiCoO_2$などのセラミックスを用い，それぞれの物質の構造中にリチウムイオンが出入りすることができることを利用して，充放電を行う。

　　正極：$LiCoO_2 \longrightarrow Li_{1-x}CoO_2 + x\,Li^+ + x\,e^-$

　　負極：$C + x\,Li^+ + x\,e^- \longrightarrow Li_xC$

　　（右向きが充電，左向きが放電）

　実際の電池では，図9-16のように正極と負極を何層にも重ねて容量

二種類のセラミックフィルタ

フィルタというと，普通はコーヒーフィルタのように液体をろ過したり，電気製品の内部にホコリが入らぬよう食い止めるものを思い浮かべるのが普通だろう。実際に，そのようなセラミックスフィルタは広く用いられていて，紙などのフィルタに比べて，化学的な安定性，高い吸着特性，抗菌特性，熱による再生処理が可能，など優れた機能を有する。

　他方，「物質」ではなく「電波」を「ろ過」する高周波フィルタは，セラミックス質のものしかありえない，と言えよう。

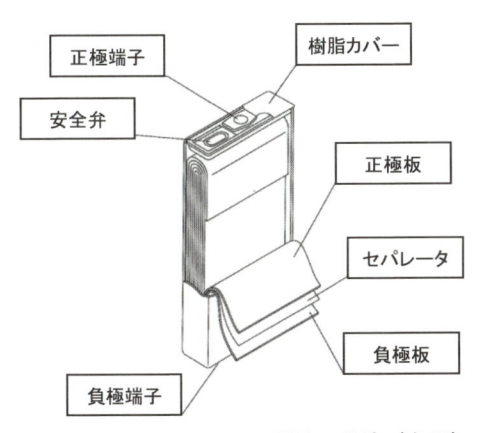

図9-16　リチウムイオン電池の構造（角形）

を高めている。リチウムイオン電池は他の2次電池（ニッケルカドミウム，ニッケル水素など）に比べて，軽量で高いエネルギー密度をもつため，携帯電話には最適である。また，ニッケル系電池では，浅い充放電を繰り返すと電池の寿命が極端に短くなる（**メモリー効果**）ことがあり，できるだけ電池を使い切ってから充電する必要があったが，リチウムイオン電池ではその必要性が少ないといわれている。

9.2.8 バイオ関連セラミックス

第8章では，有機生命体において微量であるが極めて重要な役割を担う無機化合物について学んだ。ここでは，人工的なセラミックス材料が人工骨などに応用されている例を紹介しよう。

バイオセラミックスは大別すると，生体不活性（bio-inert）なものと生体活性（bio-active）なものに分かれる。前者はアルミナやジルコニアなど，長い期間生体に埋め込まれても体液に溶出することなく，また関節部分など繰り返し擦られても摩耗しない，強度が高いなどの特性

自然が作製した高機能複合材料

動物の骨を顕微鏡で拡大してみると，複雑な階層構造が観察できる。すなわち，緻密で力を負担させる層や体液や栄養を通しやすい部分などが，アパタイト（無機物）やコラーゲン（有機物）を素材として，まさに神様の産物としか思えないほど綿密かつ合理的に設計されている。

「機」とは何か？

最後の最後におよんでの根元的な問いかけになるが，有機化学（organic chemistry）と無機化学（inorganic chemistry）を見くらべたとき，「機」とは一体何であろうか？──それは，英語表記でorganが有るものと無いもので考えるとわかりやすい。organは楽器のオルガンのほか（動植物の）『器官』という意味がある。すなわちorganとは生命体が機能するための複雑なしくみということになる。（さしずめ，楽器のオルガンでは，キーボードを押して音が出るまでにはそれなりに複雑なしくみによる，ということであろう。）

19世紀までの化学においては，生体機能に関連した物質を扱うのが有機化学，そうでないのが無機化学と考えられていた。今でも「無機質な笑顔」「無機的な関係」などといえば，血の通わない石コロや金属のような冷たい語感を醸すことになる。

語学上の名残はさておき，化学の立場からすると，生体物質と信じられていた尿素が「冷たい」ビーカーの中で人工的に合成されたことによって，この2つの化学の障壁が無意味と認識されるようになった。

今では生命体の中で骨や歯のような無機物質が形成されることは常識となっているが，人間以外の生命体でも貝殻や真珠などは大きなエネルギーをかけることなく，自らの生命活動のみで無機物質を着実に合成している。これに対し，人類は高温や高真空など大きなエネルギーを消費し，地球環境に負荷を与え続けている，という警鐘もあり，生体や自然をまねて（bio-mimeticおよびnature-mimetic technology），低負荷で材料を合成していこうという機運も高まっている。

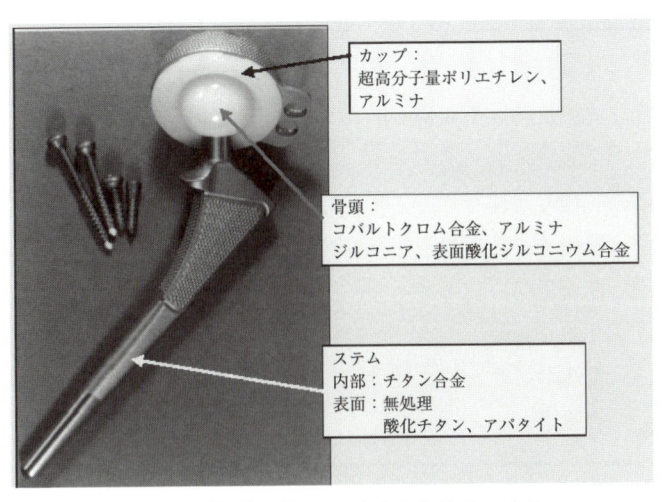

図 9-17 股関節に用いるバイオセラミックス
(産業技術総合研究所提供)

カップ：
超高分子量ポリエチレン、アルミナ

骨頭：
コバルトクロム合金、アルミナ
ジルコニア、表面酸化ジルコニウム合金

ステム
内部：チタン合金
表面：無処理
　　　酸化チタン、アパタイト

をもつセラミックスが用いられている。後者は，それとは逆に積極的に体液に溶出し，骨形成を促すような材質で，ヒドロキシアパタイト（$Ca_{10}(PO_4)_6(OH)_2$）や Na_2O-CaO-SiO_2-P_2O_5 系などのガラスがある。これらのセラミックスは高い**生体適合性**（bio-compatibility）を示し，骨折して欠損した部位に充填すると，ある期間の後，新しく骨と直接結合し，機械的に優れた特性をもつようになる。図9-17は実用化された人工股関節で，本章の冒頭で述べたような金属，有機，セラミックス，それぞれの材料が調和して全体の機能を創出していることがわかる。

これからの高齢化社会に向けて，バイオセラミックスの需要はますます高まると考えられ，さらなる研究開発が続けられている。

参考文献

1) 合原眞，井出悌，栗原寛人：「現代の無機化学」，三共出版（1991）
2) 荒川剛，江頭誠，平田好洋，鮫島宗一郎，松本泰道，村石治人：「無機材料科学（第2版）」，三共出版（2005）
3) 澤岡昭：「わかりやすいセラミックスのはなし」，日本実業出版社（1998）
4) http://www.ceramic.or.jp/　日本セラミックス協会ホームページでは，「セラミックスって何だろう」「身近なやきもの」「セラミックス博物館（2008年8月公開予定）」など，初学者にもわかりやすい無料コンテンツを公開しているので接続可能な人は是非訪れてほしい。
5) 安保正一監修：「高機能な酸化チタン光触媒」，エヌ・ティー・エス（2004）
6) セラミックスアーカイブズ，セラミックス，41巻，10号（2006）p.880，図7より一部抜粋
7) セラミックスアーカイブズ，セラミックス，41巻，8号（2006）p.628

---第 9 章　チェックリスト---

- ☐ 無機材料（セラミックス）
- ☐ 有機材料（ポリマー）
- ☐ 金属材料（メタル）
- ☐ 脆性と塑性
- ☐ 熱伝導，熱膨張，熱容量
- ☐ 燃料電池
- ☐ イオン伝導
- ☐ ガスセンサー
- ☐ 超電導
- ☐ エンセラ
- ☐ 窒化ケイ素，炭化ケイ素
- ☐ 光ファイバ
- ☐ コア・クラッド構造
- ☐ 光触媒チタニア
- ☐ 圧電セラミックス
- ☐ リチウムイオン2次電池
- ☐ 生体活性セラミックス
- ☐ 生体不活性セラミックス

● 章末問題 ●

問題 9-1

身のまわりのモノが，表9-1の材料のうち何でできているか考えてみよう。そして，その箇所にその材料が使われている理由をさまざまな角度から考えてみよう。(強さ・固さ，加工のしやすさ，耐熱性・耐食性，熱伝導性，電気伝導性，コストなど)

問題 9-2

前問で考えたモノについて，ある箇所の材質を別の材質に置き換えることによって，全体の特性・機能がどのように変化するか考えよう。

問題 9-3

身のまわりのモノで，改善したらよいと思うことをあげ（たとえば，携帯電話の電池の寿命が今より長くなってほしい，自動車の燃費（単位燃料あたりの走行可能距離）を高めたい，など），それを解決するための手段を調べて，仲間同士で議論してみよう。

● 章末問題解答 ●

第1章

問題 1-1〜1-4

本文参照

問題 1-5

$$\%濃度 = \frac{\left(100 \times \frac{30}{100}\right) + \left(50 \times \frac{50}{100}\right)}{100 + 50} \times 100 = 36.66(\%)$$

←溶質の g 数
←溶液の g 数

問題 1-6

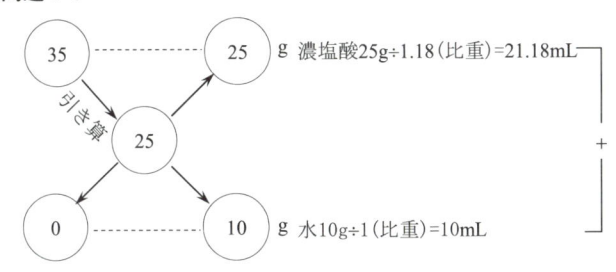

```
 35 ---------- 25  g  濃塩酸25g÷1.18(比重)=21.18mL
   ＼      ／
    ＼   ／
     25                                              +
    ／   ＼
   ／      ＼
  0 ---------- 10  g  水10g÷1(比重)=10mL
引き算
```

濃塩酸 21.18 mL に水 10 mL を混ぜればよい。

問題 1-7

$$モル数 = 1.2 \times 1000 \times \frac{90}{100} \times \frac{1}{30} = 36 \,(\text{mol/L})$$

問題 1-8

$$\frac{\left(0.05 \times 208.24 \times \frac{100}{99}\right)\text{g}}{1000\ \text{mL 中}} = \frac{x\ \text{g}}{50\ \text{mL 中}}$$

0.53 g を水に溶かし，全量を 50 mL とする。

問題 1-9

$$\frac{\left(1190\ \text{g} \times \frac{37}{100}\right) \times \frac{1}{36}}{1000\ \text{mL 中}} = 12.23\ \text{N}$$

問題 1-10

市販の濃硫酸の規定濃度（N）；

$$\frac{\left(1850\ \text{g} \times \frac{98}{100}\right) \times \frac{1}{98/2}}{1000\ \text{mL 中}} = 37\ \text{N}$$

0.2 N の濃硫酸 50 mL；

NV＝N'V'

0.2 N・50 mL＝37 N・x mL

37 N の濃硫酸を 0.27 mL 採取し，水で全量を 50 mL とする。

問題 1-11

$$\frac{\left(10\ \text{mg} \times \frac{1}{1.049}\right)\mu\text{L}}{1000\ \text{mL 中}} = \frac{x\ \mu\text{L}}{10\ \text{mL 中}}$$

酢酸を 0.095 μL 採取し，水で全量を 10 mL とする。

第 2 章

問題 2-1

$12(g)/(6.022136\times10^{23})/12 = 1.660540\times10^{-24}g$

問題 2-2

原子量は，次のようにして求められる。

原子量＝{$(34.969\times0.7577)+(36.966\times0.2423)$}＝35.453

問題 2-3

陽子と中性子の質量の総和から同様の粒子から構成された原子核の質量を差し引いた値を**質量欠損**（mass defect）という。その質量の差は"**質量とエネルギーの等価性**（$E=mc^2$）"に基づく原子核の結合エネルギー（核力）に相当するものである。

問題 2-4

2.22

第 3 章

問題 3-1

本文（表 3.3）参照

問題 3-2

本文（3.3.1 項）参照

問題 3-3

(1) 54.7％　(2) 20.6％　(3) 13.4％　(4) 5.2％　(5) 90.2％　(6) 71.2％

問題 3-4

図 3-15 参照

第 4 章

問題 4-1

$U_0 = +716 \text{ kJ mol}^{-1}$

問題 4-2

本文参照

問題 4-3

(1) 2　(2) 4　(3) 2　(4) 図 4-14（中央）より　$Na^+ : \frac{1}{8}\times8+\frac{1}{2}\times6=4$

$Cl^- : \frac{1}{4}\times12+1\times1=4$　(5) 図 4-13（右）より　$Cs^+ : \frac{1}{8}\times8=1$　$Cl^- : 1$

問題 4-4

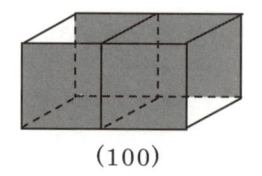

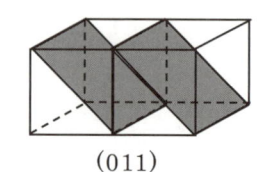

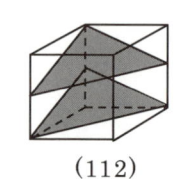

（100）　　　　（011）　　　　（112）

問題 4–5

構　造	充填率	構　造	充填率
単純立方構造	52.3 %	体心立方構造	68.0 %
面心立方構造	74.0 %	ダイヤモンド構造	34.0 %

第 5 章

問題 5–1〜5–9
本文参照

第 6 章

問題 6–1
本文参照

問題 6–2
(1) $Cu \rightleftarrows Cu^{2+}+2\,e^-$ 　　(2) $1/2\,H_2 \rightleftarrows H^+ + e^-$

(3) $Fe^{2+} \rightleftarrows Fe^{3+}+e^-$

(4) $Ag(s)+Cl^- \rightleftarrows AgCl(s)+e^-$

問題 6–3

$$E=-2.363-\frac{0.0591}{2}\log\frac{1}{a_{Mg^{2+}}}=-2.363+\frac{0.0591}{2}\log a_{Mg^{2+}}$$

$$E=0.153-0.0591\log\frac{a_{Cu^+}}{a_{Cu^{2+}}}$$

問題 6–4

(1) 還元反応　$Sn^{2+}+2\,e^- \rightleftarrows Sn$

　　酸化反応　$Pb \rightleftarrows Pb^{2+}+2\,e^-$

　　$Pb\,|\,Pb^{2+}\,\|\,Sn^{2+}\,|\,Sn$

(2) 還元反応　$1/2\,Cl_2+e^- \rightleftarrows Cl^-$

　　酸化反応　$1/2\,Cu \rightleftarrows 1/2\,Cu^{2+}+e^-$

　　$Cu\,|\,Cu^{2+}\,\|\,Cl^-\,|\,Cl_2,\,Pt$

(3) 還元反応　$I_2+2\,e^- \longrightarrow 2\,I^-$

　　酸化反応　$3\,I^- \longrightarrow I_3^-+2\,e^-$

　　$Pt\,|\,I^-,\,I_3^-\,\|\,I^-,\,I_2\,|\,Pt$

問題 6–5

　　銅極　　　$Cu^{2+}(aq)+2\,e^- \longrightarrow Cu(s)$

　　亜鉛極　　$Zn(s) \longrightarrow Zn^{2+}(aq)+2\,e$

$$E_右=E^0-\frac{0.0591}{2}\log\frac{1}{a_{Cu^{2+}}}=+0.337-\frac{0.0591}{2}\log\frac{1}{0.1} \quad (銅極)$$

$$E_左=E^0-\frac{0.0591}{2}\log\frac{1}{a_{Zn^{2+}}}=-0.763-\frac{0.0591}{2}\log\frac{1}{0.1} \quad (亜鉛極)$$

$$E=E_右-E_左=+0.337-(-0.763)=1.100\text{ V}$$

問題 6–6
本文参照

問題 6–7
$M\,|\,M^{n+}(a_1)\,\|\,M^{n+}(a_2)\,|\,M$

$$E_{右} = E^0 - \frac{0.0591}{n} \log \frac{1}{a_1}$$

$$E_{左} = E^0 - \frac{0.0591}{n} \log \frac{1}{a_2}$$

$$E = E_{右} - E_{左} = \frac{0.0591}{n} \log \frac{a_1}{a_2}$$

第 7 章

問題 7-1

(1) ジクロロテトラアンミンコバルト(III)塩化物
(2) アクアペンタアンミンコバルト(III)塩化物
(3) ビス（アセチルアセトナト）亜鉛(II)
(4) ペンタカルボニル鉄(0)
(5) モノオキソ（テトラアクア）バナジウム(IV)硫酸塩
(6) ヘキサフルオロコバルト(III)酸カリウム
(7) エチレンヂアミンテトラアセタトコバルト(III)酸カリウム
(8) モノヨードビス（2,2′-ビピリジン）銅(II)ヨウ化物
(9) トリス（エチレンジアミン）ニッケル(II)硝酸塩
(10) ペンタフルオロジオキソウラン(VI)酸カリウム

問題 7-2～7-5

本文参照

問題 7-6

本文参照

（ヒント）配位子のトランス効果を比較し，合成順を決める。

第 8 章

問題 8-1～8-5

本文参照

第 9 章

問題 9-1～9-3

本文参照

付表

付表1 原子の電子配置

周期	元素		K	L		M			N				O				P			Q
			1s	2s	2p	3s	3p	3d	4s	4p	4d	4f	5s	5p	5d	5f	6s	6p	6d	7s
1	1	H	1																	
	2	He	2																	
2	3	Li	2	1																
	4	Be	2	2																
	5	B	2	2	1															
	6	C	2	2	2															
	7	N	2	2	3															
	8	O	2	2	4															
	9	F	2	2	5															
	10	Ne	2	2	6															
3	11	Na	2	2	6	1														
	12	Mg	2	2	6	2														
	13	Al	2	2	6	2	1													
	14	Si	2	2	6	2	2													
	15	P	2	2	6	2	3													
	16	S	2	2	6	2	4													
	17	Cl	2	2	6	2	5													
	18	Ar	2	2	6	2	6													
4	19	K	2	2	6	2	6		1											
	20	Ca	2	2	6	2	6		2											
	21	Sc	2	2	6	2	6	1	2											
	22	Ti	2	2	6	2	6	2	2											
	23	V	2	2	6	2	6	3	2								第一遷移元素			
	24	Cr	2	2	6	2	6	5	1											
	25	Mn	2	2	6	2	6	5	2											
	26	Fe	2	2	6	2	6	6	2											
	27	Co	2	2	6	2	6	7	2											
	28	Ni	2	2	6	2	6	8	2											
	29	Cu	2	2	6	2	6	10	1											
	30	Zn	2	2	6	2	6	10	2											
	31	Ga	2	2	6	2	6	10	2	1										
	32	Ge	2	2	6	2	6	10	2	2										
	33	As	2	2	6	2	6	10	2	3										
	34	Se	2	2	6	2	6	10	2	4										
	35	Br	2	2	6	2	6	10	2	5										
	36	Kr	2	2	6	2	6	10	2	6										
5	37	Rb	2	2	6	2	6	10	2	6			1							
	38	Sr	2	2	6	2	6	10	2	6			2							
	39	Y	2	2	6	2	6	10	2	6	1		2							
	40	Zr	2	2	6	2	6	10	2	6	2		2							
	41	Nb	2	2	6	2	6	10	2	6	4		1				第二遷移元素			
	42	Mo	2	2	6	2	6	10	2	6	5		1							
	43	Tc	2	2	6	2	6	10	2	6	5		2							
	44	Ru	2	2	6	2	6	10	2	6	7		1							
	45	Rh	2	2	6	2	6	10	2	6	8		1							
	46	Pd	2	2	6	2	6	10	2	6	10									
	47	Ag	2	2	6	2	6	10	2	6	10		1							
	48	Cd	2	2	6	2	6	10	2	6	10		2							
	49	In	2	2	6	2	6	10	2	6	10		2	1						
	50	Sn	2	2	6	2	6	10	2	6	10		2	2						
	51	Sb	2	2	6	2	6	10	2	6	10		2	3						

周期	元素		K	L		M			N				O				P			Q
			1s	2s	2p	3s	3p	3d	4s	4p	4d	4f	5s	5p	5d	5f	6s	6p	6d	7s
	52	Te	2	2	6	2	6	10	2	6	10		2	4						
	53	I	2	2	6	2	6	10	2	6	10		2	5						
	54	Xe	2	2	6	2	6	10	2	6	10		2	6						
	55	Cs	2	2	6	2	6	10	2	6	10		2	6			1			
	56	Ba	2	2	6	2	6	10	2	6	10		2	6			2			
	57	La	2	2	6	2	6	10	2	6	10		2	6	1		2			
	58	Ce	2	2	6	2	6	10	2	6	10	1	2	6	1		2			
	59	Pr	2	2	6	2	6	10	2	6	10	3	2	6			2			
	60	Nd	2	2	6	2	6	10	2	6	10	4	2	6			2			
	61	Pm	2	2	6	2	6	10	2	6	10	5	2	6			2			
	62	Sm	2	2	6	2	6	10	2	6	10	6	2	6			2			
	63	Eu	2	2	6	2	6	10	2	6	10	7	2	6			2			
	64	Gd	2	2	6	2	6	10	2	6	10	7	2	6	1		2			
	65	Tb	2	2	6	2	6	10	2	6	10	9	2	6			2			
	66	Dy	2	2	6	2	6	10	2	6	10	10	2	6			2			
	67	Ho	2	2	6	2	6	10	2	6	10	11	2	6			2			
	68	Er	2	2	6	2	6	10	2	6	10	12	2	6			2			
	69	Tm	2	2	6	2	6	10	2	6	10	13	2	6			2			
	70	Yb	2	2	6	2	6	10	2	6	10	14	2	6			2			
6	71	Lu	2	2	6	2	6	10	2	6	10	14	2	6	1		2			
	72	Hf	2	2	6	2	6	10	2	6	10	14	2	6	2		2			
	73	Ta	2	2	6	2	6	10	2	6	10	14	2	6	3		2			
	74	W	2	2	6	2	6	10	2	6	10	14	2	6	4		2			
	75	Re	2	2	6	2	6	10	2	6	10	14	2	6	5		2			
	76	Os	2	2	6	2	6	10	2	6	10	14	2	6	6		2			
	77	Ir	2	2	6	2	6	10	2	6	10	14	2	6	7		2			
	78	Pt	2	2	6	2	6	10	2	6	10	14	2	6	9		1			
	79	Au	2	2	6	2	6	10	2	6	10	14	2	6	10		1			
	80	Hg	2	2	6	2	6	10	2	6	10	14	2	6	10		2			
	81	Tl	2	2	6	2	6	10	2	6	10	14	2	6	10		2	1		
	82	Pd	2	2	6	2	6	10	2	6	10	14	2	6	10		2	2		
	83	Bi	2	2	6	2	6	10	2	6	10	14	2	6	10		2	3		
	84	Po	2	2	6	2	6	10	2	6	10	14	2	6	10		2	4		
	85	At	2	2	6	2	6	10	2	6	10	14	2	6	10		2	5		
	86	Rn	2	2	6	2	6	10	2	6	10	14	2	6	10		2	6		
	87	Fr	2	2	6	2	6	10	2	6	10	14	2	6	10		2	6		1
	88	Ra	2	2	6	2	6	10	2	6	10	14	2	6	10		2	6		2
	89	Ac	2	2	6	2	6	10	2	6	10	14	2	6	10		2	6	1	2
	90	Th	2	2	6	2	6	10	2	6	10	14	2	6	10		2	6	2	2
	91	Pa	2	2	6	2	6	10	2	6	10	14	2	6	10	2	2	6	1	2
	92	U	2	2	6	2	6	10	2	6	10	14	2	6	10	3	2	6	1	2
	93	Np	2	2	6	2	6	10	2	6	10	14	2	6	10	4	2	6	1	2
	94	Pu	2	2	6	2	6	10	2	6	10	14	2	6	10	5	2	6	1	2
7	95	Am	2	2	6	2	6	10	2	6	10	14	2	6	10	7	2	6		2
	96	Cm	2	2	6	2	6	10	2	6	10	14	2	6	10	7	2	6	1	2
	97	Bk	2	2	6	2	6	10	2	6	10	14	2	6	10	8	2	6	1	2
	98	Cf	2	2	6	2	6	10	2	6	10	14	2	6	10	9	2	6	1	2
	99	Es	2	2	6	2	6	10	2	6	10	14	2	6	10	10	2	6	1	2
	100	Fm	2	2	6	2	6	10	2	6	10	14	2	6	10	11	2	6	1	2
	101	Md	2	2	6	2	6	10	2	6	10	14	2	6	10	12	2	6	1	2
	102	Mo	2	2	6	2	6	10	2	6	10	14	2	6	10	13	2	6	1	2
	103	Lr	2	2	6	2	6	10	2	6	10	14	2	6	10	14	2	6	1	2

ランタノイド / 第三遷移元素 / アクチノイド

付表 2　安定同位体一覧表

原子番号	元素名	同位体の質量数（存在比%）
1	H	1(99.985 %), 2(0.0148 %)
2	He	3(1.3×10⁻⁴ %), 4(≈100 %)
3	Li	6(7.42 %), 7(92.58 %)
4	Be	9(100 %)
5	B	10(19.6 %), 11(80.4 %)
6	C	12(98.892 %), 13(1.108 %)
7	N	14(99.635 %), 15(0.365 %)
8	O	16(99.759 %), 17(0.037 %), 18(0.204 %)
9	F	19(100 %)
10	Ne	20(90.92 %), 21(0.257 %), 22(8.82 %)
11	Na	23(100 %)
12	Mg	24(78.70 %), 25(10.11 %), 26(11.29 %)
13	Al	27(100 %)
14	Si	28(92.18 %), 29(4.71 %), 30(3.12 %)
15	P	31(100 %)
16	S	32(95.0 %), 33(0.76 %), 34(4.22 %), 36(0.014 %)
17	Cl	35(75.53 %), 37(24.47 %)
18	Ar	36(0.337 %), 38(0.063 %), 40(99.60 %)
19	K	39(93.22 %), 40(0.0118 %)*, 41(6.77 %)
20	Ca	40(96.97 %), 42(0.64 %), 43(0.145 %), 44(2.06 %), 46(0.0033 %), 48(0.185 %)
21	Sc	45(100 %)
22	Ti	46(7.99 %), 47(7.32 %), 48(73.99 %), 49(5.46 %), 50(5.25 %)
23	V	50(0.25 %)*, 51(99.75 %)
24	Cr	50(4.31 %), 52(83.76 %), 53(9.55 %), 54(2.38 %)
25	Mn	55(100 %)
26	Fe	54(5.84 %), 56(91.68 %), 52(2.17 %), 58(0.31 %)
27	Co	59(100 %)
28	Ni	58(67.76 %), 60(26.16 %), 61(1.25 %), 62(3.66 %), 64(1.16 %)
29	Cu	63(69.1 %), 65(30.9 %)
30	Zn	64(48.89 %), 66(27.81 %), 67(4.11 %), 68(18.56 %), 70(0.62 %)
31	Ga	69(60.2 %), 71(39.8 %)
32	Ge	70(20.55 %), 72(27.37 %), 73(7.67 %), 74(36.74 %), 76(7.67 %)
33	As	75(100 %)
34	Se	74(0.87 %), 76(9.02 %), 77(7.58 %), 78(23.52 %), 80(49.82 %), 82(9.19 %)
35	Br	79(50.52 %), 81(49.48 %)
36	Kr	78(0.354 %), 80(2.27 %), 82(11.56 %), 83(11.55 %), 84(56.90 %), 86(17.37 %)
37	Rb	85(72.15 %), 87(27.85 %)*
38	Sr	84(0.56 %), 86(9.86 %), 87(7.02 %), 88(82.56 %)
39	Y	89(100 %)
40	Zr	90(51.46 %), 91(11.23 %), 92(17.11 %), 94(17.40 %), 96(2.80 %)
41	Nb	93(100 %)
42	Mo	92(15.84 %), 94(9.12 %), 95(15.70 %), 96(16.50 %), 97(9.45 %), 98(23.75 %), 100(9.62 %)

原子番号	元素名	同位体の質量数（存在比%）
43	Tc	安定同位体なし
44	Ru	96(5.46 %), 98(1.87 %), 99(12.63 %), 100(12.53 %), 101(17.02 %), 102(31.6 %), 104(18.87 %)
45	Rh	103(100 %)
46	Pd	102(0.96 %), 104(10.97 %), 105(22.2 %), 106(27.33 %), 108(26.7 %), 110(11.8 %)
47	Ag	107(51.35 %), 109(48.65 %)
48	Cd	106(1.22 %), 108(0.88 %), 110(12.39 %), 111(12.75 %), 112(24.07 %), 113(12.26 %), 114(28.86 %), 116(7.58 %)
49	In	113(4.23 %), 115(95.77 %)*
50	Sn	112(0.95 %), 114(0.65 %), 115(0.34 %), 116(14.24 %), 117(7.57 %), 118(24.01 %), 119(8.58 %), 120(32.97 %), 122(4.71 %), 124(5.98 %)
51	Sb	121(57.25 %), 123(42.75 %)
52	Te	120(0.089 %), 122(2.46 %), 123(0.87 %), 124(4.61 %), 125(6.99 %), 126(18.71 %), 128(31.71 %), 130(34.49 %)
53	I	127(100 %)
54	Xe	124(0.096 %), 126(0.090 %), 128(1.919 %), 129(26.44 %), 130(4.08 %), 131(21.18 %), 132(26.89 %), 134(10.4 %), 136(8.87 %)
55	Cs	133(100 %)
56	Ba	130(0.101 %), 132(0.097 %), 134(2.42 %), 135(6.59 %), 136(7.81 %), 137(11.32 %), 138(71.66 %)
57	La	138(0.089 %)*, 139(99.911 %)
58	Ce	136(0.193 %), 138(0.250 %), 140(88.48 %), 142(11.07 %)*
59	Pr	141(100 %)
60	Nd	142(27.13 %), 143(12.20 %), 144(23.87 %)*, 145(8.30 %), 146(17.18 %), 148(5.75 %), 150(5.60 %)
61	Pm	安定同位体なし
62	Sm	144(3.16 %), 147(15.07 %)*, 148(11.27 %)*, 149(13.82 %)*, 150(7.47 %), 152(26.63 %), 154(22.53 %)
63	Eu	151(47.77 %), 153(52.23 %)
64	Gd	152(0.20 %)*, 154(2.15 %), 155(14.73 %), 156(20.47 %), 157(15.68 %), 158(24.9 %), 160(21.9 %)
65	Tb	159(100 %)
66	Dy	156(0.0524 %), 158(0.0902 %), 160(2.294 %), 161(18.88 %), 162(25.53 %), 163(24.97 %), 164(28.18 %)
67	Ho	165(100 %)
68	Er	162(0.136 %), 164(1.56 %), 166(33.41 %), 167(22.94 %), 168(27.07 %), 170(14.88 %)
69	Tm	169(100 %)
70	Yb	168(0.14 %), 170(3.03 %), 171(14.31 %), 172(21.82 %), 173(16.13 %), 174(31.84 %), 176(12.73 %)
71	Lu	175(97.40 %), 176(2.60 %)*
72	Hf	174(0.163 %)*, 176(5.21 %), 177(18.56 %), 178(27.1 %), 179(13.75 %), 180(35.22 %)
73	Ta	180(0.0123 %), 181(99.988 %)
74	W	180(0.135 %), 182(26.4 %), 183(14.4 %), 184(30.6 %), 186(28.4 %)
75	Re	185(37.07 %), 187(62.93 %)*
76	Os	184(0.018 %), 186(1.59 %), 187(1.64 %), 188(13.3 %), 189(16.1 %), 190(26.4 %), 192(41.0 %)
77	Ir	191(38.5 %), 193(61.5 %)

原子番号	元素名	同位体の質量数（存在比%）
78	Pt	190(0.0127 %)*, 192(0.78 %)*, 194(32.9 %), 195(33.8 %), 196(25.2 %), 198(7.19 %)
79	Au	197(100 %)
80	Hg	196(0.146 %), 198(10.02 %), 199(16.84 %), 200(23.13 %), 201(13.22 %), 202(29.80 %), 204(6.85 %)
81	Tl	203(29.50 %), 205(70.50 %)
82	Pb	204(1.40 %)*, 206(25.1 %), 207(21.7 %), 208(52.3 %)
83	Bi	209(100 %)
84	Po	安定同位体なし
85	At	安定同位体なし
86	Rn	安定同位体なし
87	Fr	安定同位体なし
88	Ra	安定同位体なし
89	Ac	安定同位体なし
90	Th	232(100 %)*
91	Pa	安定同位体なし
92	U	234(0.0057 %)*, 235(0.7204 %)*, 238(99.276 %)*

＊長寿命放射性核種である。存在比は「化学便覧基礎編」，丸善（1975）から転載した。

索　引

AB 型塩　71
Born 指数　60
cis-trans 異性　135
d ブロック元素　28
Daniel 電池　107
10 Dq　142
EDTA　151
Ewens-Bassett 方式　132
f ブロック元素　28
HSAB　100
ITO　176
Lambert-Beer 式　145
mer-fac 異性　135
MO 法　38
Na^+, K^+-ポンプ　166
pH の測定　118
p ブロック元素　27
SiO_2（Silica，シリカ）　188
SI 単位　4
S_N1 機構　155
S_N2 機構　156
sp 混成軌道　39
sp^2 混成軌道　40
sp^3 混成軌道　41, 80
Stock 方式　131
s ブロック元素　27
VB 法　38
π 結合　43
σ 結合　42

あ 行

アクアイオン　83
アクチノイド収縮　34
圧電体　191
アニオン　7
アボガドロ定数　7
アモルファス　75
アルブミン　162
アレニウスの定義　86

イオン化異性　139
イオン化エネルギー　28
イオン化傾向　117
イオン化ポテンシャル　28
イオン強度　149
イオン結合　52
イオン性　51
イオンの水和　82
イオン半径比　71

異種イオン効果　99
インヒビター　121

エナンチオ異性　135
塩基　87
塩基解離定数　93
エンジニアリングセラミックス　183
塩の加水分解　94
塩橋　107

か 行

開殻構造　29
外軌道錯体　141
外圏電子移動反応　101
回折角　68
可逆電池　109
角関数　22
核種　13
ガス電極系　111
カソード防食　121
硬い塩基　100
硬い酸　100
カチオン　7
活量　110
可動化指数　172
ガラス　75
ガラス電極　118
還元　105
還元体　114
緩衝作用　97
緩衝溶液　97
乾食　119

犠牲アノード　121
輝線スペクトル　16
規定(濃)度　9
軌道角運動量量子数　22
逆供与　153
吸光度　145
鏡像(光学)異性体　136
共通イオン効果　99
極性結合　48
極性分子　48
巨大分子　62
キラリティー　136
キレート　130
キレート効果　150
キレート剤　130
キレート療法　171

銀-塩化銀電極　115
禁制帯　58
金属オレフィン錯体　154
金属カルボニル　153
金属結合　52, 58
金属材料　176, 179
金属錯体　129
金属電極系　112
金属難溶性塩極電系　114

空間格子　64
クーロン力　52
クオーク　12
組み立ての原理　26
クラスター　82

ケイ酸塩鉱物　72
ケイ酸四面体　72
欠陥　74
結合異性　139
結合次数　46
結合性軌道　46
結合モーメント　50
結晶格子　64
結晶場安定化エネルギー　143
結晶面　67
原子価結合法　38
原子価結合理論　140
原子軌道　46
原子番号　13
原子量　14
元素　13

光子　12
格子　64
格子エネルギー　61
格子点　64
高スピン錯体　144
構成原理　26
構造式　37
氷の構造　80
黒鉛　62
混成軌道　39

さ 行

最密充填構造　69
錯体　129
錯体の定義　129
酸　87

205

酸化　105
酸解離定数　92
酸化体　114
酸素運搬体　164, 167
酸素輸送タンパク質　167

ジアステレオ異性　135
式量　15
磁気量子数　23
シスプラチン　136
湿食　119
質量欠損　15
質量数　14
質量とエネルギーの等価性　15
質量百分率　8
遮蔽　26
周期　27
周期表　2, 27
周期律　27
自由電子　52
重量百分率　8
縮重　25
縮退　25
主量子数　22
シュレーディンガー波動方程式　21
瞬間双極子－誘起双極子相互作用　54
焼結体　75
常磁性　140
シリカ　186
人工酸素運搬体　170

水素結合　55
水和　83
水和イオン　83
1次水和水　85
2次水和水　85
水和数　84
スピン量子数　23

静電結晶場理論　141
生物無機化学　159
絶対温度　4
セラミックス　176
全安定度定数　149
遷移元素　28
センサー　181

双極子－双極子相互作用　54
双極子モーメント　49
双極子－誘起双極子相互作用　54
相対原子質量　14
族　27

た 行

第一種電極系　112

第二種電極系　114
多核錯体　131
多結晶　74
多座配位子　130
単位格子　64
単位格子軸　64
単結晶　74
単純単位格子　64
炭素かご状クラスター　63
単体　6

逐次安定度定数　149
超純水　83
超電導　176, 181

低スピン錯体　144
定比例の法則　2
鉄欠乏性貧血　165
鉄の体内代謝　164
電荷移動遷移　146
電気陰性度　30
電極電位　111
典型元素　27
電子　12
電子式　37
電子親和力　29
電子双極子　49
電子配置　25
電池　107
1次電池　109
2次電池　109, 191
伝導帯　58

統一原子質量単位　14
ド・ブロイ　19
銅イオンの代謝　162
同位体　5, 13
等核二原子分子　47
動径関数　22
同素体　62
トランス効果　157

な 行

内軌道錯体　140
内圏電子移動反応　102

二核錯体　131
二座配位子　130
荷電子帯　58
ニュートリノ　12

ネルンスト式　109
燃料電池　123, 180

は 行

配位異性　139
配位化合物　129
配位子　129
配位子場吸収帯　146
配位数　130
バイオセラミックス　192
バイオセンサー　122
倍数比例の法則　2
パウリの排他原理　25
白金黒付電極　111
八隅説　36
波動関数　21
波動力学　21
反結合性軌道　46
反磁性錯体　140
半電池　107
バンド　58
バンドギャップ　58
反応活性錯体　155
反応不活性錯体　155

光触媒　188
光ファイバ　186
非共有電子対　44, 139
百分率濃度　8
百万分率濃度　9
標準水素電極　112

ファラデーの法則　125
ファンデルワールス力　53
プールベダイヤグラム　121
フェロセン型錯体　154
不均化反応　106
副殻　23
複合格子　64
腐食　119
ブドウ糖酸化酵素　122
フラーレン　63
ブラッグ回折　68
ブラッグの式　68
ブラベ格子　65
プランク　16
フランク・ウェンの水和モデル　84
プランク定数　18
ブレンステッド・ローリーの定義　87
分極　48
分光化学系列　146
分子　6
分子軌道　46
分子軌道法　38
分子量　15
フントの規則　25

平面格子　64

ヘム　169
ヘモグロビン　168

方位量子数　22
放射性同位体　13
放射性崩壊　13
防食　119
ボーア　16
ボーア半径　18
ポーリングの式　31
ポルフィリン錯体　169
ボルン・ハーバーサイクル　61

ま 行

マーデルング定数　60
マリケン　31

ミオグロビン　170
水のイオン積　90
水の状態図　81
水分子の構造　79
ミネラル　161

ミラー指数　67

無機・有機・金属材料　179
無機材料　176, 178
無極性分子　48

面間隔　68
面心立方構造　69

モル　7
モル吸光係数　145
モル濃度　9

や 行

軟らかい塩基　100
軟らかい酸　100

有機材料　176, 178, 179
誘起双極子　54
有効核電荷　26
有効原子番号の規則　153

ら 行

ラプラス演算子　21
ラングミュア　36
ランタノイド収縮　34

立方最密充填　69
粒界　74
リュードベリ　16
リュードベリ定数　17
量子仮説　16
量子数　22
量子力学　21

ルイス　36
ルイス構造　37
ルイスの定義　89

連続スペクトル　16

六方最密充填　69

著者略歴

合原　眞（編著者）
あいはら　まこと

1965 年　九州大学大学院理学研究科修士課程修了
現　在　福岡女子大学名誉教授，理学博士
専　門　無機化学，環境無機化学，電気化学

榎本尚也
えのもと　なおや

1989 年　東京工業大学総合理工学研究科修士課程修了
現　在　有明工業高等専門学校創造工学科教授，博士（工学）
専　門　無機材料化学，セラミックプロセシング，ソノケミストリー工学

馬　昌珍
ま　ちゃんじん

2001 年　京都大学大学院エネルギー科学研究科博士課程修了
現　在　福岡女子大学国際文理学部教授，エネルギー科学博士
専　門　環境化学，大気化学

村石治人
むらいし　はると

1976 年　岡山大学大学院理学研究科修士課程修了
現　在　九州産業大学名誉教授，理学博士
専　門　物理化学，固体化学，表面化学

新しい基礎無機化学
あたらしい　きそむきかがく

2007 年 10 月 25 日　初版第 1 刷発行
2023 年 3 月 10 日　初版第 18 刷発行

　　　　　　　　　　　　Ⓒ　編　著　合原　眞
　　　　　　　　　　　　　　発行者　秀島　功
　　　　　　　　　　　　　　印刷者　入原豊治

〒 101-0051
発行者　三共出版株式会社　東京都千代田区神田神保町 3 の 2
　　　　　　　　　　　　　振替　00110-9-1065
　　　　　　　　　　　　　電話 03-3264-5711　FAX 03-3265-5149
　　　　　　　　　　　　　https://www.sankyoshuppan.co.jp/

一般社団法人 日本書籍出版協会・一般社団法人 自然科学書協会・工学書協会　会員

Printed in Japan　　　　　　　　　　　印刷・製本　太平印刷社

JCOPY 〈(一社) 出版者著作権管理機構　委託出版物〉
本書の無断複写は著作権法上での例外を除き禁じられています．複写される場合は，そのつど事前に，(一社) 出版者著作権管理機構（電話 03-5244-5088，FAX 03-5244-5089，e-mail : info@jcopy.or.jp）の許諾を得てください．

ISBN978-4-7827-0541-4

SI 接頭語

倍数	接頭語		記号	倍数	接頭語		記号
10	デカ	deca	da	10^{-1}	デシ	deci	d
10^2	ヘクト	hecto	h	10^{-2}	センチ	centi	c
10^3	キロ	kilo	k	10^{-3}	ミリ	milli	m
10^6	メガ	mega	M	10^{-6}	マイクロ	micro	μ
10^9	ギガ	giga	G	10^{-9}	ナノ	nano	n
10^{12}	テラ	tera	T	10^{-12}	ピコ	pico	p
10^{15}	ペタ	peta	P	10^{-15}	フェムト	femto	f
10^{18}	エクサ	exa	E	10^{-18}	アト	atto	a
10^{21}	ゼタ	zetta	Z	10^{-21}	ゼプト	zepto	z
10^{24}	ヨタ	yotta	Y	10^{-24}	ヨクト	yocto	y

SI 以外の単位

(I) SI と併用される単位

物理量	単位の名称		記号	SI 単位による値	
時間	分	minute	min	60	s
時間	時	hour	h	3600	s
時間	日	day	d	86400	s
平面角	度	degree	°	$(\pi/180)$	rad
体積	リットル	litre, liter	l, L	10^{-3}	m^3
質量	トン	tonne, ton	t	10^3	kg
長さ	オングストローム	ångström	Å	10^{-10}	m
圧力	バール	bar	bar	10^5	Pa
面積	バーン	barn	b	10^{-28}	m^2
エネルギー	電子ボルト[a),b)]	electronvolt	eV	$1.602176634 \times 10^{-19}$	J
質量	ダルトン[a),c)]	dalton	Da	1.660539×10^{-27}	kg
	統一原子質量単位	unified atomic mass unit	u	$1\,u = 1\,Da$	

a) 現時点で最も正確と信じられている物理定理を用いて求めた値である。
b) 電子ボルトの大きさは，真空中で 1 V の電位差の空間を通過することにより電子が得る運動エネルギーである。電子ボルトは，meV, keV のように，しばしば SI 接頭語をつけて使われる。
c) Da は 2006 年から正式に承認されている。今まで使われていた u と同一の単位であり，「静止して基底状態にある自由な炭素原子 ^{12}C の質量の 1/12 に等しい質量」の記号である。高分子の質量を表すときには kDa, MDa など，原子あるいは分子の微小な質量差を表すときには nDa, pDa などのように，SI 接頭語と組み合わせた単位を使うことができる。

(II) そのほかの単位

下記の単位は，従来の文献でよく使われたものである。この表は，それらの単位の身元を明らかにし，SI 単位への換算を示すためのものである。

物理量	単位の名称		記号	SI 単位による値	
力	ダイン	dyne	dyn	10^{-5}	N
圧力	標準大気圧（気圧）	standard atmospheric atmosphere	atm	101325	Pa
圧力	トル（mmHg）	torr(mmHg)	Torr	≈ 133.322	Pa
エネルギー	エルグ	erg	erg	10^{-7}	J
エネルギー	熱化学カロリー	thermochemical calorie	cal_{th}	4.184	J
磁束密度	ガウス	gauss	G	10^{-4}	T
電気双極子モーメント	デバイ	debye	D	$\approx 3.335641 \times 10^{-30}$	Cm
粘性率	ポアズ	poise	P	10^{-1}	Pa s
動粘性率	ストークス	stokes	St	10^{-4}	$m^2\,s^{-1}$
放射能[a)]	キュリー	curie	Ci	3.7×10^{10}	Bq
照射線量[a)]	レントゲン	röntgen	R	2.58×10^{-4}	$C\,kg^{-1}$
吸収線量	ラド	rad	rad	10^{-2}	Gy
線量当量	レム	rem	rem	10^{-2}	Sv

a) 定義された値である。